教育部高等学校高职高专测绘类专业教学指导委员会“十二五”规划教材
全国测绘地理信息类职业教育规划教材

园林测量

（第2版）

主　编　黎　曦　衣德萍
副主编　黄海虹　毛迎丹
　　　　王　琴

黄河水利出版社
·郑州·

内容提要

本书根据园林工程建设对测绘技能及测量知识的需要，将最新的测绘基本理论、技术及规范要求应用到具体的园林工程项目中。根据目前的教学改革形势，本书在第1版基础上做了精选、修改和补充。全书按项目化模式编写，共10个项目40个教学单元，主要内容包括园林测量基础知识及误差知识，地面点高程测量，角度、距离测量和直线定向，小区域控制测量，大比例尺地形图的基本知识、测绘及应用，园林道路测量，园林工程施工放样。

本书可作为高职高专园林工程技术、林业技术、园艺、规划、资源环境、设施农业等专业的教材，也可供相关工程技术人员参考。

图书在版编目(CIP)数据

园林测量/黎曦，衣德萍主编. —2版. —郑州：黄河水利出版社，2019.1

教育部高等学校高职高专测绘类专业教学指导委员会“十二五”规划教材　全国测绘地理信息类职业教育规划教材

ISBN 978-7-5509-2226-6

Ⅰ. ①园…　Ⅱ. ①黎…　②衣…　Ⅲ. ①园林-测量学-高等职业教育-教材　Ⅳ. ①TU986

中国版本图书馆CIP数据核字(2018)第295984号

策划编辑：陶金志　电话：0371-66025273　E-mail：838739632@qq.com

出 版 社：黄河水利出版社

地址：河南省郑州市顺河路黄委会综合楼14层　　邮政编码：450003

发行单位：发行部电话：0371-66026940、66020550、66028024、66022620(传真)

E-mail：hhslcbs@126.com

承印单位：河南承创印务有限公司

开本：787 mm×1 092 mm　1/16

印张：15

字数：347千字　　印数：1—3 000

版次：2012年4月第1版　　印次：2019年1月第1次印刷

2019年1月第2版

定价：39.00元

序　一

职业教育是为我国国民经济建设和发展作出重要贡献的教育类型。近20年来,我国高职高专教育得到了迅速发展,可以说现在已经占据了我国高等教育的半壁江山。特别是近几年来,被定位于“以就业为导向”的职业教育,为国家第二、第三产业的发展培养出了大批技能型高端人才,为国家的经济建设和社会发展,以及为我国建成世界第二大经济实体国家发挥着积极的作用,并作出了重要贡献。其中,我国测绘类高职高专教育及其人才培养同样取得了巨大的进展。为了不断推动测绘类高职高专人才培养工作的建设、改革和发展,2004年教育部委托国家测绘局组建和管理高等学校高职高专测绘类专业教学指导委员会,并作为一个分委员会隶属教育部高等学校测绘学科教学指导委员会。分委员会成立后即开展了高职高专测绘类专业设置的研制,继而规划、组织了“十五”规划教材的编写,并经过教材审定委员会严格审定后,经协商确定,该套教材统一由黄河水利出版社出版。“十五”规划教材的按期出版和投入使用,满足了高职高专测绘类专业的教学需求,起到了有力的教学保障作用,收到了良好的效果。

2006年教育部提出,高等学校高职高专专业教学指导委员会(包括测绘类专业)独立设置开展工作,并由教育部高教司直接管理。在此期间,教学指导委员会按照教育部的要求开展了“高职高专测绘类专业规范”和“高职高专测绘类专业教学基本要求”的研制和上报工作。为了适应当前国内外测绘技术的新进展和经济社会发展对高职高专人才培养的新要求,高等学校高职高专测绘类专业教学指导委员会重新规划并组织“十二五”规划教材的编写和出版。新一批成套的规划教材是按照教育部的要求,依据“高职高专测绘类专业规范”和“高职高专测绘类专业教学基本要求”的规定编写而成的,此套教材仍然按照第一批规划教材出版协议,由黄河水利出版社统一出版。希望本套教材能在高职高专测绘类专业的人才培养中发挥更好的作用。借此机会,再次对黄河水利出版社长期给予高职高专测绘类专业人才培养工作的支持表示衷心的感谢!

虽然有“十五”规划教材的基础,也有了20年来高职高专测绘类专业人才培养的成绩和经验,但是在高职高专人才培养中仍存在地区和行业的差异,以及其自身的特点。既是规划教材,我们希望有测绘类专业的高职高专院校能在教学中使用这套教材,并在使用中发现问题,提出意见,以便今后教材的修订和不断完善。

教育部高等学校测绘学科教学指导委员会主任委员

中国工程院院士

宁津生

2011年12月10日　于武汉

序　二

近年来，我国高等职业教育蓬勃发展，测绘高等职业教育也随之大发展。目前，已有120余所高职院校设立了测绘类专业，每年有数万名在校生就读，有上万名测绘类专业的高职高专毕业生走向测绘与地理信息生产一线岗位，以及为相关行业部门提供测绘与地理信息保障的服务岗位。测绘类专业应用性技能型高端人才的培养，显现出招生、就业两旺的良好发展态势。

人才培养的教育教学工作，需要有教材的基础支持。早在2004年，教育部高等学校测绘学科教学指导委员会主任委员、中国测绘学会教育委员会主任委员、中国工程院院士宁津生倡导并亲自规划和组织，由教育部高等学校测绘学科教学指导委员会组织落实编写全国第一套测绘类专业高职高专规划教材。教材编写得到了各院校教学一线老师们的积极响应和支持。教材编写出版的整个过程，得到了宁津生院士等老专家的全程关心、支持和帮助。在初稿完成后，由宁津生院士任主任委员、陶本藻教授和王侬教授任副主任委员组成的教材编写审定委员会，对初稿进行了一一审查，并提出了修改意见，经主编修改再次审查通过后，经过审定委员会同意后出版。宁津生院士亲自和黄河水利出版社进行了商议，并达成协议，由黄河水利出版社给予支持和帮助，并承担出版任务。经过共同努力，教材按期出版和投入使用。该套在中原大地母亲河边出生的教材成为了我国高职高专测绘类专业整体规划设计的第一套教材，为高职高专测绘类专业人才培养发挥了基础性作用，改写了测绘高职高专教育没有成套教材的历史。该套教材受到了各院校的热烈欢迎，并得到了广泛的使用，其中的不少种教材由教育部批准成为了国家级"十一五"规划教材。

近年来，测绘新技术的应用发展迅速，测绘生产技术平台不断提升，需要迅速将测绘新技术引进课堂、引进教材；在教育部的大力推动下，对应用性技能型高端人才培养从实践到教育理论都进行了广泛而深刻的探索，并得到了新的经验。以系统化职业能力构建为本位，以与之相适应的理论知识为基础，走校企合作的道路，用工学结合的模式，以系统化的工作过程和项目为载体，追求实现人才培养的"知行合一"的目标，这样的教育思想得到了广泛的认可，并在人才培养中得到应用。培养出来的高职人才以其对就业岗位较强的切入能力、较好的适应能力和较高的职业发展能力逐渐得到社会的认可。

同时，经济、技术和社会的发展，对高职人才的培养也提出了新的要求。教育部高等学校高职高专测绘类专业教学指导委员会和黄河水利出版社遵照协议，共同商议组织高职高专测绘类专业"十二五"规划教材的编写和出版。在策划和组织的时候，教育部组织研制的专业规范和教学基本要求已经完成，这为教材的编写奠定了基础。教育部高等学校高职高专测绘类专业教学指导委员会期望通过编写团队、专家和出版社的共同努力，立足已有基础，高水平编写并按期出版新一套规划教材，希望各院校积极使用新编"十二五"规划教材，让教材为促进高职测绘教育的可持续科学发展发挥积极作用。

衷心感谢宁津生院士、陶本藻教授、王依教授对高职高专测绘类专业人才培养工作一路走来的支持、关心和帮助！衷心感谢为本套教材的编写付出了心血的每一位老师！感谢黄河水利出版社为本套教材的出版而默默付出的每一位同志！

尽管有了良好基础，但由于地区、装备水平、服务行业等的差异，以及各院校老师对课程教学组织的个性化设计，对教材会有不同的要求，因此希望各院校在教材使用过程中能发现问题，提出意见，以便今后教材的修订和完善。

教育部高等学校高职高专测绘类专业教学指导委员会主任委员

2011年12月6日　于昆明

第2版前言

园林测量是园林工程技术及相近专业的一门重要的专业基础课程。本书根据园林工程建设对测量知识与测绘技能的需求,将测量理论与实践应用到具体园林工程中,按照项目化模式编写,每个项目列出项目概述及学习知识目标和技能目标,重点学习园林测量的基本知识、测量仪器的使用、园林工程建设的测图、实地测设及施工测量等内容,对培养学生专业能力具有重要的作用。本书自2012年4月第1版出版以来,被多所院校选用为教材,得到了肯定和好评。

本书根据应用型人才培养要求,考虑测绘技术向数字化、智能化方向发展的趋势,除系统介绍测量基本理论、基本技术外,重点介绍数字化测图、GPS-RTK测量操作。书中内容理论结合实践,与具体的园林工程项目紧密联系。

本书编写人员及编写分工如下:江西环境工程职业学院廖彩霞编写项目一、项目五,甘肃林业职业技术学院王琴编写项目二,江西环境工程职业学院黎曦编写项目三,浙江水利水电专科学校毛迎丹编写项目四、江西环境工程职业学院黄海虹编写项目六~项目八,江西环境工程职业学院衣德萍编写项目九,漳州职业技术学院林长进编写项目十。本书由黎曦、衣德萍担任主编,并负责全书的统稿工作,由黄海虹、毛迎丹、王琴担任副主编。由廖彩霞、林长进参与编写。

本书在编写过程中,参考了大量的文献资料和最新的测绘技术标准,在此谨向有关作者表示感谢!

限于作者的水平和经验,书中不妥之处,敬请广大读者批评指正。

黎　曦

2018年10月

第 1 版前言

本书是在教育部高等学校高职高专测绘类专业教学指导委员会的统一规划和指导下，针对园林工程技术专业《园林测量》课程教学需要而编写的。

园林测量是园林专业的一门重要的专业基础课程。根据生产一线对园林工程技术人才专业应用型高技能岗位人才的要求，通过课程教学，学生应掌握园林测量的基本理论、方法，能运用其知识、技能解决实际工程问题，并具备一定的工程素质和可持续发展能力，为园林工程建设提供测绘保障。

本教材在编写过程中，充分考虑高等职业教育的特点，理论知识以“必需、够用、实用”为度，重点突出实践技能的培养。在保留传统测绘理论体系的基础上，剔除了部分在生产实践中淘汰的内容，增加了已成熟运用的全站仪、数字化测图、GPS 等测绘新技术。测量过程的操作要求和精度指标都与最新的国家、行业规范一致。本教材不仅可作为园林类专业的高、中等职业院校、大专函授的教材，同样适用于林学、园艺、规划等专业，也可作为园林、林业企业职工职业培训教材。

本教材共 11 章。第一～四章介绍了测量学基本知识、基本理论及常规仪器的构造、使用和检校方法，距离、角度和高程测量的基本方法，测量的误差知识；第五章介绍了小区域控制测量的方法；第六～八章介绍了大比例尺地形图测绘、地形图的识读与应用，全站仪和数字化测图知识；第九、十章介绍了测量在园林工程中的应用、园林工程的施工与放样等；第十一章介绍了 GPS 测量原理和应用技术。附录对测量实习过程作了要求，收录了 18 项课堂实训和综合实习内容。

本教材由江西环境工程职业学院黎曦任第一主编，漳州职业技术学院林长进任第二主编，浙江水利水电专科学校毛迎丹、甘肃林业职业技术学院王琴任副主编，参加编写的还有江西环境工程职业学院衣德萍、廖彩霞。具体分工为：第一、五章由黎曦、廖彩霞编写，第二、三章由王琴编写，第四、六章由毛迎丹编写，第七、八章由林长进编写，第九、十章由衣德萍编写，第十一章由黎曦编写，附录实训四、九、十一、十八由黎曦编写，其余实训及综合实训内容由林长进编写。全书由黎曦统稿。

本书编写过程中，参考了大量的文献资料，在此谨向有关作者表示衷心感谢！同时对黄河水利出版社为本书所做的辛勤工作表示衷心感谢！

由于作者水平所限，加之时间仓促，书中难免有疏漏和不足之处，恳请广大教师、同行专家和读者批评指正。

编　者
2012 年 3 月

目 录

项目一　园林测量课程导入

项目概述

本项目是本课程知识的基本储备。是学习本课本的预备知识，应理解和掌握测量的一些基本概念，重点掌握用地理坐标、平面坐标和高程表示地面点位的方法及相关概念；了解测量工作的原则，测量过程中产生误差的来源及消除或限制误差的方法。

学习目标

知识目标

1. 了解测量的基本知识，主要包括测量学的概念、分科及其在园林中的应用。

2. 掌握水准面、大地水准面、经纬度、平面直角坐标、绝对高程、相对高程、高差等知识。

3. 熟记测量工作的基本要求及原则。

4. 了解误差产生的原因，并利用合理方法对产生的误差进行消除或限制。

技能目标

1. 学会地面点坐标理论知识，并能了解什么情况下利用水平面代替水准面对距离和高程的影响。

2. 能对产生的误差进行消除或限制误差的产生。

【学习导入】

地面高低起伏不平，有许多的地物要确定地面点的平面位置和空间位置，那么地面各个地物点的平面位置和空间位置如何表示？这些高低什么时候考虑，什么时候忽略呢？测量这些的基本原则有哪些？如果测量时产生误差要怎样解决呢？

单元一　园林测量基础知识

一、测量学概述及其在园林建设中的作用和测绘技术发展

（一）测量学概述

测量学是研究地球的形状和大小，确定地面（包括空中、地下和海底）点位，以及将地球表面的地形及其他信息测绘成图的学科。它的内容包括测定和测设两个方面。

（1）测定是指使用测量仪器和工具，通过一定的测量程序和方法，得到一系列测量数

据,把地球表面的形状和大小缩绘成地形图或建立有关的数字信息,供经济建设、规划设计、科学研究和国防建设使用。

(2)测设是把图纸上规划设计好的建筑物、构筑物或其他图形的位置在地面上标定出来,作为施工的依据。

测量学按照研究对象和研究范围的不同,划分为以下几个学科。

1. 大地测量学

大地测量学指研究整个地球的形状、大小和地球重力场及其变化,地面点的精确定位,解决大范围控制测量问题的学科。大地测量学是整个测绘科学的基础理论学科,为测量学的其他分支提供基础测量数据和资料。

2. 普通测量学

普通测量学主要是研究地球表面较小范围测绘工作的基本理论、技术和方法,不考虑地球曲率的影响,把地球局部表面当作平面看待,是测量学的基础。

3. 摄影测量与遥感学

摄影测量与遥感学主要是研究利用摄影或遥感技术获取被测物体的信息(影像或数字形式),进行分析处理,绘制地形图或建立相应的数字模型的理论和方法的学科。由于获取像片的方法不同,摄影测量学又可分为地面摄影测量学、航空摄影测量学等。

4. 海洋测绘学

海洋测绘学主要是以海洋和陆地水域为对象所进行的测量和海图编绘工作,目前在军事、跨海工程、码头建设等方面有应用。

5. 工程测量学

工程测量学主要是研究工程建设和资源开发中,在规划、设计、施工、运营管理各阶段进行的控制测量、地形测绘和施工放样、变形监测等各种测量工作的理论、技术和方法的学科。

6. 制图学

制图学主要是利用测量所得的成果资料,研究如何投影编绘和制印各种地图的工作,属于制图学的范畴。

园林测量学是园林工程专业的技术基础课,其内容包括普通测量学和工程测量学的基本内容。通过学习园林测量相应的基本知识、基本理论和基本技能,使学生具备使用常规测量仪器的操作技能,了解现代测绘仪器的功能、基本构造和使用方法;掌握大比例尺地形图的测绘过程和方法,对数字化测图有所了解和运用;在园林规划、设计和施工中能正确使用地形图和测量信息,掌握处理测量数据的理论和评定精度的方法,能进行一般园林工程的施工放样工作,为学习园林工程、园林绿地规划设计、园林工程招标投标与预决算等专业课程打下基础。

(二)测量在园林工程建设中的作用

测量在国民经济建设中发挥着极其重要的作用,在铁路、公路、水运等交通建设,城市规划与建设,矿山,园林,水利,农田基本建设及各种资源的勘察开发中,勘测、设计、施工都需要测量工作紧密配合,测量贯穿工程建设的各个阶段。测量是设计与施工质量的根本保证。

测量在园林建设中的应用非常广泛。

园林工程建设一般分三个阶段:规划设计、施工和运营管理。

1. 规划设计阶段

通过测量工作绘制成的地形图、平面图和断面图,能获得该地区的高低起伏、坡向和坡度变化情况及道路、水系、房屋、管线、植被等地物的分布情况,以合理地进行山、水、植物、路和园林建筑的综合规划和设计,把规划设计的结果标绘到地形图上,成为规划设计图。

2. 施工阶段

把图上已设计好的各项园林工程的位置,准确地标定在实地上,以便工程施工。

3. 运营管理阶段

当园林工程施工完毕后,有时还要测绘竣工图和进行一些测量工作,满足园林工程使用期间的管理、维修、改建、扩建的需要。

(三)测绘技术发展

测绘是受新技术影响最大的传统学科之一,全站仪、GPS 定位、数字测图、计算机技术的应用与普及,对测量的方法与效率产生了重要的影响。以全球定位系统(GPS)、地理信息系统(GIS)、遥感技术(RS)、数字摄影测量技术(DPS)和专家系统(ES)为代表的测绘新技术的迅猛发展与应用,使测绘的产品基本由传统的纸质地图转变为“4D”(数字高程模型DEM、数字正射影像图 DOM、数字栅格地图 DRG、数字线划地图 DLG)产品。“4D”产品在网络技术的支持下,成为国家空间数据基础设施(NSDI)的基础,为相关领域的研究工作及国民经济建设的各行业、各部门应用地理信息带来了巨大的方便。测绘技术体系从模拟转向数字、从地面转向空间,并进一步向网络化和智能化方向发展。

二、地面点位的确定

确定地面点位就是确定地面点的平面位置和高程。园林测量与其他测量工作一样,其本质工作就是地面点位的确定,因为地球表面上的地物和地貌的形状即使再复杂,也可以认为是由点、线、面构成的,其中点是最基本的单元,合理选择一些点进行测量,就可以准确地表示出地物和地貌的位置、形状和大小。因此,地面点位的确定是测量工作最基本的问题。

(一)地球的形状与大小

为了确定地面点位,应有相应的基准面和基准线为依据。测量工作是在地球表面上进行的,故测量的基准面和基准线与地球的形状和大小有关。

地球的形状似一个椭球,它的自然表面是一个极其复杂的不规则的曲面,有高山、丘陵、平地、凹地和海洋等;在陆地上,最高点珠穆朗玛峰高出平均海水面 8 844.43 m;在海洋中,最深点马里亚纳海沟低于平均海水面 11 022 m;但这样的高低起伏,相对于地球巨大的半径来说还是很小的。由于海洋约占整个地球表面的 71% ,人们就设想有一个静止的海平面,向陆地延伸包围整个地球,形成一个封闭的曲面,把这个被海水所覆盖的曲面看作地球的形状。这个封闭的曲面就称为水准面。由于潮汐的影响,海水面有涨有落,所以水准面有无数个,其中与平均海水面相吻合的水准面,称为大地水准面。大地水准面是测量工作的基准面。大地水准面所包围的地球形体称为大地体。

由于地球质量巨大,地球上任何一点都要受到地心引力的作用,同时地球又不停地做自转运动,这个点又产生离心力的作用,这两个力的合力称为重力,重力的方向线又称为铅垂线。铅垂线具有处处与水准面垂直的特性,因此把铅垂线作为测量工作的基准线。

用大地水准面表示地球的形状和大小是恰当的,但由于地球内部质量分布不均匀引起

铅垂线的方向产生不规则的变化,致使大地水准面成为一个非常复杂的曲面(如图1-1所示)。

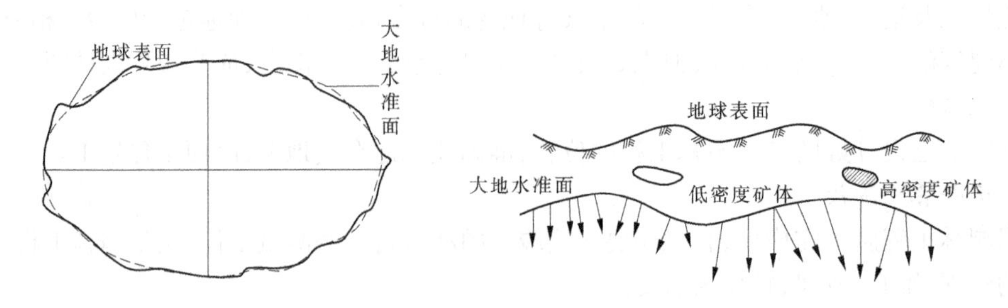

图1-1　地球自然表面、大地水准面

如果把地球表面上的图形投影到这个复杂的曲面上,无法完成测量计算和绘图工作。为此,选择一个与大地水准面非常接近的规则几何曲面来表示地球的形状与大小,即地球参考椭球面,作为测量计算工作的基准面。

地球参考椭球是由一椭圆绕其短半轴旋转而成的椭球体(如图1-2所示)。地球椭球面的形状与大小由其长半轴 a、短半轴 b 和扁率 α 决定。

$$\left.\begin{aligned}\frac{x^2}{a^2}+\frac{y^2}{a^2}+\frac{z^2}{b^2}=1\\ \alpha=\frac{a-b}{a}\end{aligned}\right\} \tag{1-1}$$

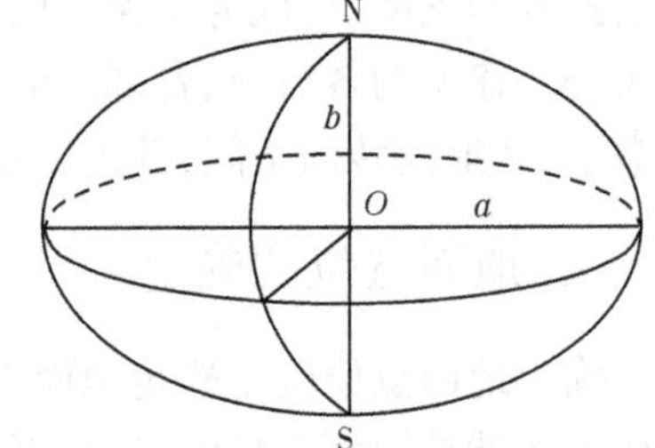

图1-2　地球参考椭球

几个世纪以来,许多学者曾分别测算出参考椭球体的元素值。我国采用1975年国际大地测量与地球物理联合会16届大会推荐的椭球元素值。即长半轴 $a=6\ 378\ 140$ m,短半轴 $b=6\ 356\ 755.288$ m,扁率 $\alpha=\frac{a-b}{a}=1/298.257$。

采用椭球定位得到的坐标系为国家大地坐标系,我国大地坐标系的原点在陕西省泾阳县永乐镇。

经国务院批准,从2008年7月起,我国启用2000国家大地坐标系。2000国家大地坐标系缩写为CGCS2000,是以地心为原点的一个右手直角坐标系。

由于地球参考椭球的扁率很小,因此可以把地球当作是一个圆球,其半径的近似值为6 371 km。当测区面积更小(半径小于20 km的范围)时,还可以把地球看成是平面,使计算工作更为简单。一般的园林测量工作都是把地球看成是平面。

(二)确定地面点位的方法

我们知道,确定一个点的空间位置须用三维坐标来表示,在测量工作中,一般将点空间位置用球面或平面位置(二维)和高程(一维)来表示,分别属于大地坐标系、平面直角坐标系和高程系统。

1.地面点坐标的确定

确定地面点的位置就是确定点的空间位置,其中两个量是地面点沿投影线在投影面上的投影位置,另一个量是点沿着投影到投影面的距离。地面点的空间位置与选用的椭球及坐标系统有关。测量上常用的坐标系有大地坐标系、高斯－克吕格平面直角坐标系、独立平面直角坐标系。

1）大地坐标系

大地坐标系又称为地理坐标系，是以参考椭球面作为基准面，以起始子午面（即通过格林尼治天文台的子午面）和赤道面作为在椭球面上确定某一点投影位置的两个参考面。

地理坐标是从整个地球考虑某点的位置，通常用经纬度来表示。

如图1-3所示，NS为椭球的旋转轴，由椭球旋转轴引出的半平面称为子午面，通过英国伦敦格林尼治天文台的子午面，称为首子午面；子午面与椭球面的交线叫子午线，又称真子午线或经线。过P点的子午面与首子午面所夹的二面角称为该点的经度，用L表示。同一经线上各点的经度相同。经线在首子午面以东者为东经，以西者为西经，其值都在0°～180°。通过椭球中心且与椭球旋转轴正交的平面，称为赤道面，它和椭球面的交线称为赤道；与椭球旋转轴正交但不通过球心的其他平面，和椭球面的交线称为纬圈或纬线。过P点作一与椭球体相切的平面，再过P点作一与此平面垂直的直线，这条直线称为P点的法线（不通过椭球中心），它与赤道面的夹角称为该点的纬度，用B表示。同一纬线上的各点的纬度相同。在赤道以北者为北纬，以南者为南纬，其值在0°～90°。

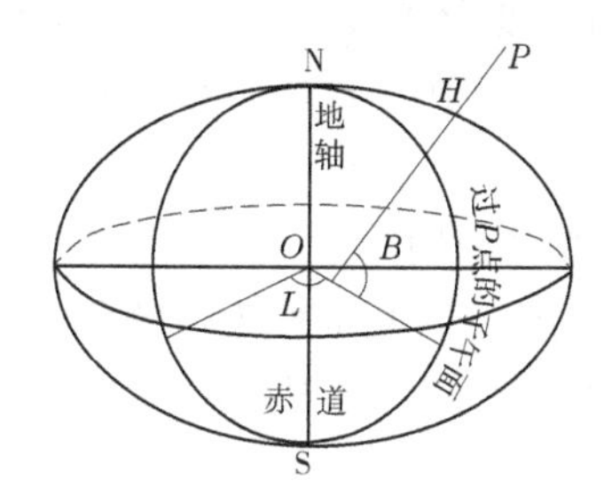

图1-3　地理坐标

这样，地面上一点的位置，可用大地坐标L、B表示。

2）高斯－克吕格平面直角坐标系

当测区范围较大时，不能把水准面当作水平面。把地球椭球面上的图形展绘到平面上，必然产生变形。为了减少变形误差，我国采用了一种适当的投影方法，就是高斯投影（如图1-4所示）。

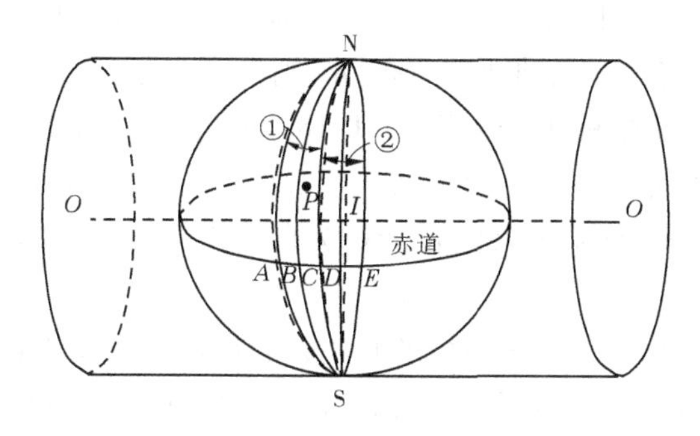

图1-4　高斯投影

高斯投影的方法是首先将地球按经线划分成带，称为投影带。投影带是从首子午线（经度为0°）起，每隔经度6°划为一带，称为6°带（如图1-5所示），自西向东将整个地球划

分为60个带,依次以1,2,3,…,60进行编号,位于各带中央的子午线称为该带的中央经线,

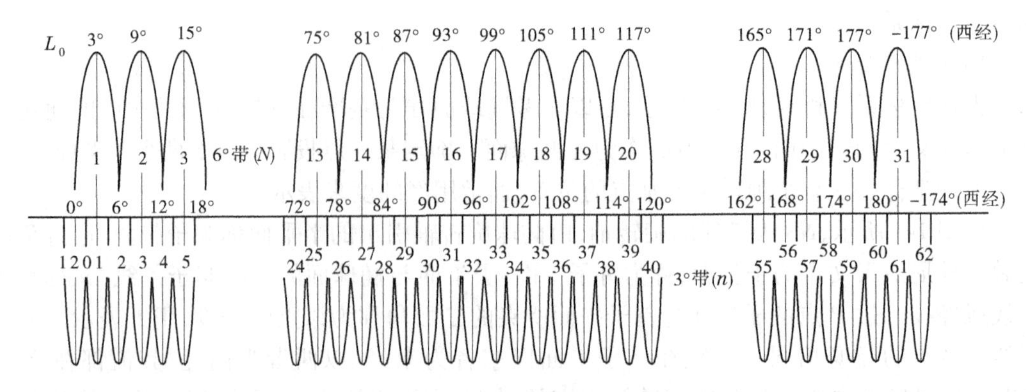

图1-5　高斯投影分带

其经度 L_0 与其相应投影带带号 N 的关系为

$$L_0 = 6° \times N - 3° \tag{1-2}$$

高斯投影能使球面图形的角度与投影在平面上的角度一致,但任意两点间的长度投影后会产生变形,离中央子午线越远,变形越大。在投影精度要求较高时,可以把投影带划分再小一些,例如采用3°分带,第 n 带的中央子午线经度为

$$L_0 = 3° \times n \tag{1-3}$$

如果投影精度要求更高,还可以采用1.5°分带。1.5°分带不必全球统一划分,可以将中央子午线的经度设置在测区的中心,因此也称为任意分带。

我国在大地坐标系中的经度位置73°~135°,6°带编号时,在我国 N 为13~23,3°带编号时,我国 n 为24~45。

高斯投影的基本方法是:设想用一个椭圆柱横切套在地球椭球外面,并与椭球的某一中央子午线相切,如图1-4所示,在保持等角的条件下,将中央经线东、西各一定经差范围内的经线和纬线投影到椭圆柱面上,再将圆柱分别沿通过南北极的母线剪开展成平面,即得高斯平面。投影后,中央子午线长度不变,距离中央子午线越远,其长度投影变形越大。

投影后,取中央子午线与赤道交点的投影为原点,中央子午线的投影为纵坐标 X 轴,赤道的投影为 Y 轴,即构成了高斯平面直角坐标系。如图1-6所示,在该坐标系内,规定 X 轴向北为正,Y 轴向东为正。我国位于北半球,纵坐标均为正,横坐标有正有负。为了使用方便,避免出现负值,规定将坐标纵轴西移500 km,则投影带中任一点的横坐标也恒为正值。例如,P 点的高斯平面直角坐标 X_P = 3 275 611.188 m;Y_P = −376 543.211 m,若该点位于第19带内,则 P 点的国家统一坐标表示为 X_P = 3 275 611.188 m;Y_P = 19 123 456.789 m。(500 000 − 376 543.211 = 123 456.789)前者称为自然值,后者称为统一值。

3)独立平面直角坐标系

当测量区域较小时,可以用测区的切平面代替椭球面作为基准面。在切平面上建立独立平面直角坐标系,测量时可将地面上的点沿铅垂线直接投影到水平面上,并用各点的平面直角坐标来表示其位置。如图1-7所示,测量上采用的平面直角坐标系与数学上的平面直角坐标系坐标轴互换,象限顺序相反。纵轴为 X 轴,与南北方向一致,向北为正,向南为负;横轴为 Y 轴,与东西方向一致,向东为正,向西为负。顺时针方向量度,这样便于将数学的

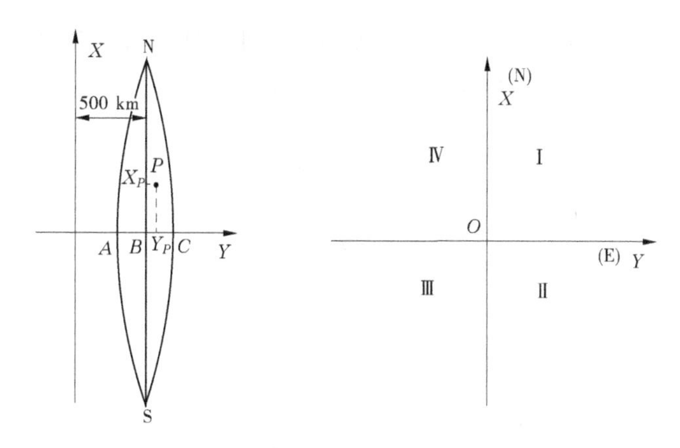

图 1-6 高斯平面直角坐标系

三角公式直接应用到测量计算上。原点一般假定在测区西南角,使测区内部点坐标均为正值,以便计算。

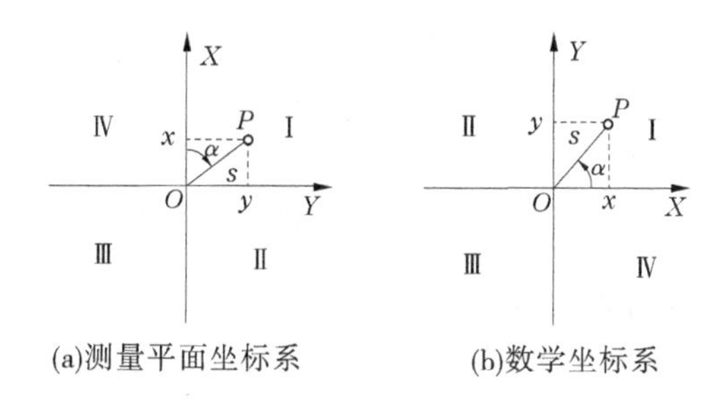

图 1-7 数学坐标系与测量平面坐标系

数学上的三角公式适用于测量平面坐标系

$$x = s \times \cos\alpha$$
$$y = s \times \sin\alpha \tag{1-4}$$

2. 地面点的高程

1) 绝对高程

绝对高程是指地面上某点到大地水准面的铅垂距离,又称海拔,用 H 表示。如图 1-8 所示,A、B 两点的绝对高程为 H_A、H_B。数值越大,表示地面点越高,当地面点在大地水准面的上方时,高程为正;反之,当地面点在大地水准面的下方时,高程为负。

由于受海潮、风浪等影响,海水面时刻在变化,我国在青岛设立验潮站,长期观测和记录黄海海水面的高低变化,取其平均值作为高程基准面,并在验潮站附近建立水准原点。1956 年我国采用青岛验潮站 1950~1956 年验潮资料计算确定出大地水准面,并以此水准面为基准引测出水准原点的高程为 72.289 m,以此数据测量推算全国水准点的高程,这样建立的高程系统称为 1956 年黄海高程系。20 世纪 80 年代中期,我国又从 1987 年开始,采用青岛验潮站 1953~1979 年验潮资料计算确定出大地水准面,并以此水准面为基准引测出水准原点的高程为 72.260 m,以此数据为基准测算全国各地的高程,建立的高程系统称为"1985 黄海高程系"。

2) 相对高程

有些测区,引用绝对高程有困难,或为了计算和使用方便,可采用假定的水准面作为高

程起算的基准面。那么,地面上一点到假定水准面的垂直距离称为相对高程,由于高程基准面是根据实际情况假定的,故相对高程有时也称为假定高程。

3)高差

地面两点之间的高程之差称为高差,用 h 表示,高差有方向性和正负,与高程基准无关。如图1-8所示,A、B 两点高差为

$$h_{AB} = H_B - H_A \tag{1-5}$$

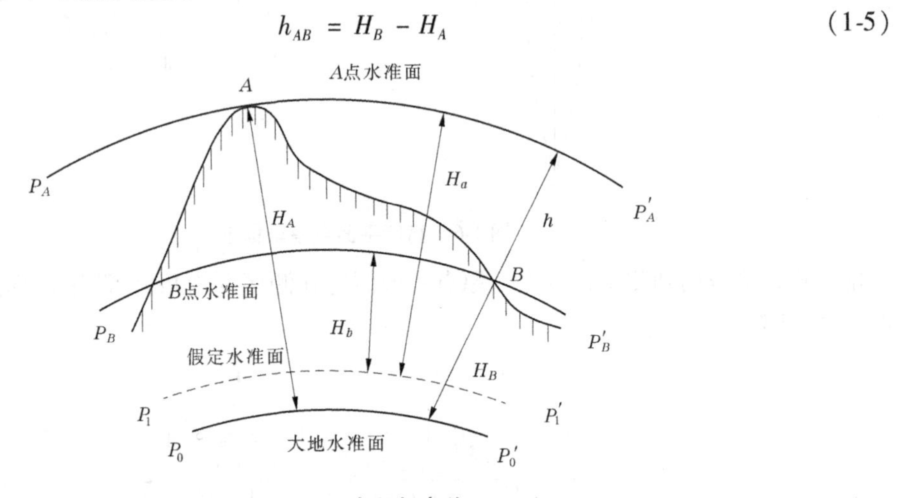

图1-8　高程与高差

(三)地球曲率对测量工作的影响

曲面上的图形投影到平面上会产生变形,变形的程度与曲面的弯曲程度(即曲率)有关。在实际测量工作中,若变形的程度没有超出误差的范围,就可以用平面来代替曲面,否则就不能用平面代替曲面。

1. 地球曲率对距离测量的影响

通过地球半径 R=6 371 km 计算,得到地球曲率对距离的影响结果,见表1-1。

表1-1　水平面代替大地水准面对距离的影响

距离 D (km)	距离误差 ΔD (cm)	相对误差 $\Delta D/D$	距离 D (km)	距离误差 ΔD (cm)	相对误差 $\Delta D/D$
1	0.00	—	20	6.60	1:30万
5	0.10	1:500万	50	102.70	1:4.8万
10	0.82	1:120万	100	821.20	1:1.2万
15	2.77	1:54万			

从表1-1中可以看出,当 D=10 km 时,所产生的距离误差为0.82 cm,相对误差为1:120万,即使是精密量距,这么小的误差也是允许的。因此,在10 km范围内量距,不用考虑地球曲率对测距产生的影响,可以用水平面代替地球曲面。

2. 地球曲率对水平角测量的影响

通过地球半径 R=6 371 km 利用公式计算,得到地球曲率对水平角测量的影响结果,见表1-2。

表 1-2　水平面代替水准面对角度的影响

$P(km^2)$	10	50	100	500
$\varepsilon('')$	0.05	0.25	0.51	2.54

从表 1-2 中的数据可以看出，当测区范围在 100 km^2 时，对角度的影响仅为 0.51″。所以，在一般的测量中，角度的影响可以忽略不计。

3. 地球曲率对高程测量的影响

通过地球半径 $R=6\ 371$ km 计算得出地球曲率对高程测量的影响结果，水平距离 D 取不同的值，就会得到不同结果的 Δh，见表 1-3。

表 1-3　水平面代替大地水准面对高程的影响

D(m)	10	20	50	100	200	500	1 000
Δh(mm)	0.01	0.03	0.2	0.8	3.1	19.6	78.5

从表 1-3 中数据可以看出，用水平面代替大地水准面对高程的影响非常大，200 m 远的距离就会产生 3.1 mm 的高程误差。根据规定，对于中等精度的高程测量，1 km 长度的高程误差不能超过 2 cm，而表 1-3 中达到了 8 cm。这就说明，在高程测量中，即使是在短距离或小区域内也必须考虑地球曲率的影响。

【例 1-1】 以中央子午线投影为纵轴，以赤道投影为横轴建立的坐标系是(　　)。

A. 大地坐标系　B. 高斯平面直角坐标系　C. 地心坐标系　D. 平面直角坐标系

【案例提示】 B

三、测量工作概述

(一)测量工作的基本内容

从前述内容知道，测量工作的实质就是确定地面点的位置，地面点位可以用它在投影面上的坐标和高程来确定，但在实际工作中一般不是直接测量坐标和高程，而是通过测量地面点与已知坐标和高程的点之间的几何关系，经过计算间接地得到坐标和高程。因此，测量角度、距离、高差就是测量工作的基本内容，也称为测量工作的三要素。所以，高程测量、角度测量、距离测量是测量的三项基本工作。

从事测绘工作的基本步骤是：

(1)收集资料，根据测区的具体情况制订合理的观测方案；

(2)布设控制网，进行控制测量；

(3)碎部测量；

(4)测绘成果的检验与验收。

(二)测量工作的基本原则

不论采取何种方法、使用何种仪器进行测量工作，误差在测量中都是不可避免的。为了防止测量误差的逐渐传递和累积，要求在测量工作中遵循在布局上“由整体到局部”、在工作程序上“先控制后碎部”、在精度上“由高级到低级”的基本原则进行。同时，测量工作必须做到随时检查，步步校核，保证测量成果的准确无误。这也是测量工作的基本要求。

遵循“先控制后碎部”的测量原则，就是先在测区内选择一定数量具有控制作用的点，

称为控制点,用精密的仪器和方法精确地测出控制点的位置,这部分工作称为控制测量;然后,根据控制点的位置,再测定控制点周围一定范围内的地物和地貌,这部分工作称为碎部测量。

如图 1-9 所示,先在测区内选择 A、B、C、D、E、F 作为该测区的控制点,对其进行测量,并将点分别标在图纸上,然后以 A 点为测站,测定其周围的地物或地貌点,将相关点连接起来,并用一定的符号来表示,该测站的工作完成后,再依次在控制点 B、C、…开展测量工作,直到整个测区的测量工作完成。

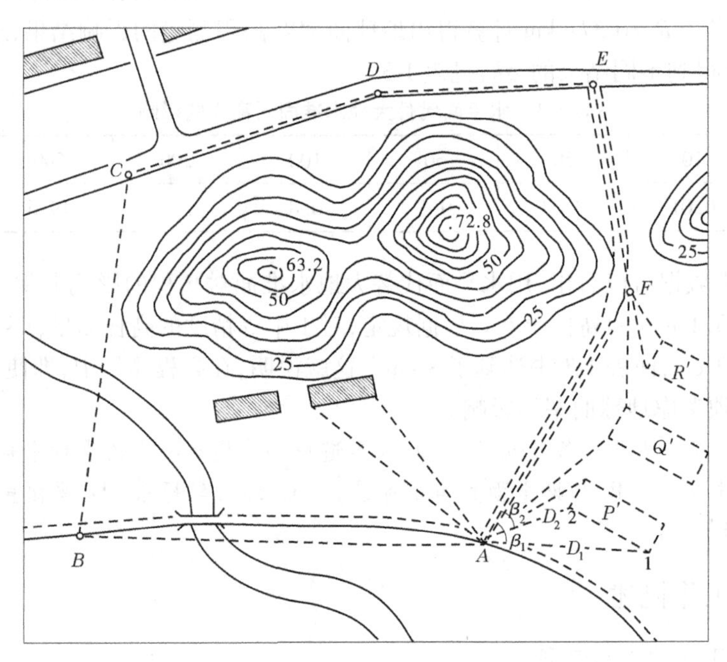

图 1-9　测量工作原则

【例 1-2】　测量工作的原则是(　　)。

A. 由整体到局部　　B. 在精度上由高级到低级

C. 先控制后碎部　　D. 先进行高程控制测量,后进行平面控制测量

【案例提示】　ACD

单元二　园林测量的误差知识

一、测量误差概述

(一)测量误差的概念

在测量过程中,无论仪器多么精密,观测多么仔细,观测值一定会含有误差。任何一个观测量,在客观上总存在着一个能代表其真正大小的数值,这个数值称为真值,一般用 X 表示。对未知量进行测量的过程称为观测,测量所获得的数值称为观测值,用 L_i 表示。进行观测时,观测值与真值之间的差异,称为测量误差或真误差,用 Δi 表示。

$$\Delta i = L_i - X \qquad (1\text{-}6)$$

式中 Δi——真误差；
L_i——观测值；
X——真值。

（二）测量误差的来源

产生测量误差的原因很多，归纳起来主要有以下三个方面。

1. 测量仪器误差

由于测量仪器制造工艺上的局限性，仪器虽然经过校正，仍存在残余误差。

2. 观测者的误差

观测者感觉器官的局限性、责任心、技术水平、固有习惯都会影响观测结果的质量。

3. 外界环境条件的影响

观测时温度、湿度、风力、气压和光线等外界环境因素的影响引起观测结果产生误差。

上述测量仪器、观测者、外界环境条件三个方面的因素是测量误差的主要来源。因此，我们把这三个方面的因素综合起来称为观测条件。观测条件的好坏将与观测成果的质量有着密切的联系。当观测条件好时，观测中所产生的误差就可能相应地小一些，观测成果的质量就高一些；反之，观测条件差，观测成果的质量就低一些。测量是使用仪器或工具在一定的观测条件下由人进行作业，因此产生观测误差的因素总是存在的，观测误差是不可能避免的。然而，在客观条件允许的范围内，测量工作者必须确保观测的结果具有较高的质量。

（三）测量误差的种类

根据测量误差产生的原因，通常将误差分为粗差、系统误差和偶然误差三类。

1. 粗差

粗差也称错误，指在正常观测条件下所出现的比最大偶然误差还要大的误差。是指由于观测者使用仪器不正确或疏忽大意，如测错、读错、听错、算错等造成的错误，计算机数据错误输入，航测像片判读错误，或因外界条件发生意外的显著变动引起的差错。一旦发现含有粗差的观测值，应将其从观测成果中剔除。一般地讲，只要严格遵守测量规范，工作中仔细谨慎，并对观测结果做必要的检核，粗差是可以发现和避免的。

2. 系统误差

在相同的观测条件下，对某量进行的一系列观测中，如果误差在数值大小和正负符号固定不变或按一定规律变化的误差，称为系统误差。系统误差具有累积性，它随着单一观测值观测次数的增多而积累，对观测结果影响很大。

如某一钢尺名义长度为 20 m，经过鉴定存在尺长误差 0.5 mm。如果用该钢尺进行长度测量，测量距离愈长，所积累的误差也愈大，这是一种系统误差。

系统误差对于观测结果的影响具有累积的作用，它对成果质量的影响也特别显著。在实际过程中，应该采用各种方法来消除或减弱其影响，达到实际上可以忽略不计的程度。

3. 偶然误差

在相同的观测条件下对某量进行一系列观测，单个误差的出现没有一定的规律性，其数值的大小和符号表现出偶然性，这种误差称为偶然误差。例如，用经纬仪测角时，就单一观测值而言，由于受照准误差、读数误差、外界条件变化所引起的误差、仪器自身不完善引起的误差等的综合影响，测角误差的大小和正负号都不能预知，具有偶然性。所以，测角误差属于偶然误差。

【例 1-3】 对三角形的三个内角进行等精度观测，因观测有误差存在，使三角形的内角和不等于 180°，则其真误差 Δ 为

$$\Delta = \sum \alpha - 180°$$

现将观测的 358 个三角形内角和的真误差按其大小分区统计于表 1-4 中。

表 1-4　三角形内角和真误差区间统计表

误差所在区间	+Δ	-Δ	总数	百分数（%）
0″～3″	45	46	91	25.4
3″～6″	40	41	81	22.6
6″～9″	33	33	66	18.4
9″～12″	23	21	44	12.3
12″～15″	17	16	33	9.2
15″～18″	13	13	26	7.3
18″～21″	6	5	11	3.1
21″～24″	4	2	6	1.7
24″以上	0	0	0	0
合计	181	177	358	100%

从表 1-4 中可以看出，绝对值小的误差的个数比绝对值大的误差的个数多；绝对值相等的正负误差的个数大致相等，最大的误差不超过 24″。

偶然误差单个出现时不具有规律性，但在相同条件下重复观测某一量时，所出现的大量的偶然误差却具有一定的规律性。经过大量的试验统计和总结，当观测次数较多时，偶然误差具有以下四个特性。

1）有限性

在一定的观测条件下，偶然误差不会超过一定的限度。

2）集中性

绝对值越小的误差，出现的机会越多。

3）对称性

绝对值相等的正误差与负误差，出现的机会均等。

4）抵消性

当观测次数无限增多时，偶然误差的算术平均值趋近于零，即

$$\lim \frac{[\Delta]}{n} = 0$$

式中　n——观测次数。

在测量工作中，错误是不允许存在的，系统误差是可以消除、减弱或限制其影响的，偶然误差是不可避免的。因此，可以通过多次观测，取其算术平均值作为最可靠的值。

二、衡量精度的指标

建立一个统一的衡量精度的标准，给出一个数值概念，使该标准及其数值大小能反映出误差分布的离散或密集的程度，称为衡量精度的指标。

常用的衡量精度的标准有下列几种。

（一）中误差

为了避免正、负误差相抵消和明显地反映观测值中较大误差的影响，通常是以各个真误差的平方和的平均值再开方作为评定该组每一观测值的精度的标准，即

$$m = \pm \sqrt{\frac{\Delta_1^2 + \Delta_2^2 + \cdots + \Delta_n^2}{n}} = \pm \sqrt{\frac{[\Delta\Delta]}{n}} \tag{1-7}$$

式中　m——中误差；

$[\Delta\Delta]$——各真误差的平方和；

n——观测次数。

由于是等精度观测，因此中误差是指该组每一个观测值都具有这个值的精度，也称为观测值中误差。它是一组真误差的代表值，中误差值的大小反映了这组观测值精度的高低，而且它能明显地反映出测量结果中较大误差的影响。因此，一般都采用中误差作为评定观测质量的标准。

【例 1-4】　设有甲、乙两个小组，对三角形的内角和进行了 9 次观测，试分别求得其真误差：甲组：$-5''$，$-6''$，$+8''$，$+6''$，$+7''$，$-4''$，$+3''$，$-8''$，$-7''$；乙组：$-6''$，$+5''$，$+4''$，$-4''$，$-7''$，$+4''$，$-7''$，$-5''$，$+3''$。

解：由式（1-7）计算得两组的中误差为

$$m_{甲} = \pm \sqrt{\frac{(-5)^2 + (-6)^2 + 8^2 + 6^2 + 7^2 + (-4)^2 + 3^2 + (-8)^2 + (-7)^2}{9}} = 6.2''$$

$$m_{乙} = \pm \sqrt{\frac{(-6)^2 + 5^2 + 4^2 + (-4)^2 + (-7)^2 + 4^2 + (-7)^2 + (-5)^2 + 3^2}{9}} = 5.2''$$

因 $m_{甲} > m_{乙}$，这就说明甲组观测精度低于乙组，因为甲组观测值中有较大的误差。中误差能正确地反映出观测结果中较大误差的影响，所以用中误差来衡量观测结果的精度是比较合理的。

从上例可知，尽管两组观测误差绝对值的总和相等，但因甲组观测的误差变化大，精度就低。中误差是一组真误差的代表，但并不等于每个观测值的真误差，用中误差可以说明一组观测值的精度。

（二）相对中误差

相对中误差就是中误差的绝对值与相应观测值之比。它是一个比值，没有单位，在测量上通常化为分子为 1 的分数式表示。

$$K = \frac{|m|}{D} = \frac{1}{D/|m|} \tag{1-8}$$

前面提及的真误差、中误差都是绝对误差，当观测误差的大小和观测值的大小相关时，仅利用中误差就不能反映出测量精度的高低，必须用相对中误差这个标准。例如，丈量两段距离，第一段的长度为 100 m，其中误差为 $m_1 = \pm 2$ cm；第二段长度为 200 m，其中误差为

$m_2 = \pm 3$ cm。如果单纯用中误差的大小评定其精度,就会得出前者精度比后者精度高的结论。实际上丈量的误差与长度有关,距离愈大,误差的积累愈大。$K_1 = 1/5\ 000$,$K_2 = 1/6\ 600$。后者精度高于前者。

(三)容许误差

由偶然误差的第一个特性可知,在一定观测条件下,偶然误差的绝对值不会超过一定的限值。如果在测量工作中某观测值的误差超过了这个限值,就认为这次观测的质量不符合要求,该观测结果应该舍去重测,这个界限称为容许误差或限差。

因此,通常以 3 倍中误差作为偶然误差的限差,即 $\Delta_{容} = 3|m|$;对精度要求较高时,常取 2 倍中误差作为容许误差,即 $\Delta_{容} = 2|m|$。

三、算术平均值及其中误差

(一)算术平均值

当观测次数 n 趋于无限多时,算术平均值就是该量的真值。但实际工作中观测次数总是有限的,这样算术平均值不等于真值,它与所有观测值比较都更接近于真值。因此,可认为算术平均值是该量的最可靠值,故又称为最或然值。

设在相同的观测条件下,对某一未知量进行了 n 次观测,得观测值 l_1、l_2、…、l_n,则该量的最可靠值就是算术平均值 x,即

$$x = \frac{l_1 + l_2 + \cdots + l_n}{n} = \frac{[l]}{n}$$

若 X 为该量的真值,则有 $\lim\limits_{n \to \infty} x = X$。

(二)观测值改正数

未知量的最或然值 x 与观测值 l_i 之差 v_i 是可以求得的,v_i 称为观测值改正数。

$$\frac{[\Delta\Delta]}{n} = \frac{[vv]}{n} + \frac{[\Delta\Delta]}{n^2}$$

根据中误差定义,得 $m^2 = \frac{[vv]}{n} + \frac{m^2}{n}$,$m = \pm\sqrt{\frac{[vv]}{n-1}}$ 即为利用观测值改正数计算中误差的公式。在实际工作中,未知量的真值往往是不知道的,因此真误差 Δ_i 也无法求得,因而不能直接求观测值的中误差,但未知量的最或然值 x 与观测值 l_i 之差 v_i 是可以求得的。对于任何一组等精度观测值,其改正数代数和等于零,这就是观测值改正数的特性,这一结论可检查计算的算术平均值和改正数是否正确。

(三)由观测值改正数计算观测值中误差

通过研究改正数 v 与真误差 Δ 之间的关系,从而导出以改正数表示观测值中误差的公式

$$m = \pm\sqrt{\frac{[vv]}{n-1}}$$

(四)算术平均值中误差

算术平均值 x 的中误差 M_x 可由下式计算

$$M_x = \frac{m}{\sqrt{n}} \quad 或 \quad M_x = \sqrt{\frac{[vv]}{n(n-1)}}$$

四、误差传播定律及其应用

(一)误差传播定律

表述观测值函数的中误差与观测值中误差之间关系的定律称为误差传播定律。

$$m_z = \pm\sqrt{\left(\frac{\partial f}{\partial x_1}\right)^2 m_1^2 + \left(\frac{\partial f}{\partial x_2}\right)^2 m_2^2 + \cdots + \left(\frac{\partial f}{\partial x_n}\right)^2 m_n^2} \tag{1-9}$$

为观测值中误差与其函数中误差的一般关系式,称为中误差传播公式。

中误差传播公式在测量中应用十分广泛。利用这个公式不仅可以求得观测值函数的中误差,还可以用来研究容许误差值的确定以及分析观测可能达到的精度等。

根据推导,可导出下列简单函数式的中误差传播公式,见表 1-5。

表 1-5　中误差传播公式

函数名称	函数式	中误差传播公式
倍数函数	$Z = Ax$	$m_z = \pm Am$
和差函数	$Z = x_1 \pm x_2$ $Z = x_1 \pm x_2 \pm \cdots \pm x_n$	$m_z = \pm\sqrt{m_1^2 + m_2^2}$ $m_z = \pm\sqrt{m_1^2 + m_2^2 + \cdots + m_n^2}$
线性函数	$Z = A_1x_1 \pm A_2x_2 \pm \cdots \pm A_nx_n$	$m_z = \pm\sqrt{A_1^2m_1^2 + A_2^2m_2^2 + \cdots + A_n^2m_n^2}$

(二)误差传播定律的应用

下面举例说明其应用方法。

【例 1-5】　在 1:500 地形图上量得某两点间的距离 $d = 234.5$ mm,其中误差 $m_d = \pm 0.2$ mm,求该两点间的地面水平距离 D 的值及其中误差 m_D。

解: 实距 = 比例尺 × 图距(属于倍数函数);$D = 500d = 500 \times 234.5\ \text{mm} = 117.25\ \text{m}$;$m_D = \pm 500m_d = \pm 500 \times (\pm 0.2)\text{mm} = \pm 0.10\ \text{m}$。

【例 1-6】　设对某一个三角形观测了其中 α、β 两个角,测角中误差分别为 $m_\alpha = \pm 3.5''$、$m_\beta = \pm 6.2''$,试求 γ 角的中误差 m_γ。

解: $\gamma = A - \alpha - \beta$(属于和差数函数),$\gamma = 180° - \alpha - \beta$;$m_\gamma = \pm\sqrt{m_\alpha^2 + m_\beta^2} = \pm\sqrt{(3.5'')^2 + (6.2'')^2} = \pm 7.1''$。

【例 1-7】　试推导出算术平均值中误差的公式。

解: 算术平均值

$$x = \frac{[l]}{n} = \frac{1}{n}l_1 + \frac{1}{n}l_2 + \cdots + \frac{1}{n}l_n$$

设 $\frac{1}{n} = k$,则 $x = kl_1 + kl_2 + \cdots + kl_n$(属于和差数函数)。因为是等精度观测,各观测值的中误差相同,即 $m_1 = m_2 = \cdots = m_n = m$,得算术平均值的中误差为

$$M = \pm\sqrt{k^2m_1^2 + k^2m_2^2 + \cdots + k^2m_n^2}$$

$$= \pm \sqrt{\frac{1}{n^2}(m^2 + m^2 + \cdots + m^2)}$$

$$= \pm \sqrt{\frac{m^2}{n}}$$

所以,$M = \pm \frac{m}{\sqrt{n}}$。

在相同的观测条件下,算术均值的中误差与观测次数的平方根成反比。设观测值的中误差 $m = 1$,则算术平均值的中误差 M 与观测次数 n 的关系随着观测次数的增加,算术平均值的精度固然随之提高,但是,当观测次数增加到一定数值后(例如 $n = 10$),算术平均值精度的提高是很微小的。因此,不能单以增加观测次数来提高观测成果的精度,还应设法提高观测本身的精度。例如,采用精度较高的仪器,提高观测技能,在良好的外界条件下进行观测等。

【例1-8】 推导用三角形闭合差计算测角中误差公式。

解:设等精度观测了 n 个三角形的内角,其测角中误差为 m_β。

各三角形闭合差为

$$f_{\beta_i} = a_i + b_i + c_i - 180° \quad (属于和差数函数)$$

按中误差定义得三角形内角和的中误差 m_Σ 为

$$m_\Sigma = \pm \sqrt{\frac{[f_\beta f_\beta]}{n}}$$

由于内角和 $\sum$ 是每个三角形各观测角之和,即

$$\sum_i = a_i + b_i + c_i$$

其中误差为

$$m_\Sigma = \pm \sqrt{3} m_\beta$$

故测角中误差

$$m_\beta = \pm \sqrt{\frac{[f_\beta f_\beta]}{3n}}$$

上式称为菲列罗公式,通常用在三角测量中评定测角精度。

【例1-9】 分析水准测量精度。

解:(1)设在 A、B 两水准点间安置了 n 站,每个测站后视读数为 a,前视读数为 b,每次读数的中误差均为 $m_读$,每个测站高差为 $h = a - b$(属于和差数函数)。

(2)根据误差传播定律,求得一个测站所测得的高差中误差 $m_h = m_读\sqrt{2}$(如果采用黑、红双面尺或两次仪器高法测定高差,并取两次高差的平均值作为每个测站的观测结果,则可求得每个测站高差平均值的中误差 $m_站 = m_读$)。

(3)由于 A、B 两水准点间共安置了 n 个测站,可求得 n 站总高差的中误差 $m = m_站\sqrt{n} = m_读\sqrt{n}$(即水准测量高差的中误差与测站数的平方根成正比)。

(4)设每个测站的距离 S 大致相等,全长 $L = nS$,将 $n = L/S$ 代入 $m = m_站\sqrt{n}$ 得:

$$m = m_站 \sqrt{1/S} \times \sqrt{L}$$

式中,$1/S$为每千米测站数,$m_{站}\sqrt{1/S}$为每千米高差中误差,以u表示,则

$$m=\pm u\sqrt{L}$$

即水准测量高差的中误差与距离平方根成正比。

(5)由此,现行规范中规定,普通(图根)水准测量容许高差闭合差分别为

$$f_{h容}=\pm 40\sqrt{L}(\text{mm})(平地);f_{h容}=\pm 12\sqrt{n}(\text{mm})(山地)$$

【例1-10】 分析水平角测量的精度。

解:(1)DJ_6型光学经纬仪一测回的测角中误差。

DJ_6型光学经纬仪通过盘左、盘右(即一测回)观测同一方向的中误差$m_{方}=\pm 6''$作为出厂精度,也就是一测回方向中误差为$\pm 6''$。由于水平角为两个方向值之差,$\beta=b-a$。故其中误差应为

$$m_\beta=m_{方}\sqrt{2}=\pm 6''\times\sqrt{2}=\pm 8.5''$$

即DJ_6型光学经纬仪一测回的测角中误差为$\pm 8.5''$。考虑仪器本身误差及其他不利因素,取$m_\beta=\pm 10''$。以2倍中误差作为容许误差,则

$$m_{\beta容}=2m_\beta=\pm 20''$$

因而规范中当用DJ_6型光学经纬仪施测一测回时,测角中误差规定为$\pm 20''$。

(2)三角形角度容许闭合差。

用DJ_6型光学经纬仪等精度观测三角形的三个内角,各角均用一测回观测。

其三角形闭合差为

$$W=(a_i+b_i+c_i)-180°$$

已知测角中误差

$$m_\beta=m_a=m_b=m_c$$

按误差传播定律,三角形闭合差的中误差为$m_w=\sqrt{3}m_\beta$,以$m_\beta=\pm 8.5''$代入,则最后结果为

$$\Delta y=119.48\pm 0.047\ \text{m},m_w=\pm 8.5\times\sqrt{3}=\pm 15''$$

考虑仪器本身误差和其他不利因素,$m_w=\pm 20''$。取3倍中误差为容许误差,则规范规定用DJ_6型光学经纬仪施测一测回,三角形最大闭合差(容许闭合差)为$\pm 60''$。

【小贴士】 测量精度指测量的结果相对于被测量真值的偏离程度:(正确的测量值-真实值)/真实值。在测量中,任何一种测量的精密程度高低都只能是相对的,皆不可能达到绝对精确,总会存在各种原因导致的误差。为使测量结果准确可靠,尽量减少误差,提高测量精度,必须充分认识测量可能出现的误差,以便采取必要的措施来加以克服。通常在测量中有基本误差、补偿误差、绝对误差、相对误差、系统误差、随机误差、过失误差与抽样误差等。

项目小结

本项目主要介绍了测量的基本知识,包括测量学概念、分科及其在园林中的作用,地面点位的确定,并对水准面、大地水准面、平面直角坐标系、绝对高程、相对高程和高差进行了定义。学生需要掌握国家高程系、参考椭球、各种投影。对于测量工作的基本内容、基本要

求、基本原则只需记住结论,便于后期学习和实践中应用。

复习与思考题

1. 什么叫测量学?测量学的研究对象是什么?

2. 什么叫水准面、大地水准面?大地水准面有什么作用?

3. 什么叫绝对高程、相对高程和高差?

4. 表示点的坐标有哪几种?分别适用于什么情况?

5. 测量学中的平面坐标系与数学中的平面直角坐标系有何区别?

6. 根据"1956年黄海高程系"算得 A 点高程为210.464 m,B 点高程为138.654 m。若改用"1985年国家高程基准",则 A、B 点的高程分别为多少?

7. 测量工作的基本内容、基本原则是什么?

8. 系统误差与偶然误差有何不同?偶然误差有哪些特性?

9. 下列情况会使观测结果产生误差,试判断产生误差的性质。在普通水准测量中:①符合气泡没有精确居中;②估读不准;③水准仪下沉;④水准尺下沉;⑤水准管轴与视准轴不平行。用钢尺丈量距离时:①尺长不准确;②定线不准;③温度变化;④拉力不均匀;⑤估读小数不准确。

10. 评定观测精度的标准有几种?衡量角度测量和距离测量精度的标准有何不同?为什么?

11. 设对某水平角观测了5次,测得观测值为67°21′30″、67°21′48″、67°21′18″、67°21′36″、67°21′18″,试计算观测值的最或然值、观测值的中误差和最或然值的中误差。

12. 分别丈量两段距离,一段是180 m,另一段是280 m,它们的中误差都为±15 mm,问这两段距离的丈量精度是否相同,为什么?

13. 在1:1 000的图上量得一圆半径为31.34 mm,已知测量中误差为±0.1 mm,求实地圆周长的中误差。

14. 在同精度观测中,观测值中误差 m 与算术平均值中误差 M 有什么区别和联系?

15. 某长方形房屋,长边量得结果为:60 m +0.02 m,短边量得结果为:30 m +0.01 m,求房屋面积的中误差。

项目二　地面点高程测量

项目概述

在测量工作中，要确定地面点的空间位置，经常要确定地面点的高程。我们把确定地面点高程的测量工作称为“高程测量”。高程测量的目的是研究地面的起伏状况和解决工程中的有关问题。在园林工程中，园林道路、园林建筑等工程的设计，以及苗圃、改土、治水等基本建设都需要高程测量，以了解工作地区的地形情况。

学习目标

本项目应重点掌握水准测量的原理，熟悉 DS_3 型水准仪的构造、使用和观测方法，等外水准路线的观测、记录、计算及其成果的校核方法等内容。了解水准测量误差的主要来源，掌握消除或减少误差的基本措施，并通过课下时间学习水准仪的校正与检验。

知识目标

1. 掌握水准测量的原理。
2. 掌握水准仪、水准尺的结构及用法。
3. 学会高差测量及高程计算的方法，掌握水准路线测量的方法。

技能目标

1. 能熟练操作水准仪，并能正确读数。
2. 能熟练利用水准仪进行高程测量并会计算高差。
3. 能熟练利用水准仪进行普通水准测量并计算各点高程值。

【学习导入】

地面高低起伏，有许多的地物要确定地面点的高程来确定地物的空间位置，因此本项目具体完成的工作就是：绘制直角坐标系，并在其上表示本地某点的大致位置；清楚高程及其高程测量的基本知识，会表示本地某地物的空间位置。

单元一　水准仪的认识与使用

一、DS_3 型水准仪

D 是大地测量仪器的代号，即汉字“大”的拼音的第一个字母；S 是水准仪的代号，即汉字“水”的拼音的第一个字母；角码 3 是指水准仪的精度，即该型号水准仪每千米往返测量高差中数的偶然中误差小于 3 mm。三者连写为 DS_3 表示了该仪器的型号和精度。

(一)水准仪的构造和性能

水准仪是为水准测量提供水平视线的仪器。图2-1 为DS_3型水准仪的外观,主要由照准部、基座和三脚架三部分组成。照准部主要由望远镜和管水准器组成,二者连为一体是进行水准测量的前提条件;在微倾螺旋作用下,二者可同时作微小倾斜;当管水准器气泡居中时,标志着望远镜视线水平。照准部可绕竖直轴在水平方向上旋转,水平制动螺旋和微动螺旋可控制其左右转动,用以精确瞄准目标。使用仪器时,中心螺旋将仪器与三脚架连接起来,旋转基座上的脚螺旋,使圆水准器气泡居中,则视准轴大致处于水平位置。三脚架可以伸缩和收张,为架设仪器提供方便。

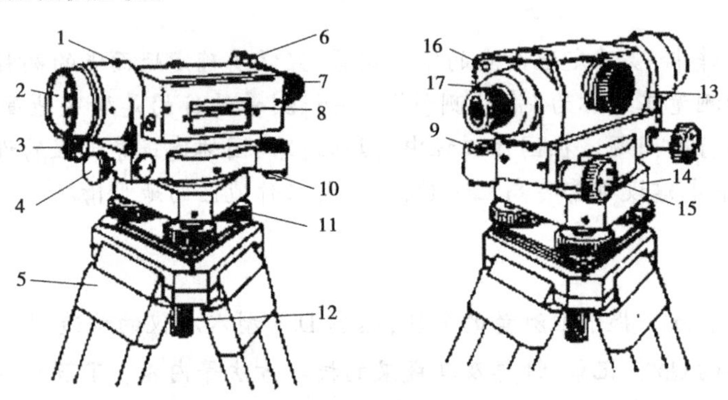

1—准星;2—物镜;3—微动螺旋;4—制动螺旋;5—三脚架;6—照门;7—目镜;
8—水准管;9—圆水准器;10—圆水准器校正螺旋;11—脚螺旋;12—连接螺旋;
13—物镜调焦螺旋;14—基座;15—微倾螺旋;16—水准仪管气泡观测窗;17—目镜调焦螺旋

图2-1　DS_3型水准仪

(二)望远镜

1. 望远镜成像原理

望远镜的物镜和目镜均为凸透镜,如图2-2 所示,长焦距的透镜作为物镜,远处物体 MN 发来的光线通过物镜形成倒立而缩小了的实像 $M'N'$;再用短焦距的透镜作为目镜,将物像 $M'N'$放大成虚像 mn,当人的眼睛处于某一恰当位置时,将看到这个虚像。十字丝分划板安置在物镜和目镜之间,在瞄准目标时以十字丝交点对准目标中心为准。

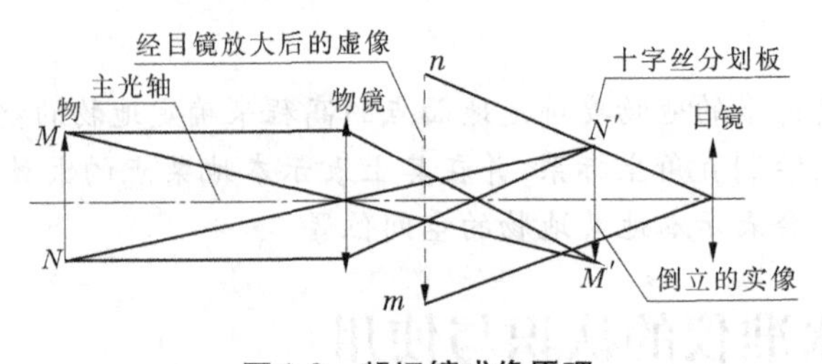

图2-2　望远镜成像原理

2. 望远镜的构造

依据望远镜成像原理,望远镜由目镜、物镜、十字丝分划板、调焦(对光)螺旋、镜筒以及照准器组成。

望远镜按其调焦方式分为外调焦和内调焦两大类。外调焦望远镜由于密封性不好等缺点,因此现在生产的水准仪都采用内调焦望远镜。图2-3 为内调焦望远镜示意图。

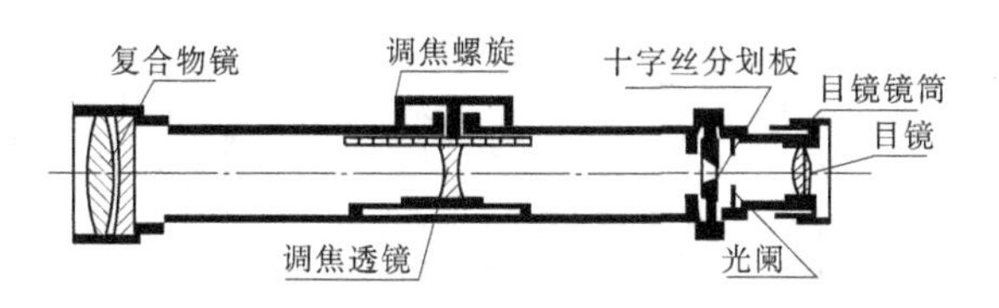

图 2-3 望远镜的结构

因为凸透镜厚度不均,望远镜在成像过程中会出现色散,形成球面相差和色差对目标成像造成影响,所以现代测量仪器中的透镜(物镜、目镜)均为复合透镜。为防止边缘光线目镜聚焦于一点而影响成像,因此在靠近目镜附近安置一光阑。

为使仪器精确照准目标和读数,在物镜筒内光阑处安装了一十字丝分划板。

所谓十字丝,是刻在玻璃板上相互垂直的两条细线。竖直的一根十字丝称为纵丝(又称竖丝)。中间水平的一根十字丝称为横丝(又称中丝或水平丝)。横丝上、下对称的两根十字丝称为上、下丝,由于是用来测量距离的,因此又称为视距丝,如图 2-4 所示。

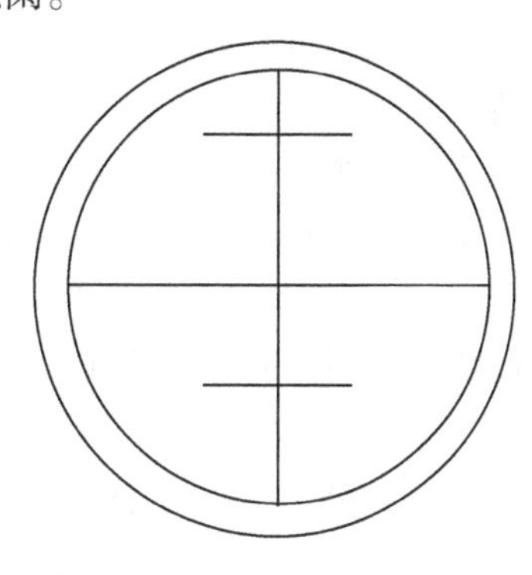

图 2-4 十字丝

物镜光心和十字丝的连线称为望远镜的视准轴。视准轴是水准仪进行水准测量的关键轴线。

3. 望远镜的使用

1)望远镜的操作程序

首先将望远镜对向明亮的背景,例如对向白色的墙面或明亮的天空,转动目镜进行调焦,使十字丝的分划线能看得很清晰。正确的操作方法是由负曲光度向正曲光度(目镜套筒上带有“+”“-”的标记)转动目镜。使十字丝由不清晰到清晰(十字丝最黑),然后瞄准目标,用物镜调焦螺旋使目标也能看得十分清楚。为了方便寻找目标,一般在望远镜筒的外面都装有瞄准器(准星和照门),可以先用瞄准器将望远镜对准目标之后再使用物镜调焦。

2)视差及视差的消除

瞄准目标时,如果像平面与十字丝面没有严密重合,当观测者眼睛在目镜后晃动时,则目标像与十字丝相对位置发生变化,这种现象称为十字丝视差。视差带来观测误差。为了检查是否存在视差,可使眼睛在目镜后上下或左右轻微晃动,如十字丝的交点始终对着目标的同一位置或横丝对准尺子的刻划不变,则表示没有视差;如果发现十字丝与目标有相对移动,说明有视差存在。如图 2-5(a)、(b)所示为像平面与十字丝平面不重合的情况,当人眼位于目镜中间 2 处时,十字丝的交点 O 与物体的像点 a 重合;当眼睛略向上移至 1 处时,O 点又与 b 点重合;而当眼睛向下移至 3 处时,O 点便与 C 点重合了。如果连续使眼睛的位置上下移动,好像看到物体的像在十字丝附近上下移动一样。图 2-5(c)就不存在上述现象,说明没有视差存在。

消除视差的方法是:首先按操作步骤依次调焦,即将望远镜对向远方明亮处,进行目镜调焦,使十字丝的分划线成像清晰。然后瞄准目标,用物镜调焦使目标像同样清晰。其次要注意观测者的眼睛不要紧张,要始终处于松弛状态,防止眼球焦距发生变化。这样反复调 1 ~ 2 次,直到上下晃动眼睛时十字丝与目标影像不发生相对移动。

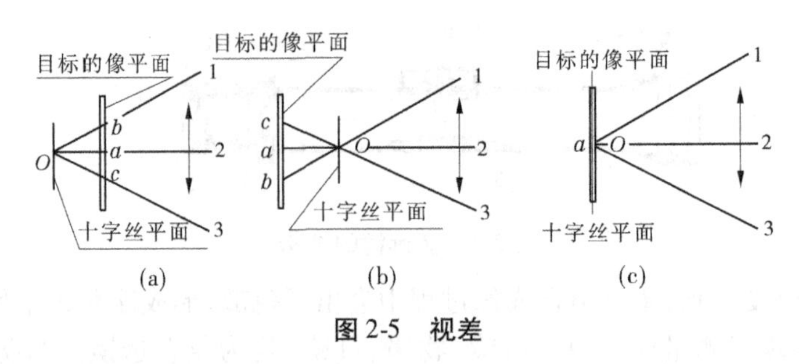

图 2-5 视差

(三)水准器

水准器是水准仪获得水平视线的重要部件。从形式上分为管水准器、圆水准器和符合水准器。

1. 管水准器

管水准器又称为水准管,是用玻璃制成的。它是一个纵向内表面磨成圆弧的玻璃管,将一端封闭,由开口的一端注入质轻而易流动的液体如酒精、氯化钾或乙醚等,装满后再加热融封而成,待液体冷却后,管内即形成了一个气体充塞的小空间,这个空间称为水准气泡(见图2-6)。在管水准器上刻有2 mm间隔的分划线(见图2-7)。分划线与中间的 S 点成对称状态,如图2-8所示,S 点称为水准管的零点,零点附近无分划,零点与圆弧相切的切线 LL 称为水准管的水准轴。根据气泡在管内占有最高位置的特性,当气泡中点位于管子的零点位置时,称为气泡居中,也就是管子的零点最高时,水准轴处于水平位置。气泡中点的精确位置根据气泡两端相对称的分划线位置确定。

气泡在水准器内快速度移动到最高点的能力称为灵敏度。水准器灵敏度的高低与水准器的分划值有关。

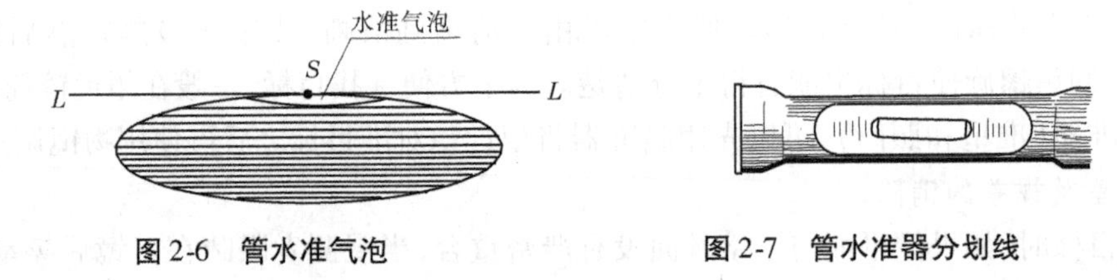

图 2-6 管水准气泡　　图 2-7 管水准器分划线

水准器的分划值是指水准器上相邻两分划线(2 mm)间弧长所对应的圆心角值的大小,用 τ 表示。若圆弧的曲率半径为 R(见图2-8),则分划值 τ 为

$$\tau = \frac{2}{R}\rho \tag{2-1}$$

分划值与灵敏度的关系为:分划值越大,灵敏度则越低;分划值越小,灵敏度则越高。但水准管气泡的灵敏度愈高,气泡愈不稳定,使气泡居中所费的时间愈长。因此,水准器的灵敏度应与仪器的性能相适应。

2. 圆水准器

圆水准器的顶面内壁为一球面,球面中心有圆圈,圆圈中心是圆水准器的零点。通过零点的球面法线称为圆水准轴。如图2-9所示的 OC,气泡的中心与水准器的零点重合时,则圆水准轴即成竖直状态。圆水准器在构造上,使其轴线与外壳下表面正交,所以当圆水准轴竖直时,外壳下表面 MN 处于水平位置。

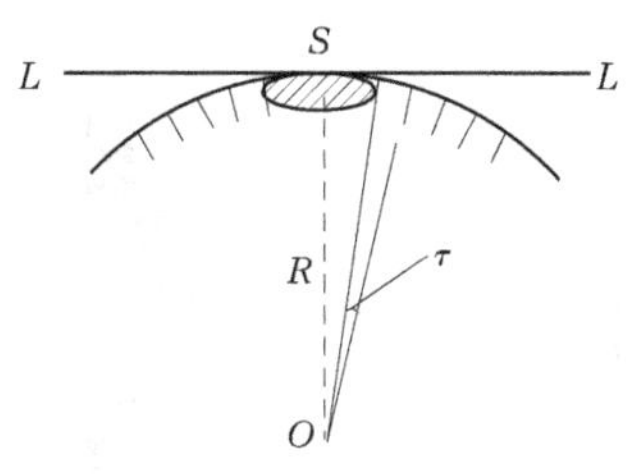
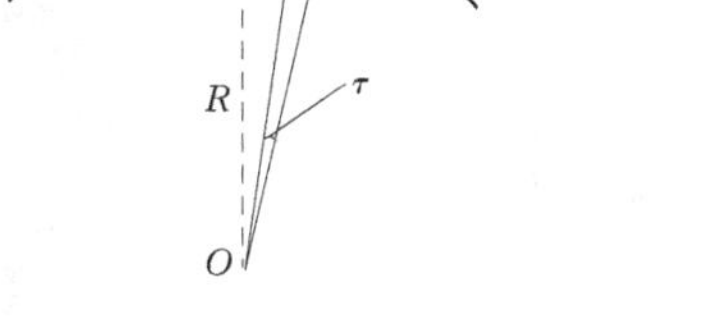

图 2-8　水准管格值

图 2-9　圆水准器

由于圆水准器的半径比水准管小，故其分划值较大，所以圆水准器的灵敏度低，在工作中，常将圆水准器作为概略整平之用。精度要求较高的整平，则用管水准器或符合水准器来进行。

3. 符合水准器

当用眼睛直接观察水准管气泡两端相对于分划线的位置来衡量气泡是否居中时，为了提高整平的精度，以便于观察，一般采用符合水准器。

符合水准器就是在水准管的上方安置一套棱镜组，通过光学系统的反射和折射作用，把管气泡两端各一半的影像传递到望远镜内或目镜旁边的显微镜内，使观测者不移动位置就能看到水准器的符合影像。同时，由于气泡两端影像的偏离是将实际偏移值放大了 1 倍，甚至许多倍，从而提高了水准器居中的精度。图 2-10 所示为符合水准器棱镜系统的光路及观察气泡的情况。若气泡两端的影像完全重合，表示气泡居中，见图 2-10 中的①。若呈现图 2-10 中②的情况，则表明气泡不居中。

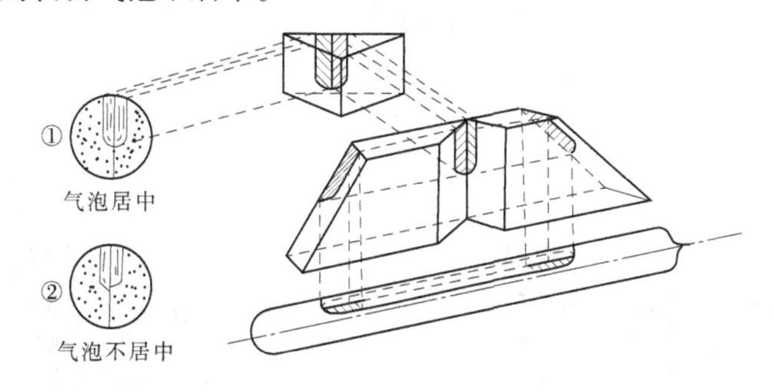

图 2-10　符合水准器棱镜系统

二、水准尺

水准尺是水准测量的重要工具。水准测量作业时与水准仪配合使用。水准尺类型很多，普通水准尺为木质，也有合金铝质水准尺和精密水准测量所用的铟钢尺。普通水准尺总长一般在 2 ~ 5 m，多选用伸缩性小、不易变形的木材加工而成，尺面分划为 1.0 cm，黑面为黑白相间的分划，红面为红白相间的分划。为保证读数方便和避免读数错误，每 5 个分划组合在一起。如图 2-11 所示，尺面上每分米注有倒写的阿拉伯数字，由下往上逐渐增大。这样是为了配合倒像水准仪的使用。其中与字头平齐的分划线就是该分米的起算线。

标尺必须成对使用。为了防止观测时产生印象错误，每对双面尺的底部，黑面均从零起算，红面分别为 4687 和 4787 起算，4687 和 4787 为一对水准尺。高等级水准测量时，为提高观测精度，通常在水准尺背面装一水准器，测量时水准气泡应严格居中。除水准尺外，还有

5 m塔尺、3 m折叠尺等。

三、尺垫(又称为尺台)

尺垫也是水准测量中的一种工具,一般由铸铁制成。在进行水准测量时,为了防止水准尺下沉,每根水准尺都附有一个尺垫,使用时先将尺垫牢固地踩入地下,再将标尺直立在尺垫的半球形的顶部,如图2-12所示。注意:尺垫只用在转点上,已知点或待定点不能放尺垫。土质特别松软的地区应用尺桩进行测量。

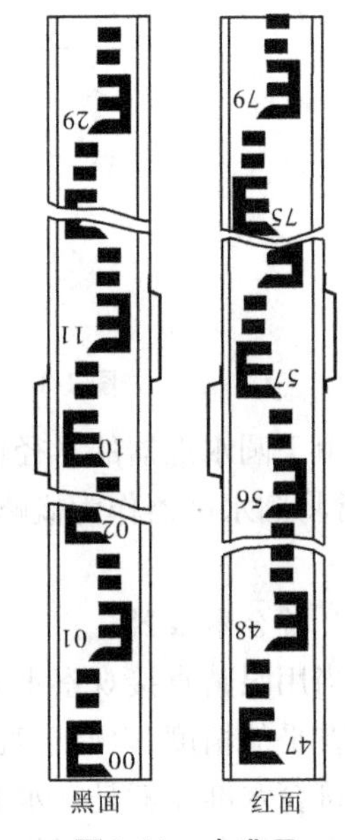

图2-11 水准尺

四、水准仪的使用

进行水准测量时,首先将仪器安置于三脚架上,并将仪器安置在经过粗略整平、高度适中的位置上,瞄准水准尺,经过精确整平后,利用望远镜就可以在竖立的水准尺上读数,则可按照水准测量的原理测定高差,推算高程。

(一)水准仪的安置

安置水准仪,通常是先将脚架的一个脚架腿取适当位置安置好(仪器高度应与自己的身高相适应),然后两手握住另两条腿做前后、左右移动,眼睛目测使脚架头顶面水平。若地面比较坚实,可以不用脚踏,如在公路上、城镇中有铺装面的街道上等。若地面比较松软,则应用脚踏实脚架,使仪器稳定。当地面倾斜较大时,应将三脚架的一个脚架腿安置在倾斜方向上,再将另外两个脚架腿安置在与倾斜方向垂直的方向上,这样既有利于仪器的整平,又有利于仪器安置的稳固安全,如图2-13所示。

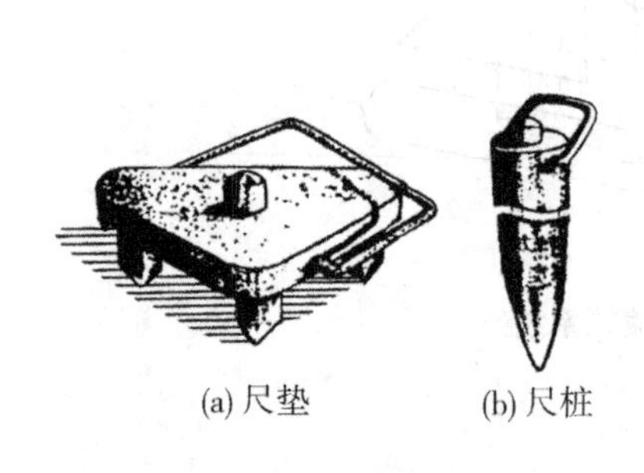

图2-12 尺垫

图2-13 脚架安置

(二)粗平

粗平工作是利用脚螺旋使圆水准器的气泡居中,达到仪器粗平的目的,操作方法具体如下:

(1)打开制动螺旋,转动仪器,使圆水准器置于1、2两脚螺旋一侧的中间。

(2)两手分别以相对方向转动两个脚螺旋,使气泡位于圆水准器零点和垂直于1、2两个脚螺旋连线的方向上,此时气泡移动方向与左手大拇指旋转时的移动方向相同,如图2-14(a)所示。

(3)再转动第三个脚螺旋使气泡居中,见图2-14(b)。

实际操作时可以不转动第三个脚螺旋,而以相同方向同样速度转动原来的两个脚螺旋1、2使气泡居中即可,如图2-14(c)所示。在熟练操作以后,不一定将气泡的移动分解为两步,直接转动两个脚螺旋即可使气泡居中。此时,两个脚螺旋各自的转动方向和转动速度都要视气泡的具体位置而定,要按照气泡移动的方向及时控制两手的转动。

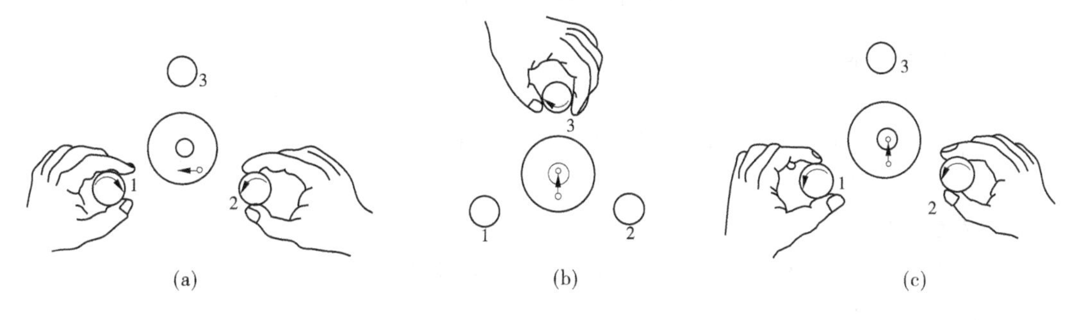

图2-14 粗平

(三)瞄准

用望远镜十字丝中心对准目标的操作过程称为瞄准。具体操作步骤如下:

(1)松开望远镜水平制动螺旋,把望远镜对向明亮背景处,进行目镜调焦,使十字丝最清晰。

(2)转动望远镜,利用镜筒上方的缺口和准星照准水准标尺,固定水平制动螺旋。

(3)旋转水平微动螺旋,使十字丝纵丝精确照准水准标尺的中间即可。

(4)旋转物镜调焦螺旋,使水准尺成像清晰且无视差现象存在。

(四)精平

读数之前必须调节微倾螺旋使水准管气泡完全居中。由于气泡的移动有一个惯性,因此转动微倾螺旋的速度不能太快,尤其当符合水准器的两端气泡将要对齐时更要注意。

(五)读数

水准测量的读数是以十字丝中间的横丝在水准尺上截取读数。它包括视距读数和中丝读数两步工作。视距读数就是利用上、下丝直接读取仪器至标尺的距离。视距读数的方法是:照准标尺,读出上、下丝读数,计算出上、下丝切尺读数的间隔L,将L乘以100即为仪器至水准尺的距离,也可以旋转微倾螺旋,使上、下丝切准某一整分划,读出上、下丝之间的间隔L的厘米数,单位换成米数即为仪器到水准尺的间距。

中丝读数是水准测量的基本功能之一,必须熟练掌握。中丝读数在精平后即刻进行,直接读出米、分米、厘米、毫米。为了防止产生不必要的误差,习惯上只报读四位数字,不读小数点,如1.204 m和0.607 m读为1204和0607。视距读数时,符合水准器气泡不需符合;而中丝读数是用来测定高差的,所以进行中丝读数时,必须先使符合水准器气泡符合。

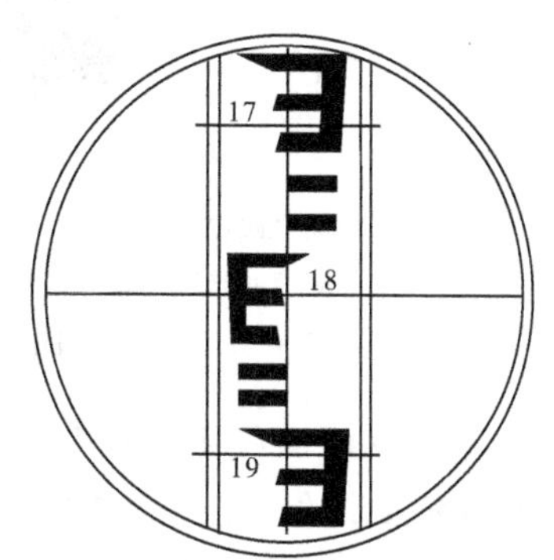

图2-15 水准标尺的注记形式

读数时,要弄清标尺上的数字注记形式。大部分水准标尺的注记形式如图2-15所示,即分米数字注记在整分划线数值增加的一边,这样的注记读数较方便,如

图2-15所示,中丝读数为1822。由于水准仪有正像和倒像两种,读数时注意遵循从小读数向大读数读。如图2-15不能读成1978。

【案例实施】

水准仪的认识与使用

一、目的与要求

(1)熟悉DS_3型水准仪的基本构造和性能,掌握各个构件的名称和作用。

(2)练习水准仪的安置、整平、瞄准、读数和高差计算。

(3)认识与使用自动安平水准仪。

二、仪器与工具

DS_3型水准仪(或DSZ_2型水准仪)1台,水准尺2把,自备2H铅笔2支。

三、方法与步骤

1. 水准仪的认识

(1)熟悉DS_3型水准仪的主要部件名称、作用及使用,如图2-16所示。

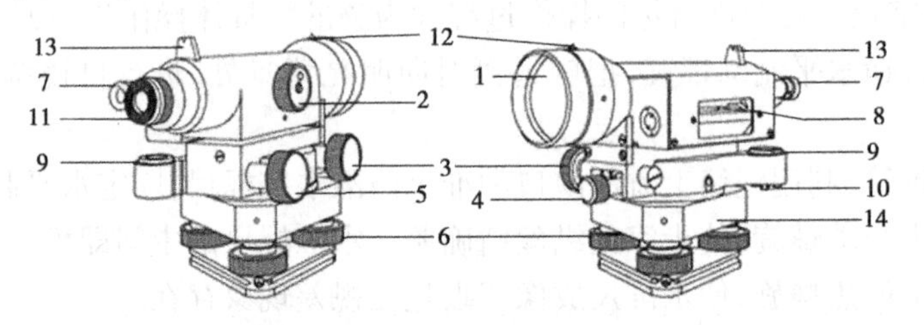

1—物镜;2—物镜调焦螺旋;3—微动螺旋;4—制动螺旋;5—微倾螺旋;
6—脚螺旋;7—水准管气泡观察窗;8—管水准器;9—圆水准器;
10—圆水准器校正螺丝;11—目镜;12—准星;13—照门;14—基座

图2-16 DS_3型水准仪的主要部件

(2)熟悉DSZ_2型水准仪的主要部件名称、作用及使用,如图2-17所示。

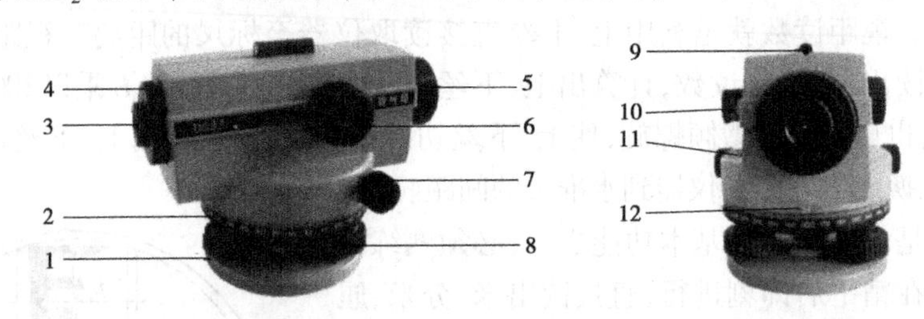

1—球面基座;2—度盘;3—目镜;4—目镜罩;5—物镜;6—调焦手轮;7—水平循环微动手轮;
8—脚螺丝手轮;9—光学粗瞄准;10—水泡观察器;11—圆水泡;12—度盘指示牌

图2-17 DSZ_2型水准仪的主要部件

2. 水准仪的使用及水准尺读数

(1)安置水准仪。松开三脚架的伸缩螺旋,按需要调节三条脚架的长度后,旋紧螺旋。

安置脚架时,应使架头大致水平,对泥土、草坪等软质地面,应将三脚尖踩入土中,以防仪器下沉;对水泥地面,要采取防滑措施;对倾斜地面,应将三脚架的一个脚安放在高处,另两个脚安置在低处。打开仪器箱,记住仪器摆放位置,以便仪器装箱时按原位摆放。双手将仪器从仪器箱中拿出,平稳地放在脚架架头,接着一手握住仪器,另一手将中心螺旋旋入仪器基座内旋紧。

(2)粗平。粗平就是旋转脚螺旋使圆水准器气泡居中,从而使仪器大致水平。

为了快速粗平,对坚实地面,可固定脚架的两个腿,一手扶住脚架顶部,另一手握住第三脚架腿做前后左右移动,眼看着圆水准器气泡,使之离中心不远(一般位于中心的圆圈上即可),然后用脚螺旋粗平。脚螺旋的旋转方向与气泡移动方向之间的规律是(左手定律):气泡移动的方向与左手大拇指转动脚螺旋的方向一致(与右手大拇指转动方向相反)。如图2-18所示,可先转动①、②两个脚螺旋,使气泡从图2-18(a)所示a点的位置转至图2-18(b)所示b点的位置(左右居中),然后转动脚螺旋③使气泡居中(前后居中)。若从仪器构造上理解脚螺旋的旋转方向与气泡移动方向之间的规律,则为:气泡在哪个方向,则仪器哪个方向位置高;脚螺旋顺时针方向(俯视)旋转,则此脚螺旋位置升高,反之则降低。

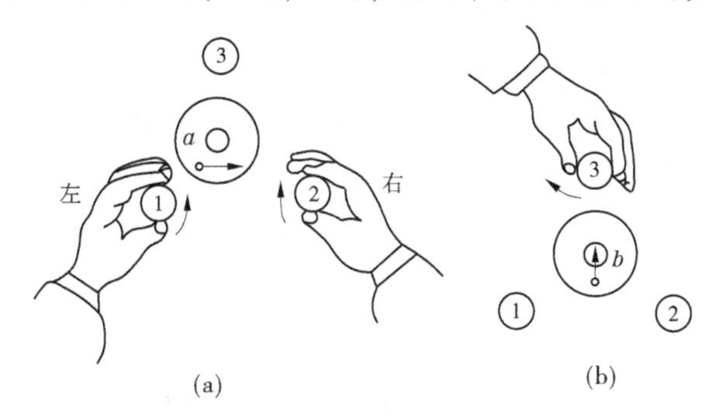

图2-18　粗平

(3)照准水准尺(照准A尺)。

目镜对光:转动目镜对光螺旋,使十字丝清晰。

粗瞄:松开水平制动螺旋,转动望远镜,利用望远镜上部的准星与缺口照准目标,旋紧制动螺旋。

物镜对光:转动物镜对光螺旋,使水准尺分划成像清晰。

精瞄:此时,若目标的像不在望远镜视场的中间位置,可转动水平微动螺旋,对准目标。

消除视差:眼睛在目镜端略做上下移动,检查十字丝与水准尺分划像之间是否有相对移动,如有,则存在视差,需重新做目镜对光和物镜对光,消除视差。

(4)精平与读数。精平就是转动微倾螺旋,首先目测水准管气泡居中,然后观察符合水准管气泡两端的半边影像是否吻合成圆弧抛物线形状(如图2-19所示),使视线在照准方向精确水平。操作时,右手大拇指旋转微倾螺旋的方向与左边气泡影像的移动方向一致。精平后,以十字丝中横丝读出尺上的数值,读取4位数字。读数时应注意尺上的注字由小到大的顺序,读出米、分米、厘米,估读至毫米,如图2-19(b)所示。读数时,扶尺人员应将水准尺立直(水准尺侧面通常装有水准管或圆水准器)。总之,读数共有4位数,忌读入小数点,如果前面是零也得读出。

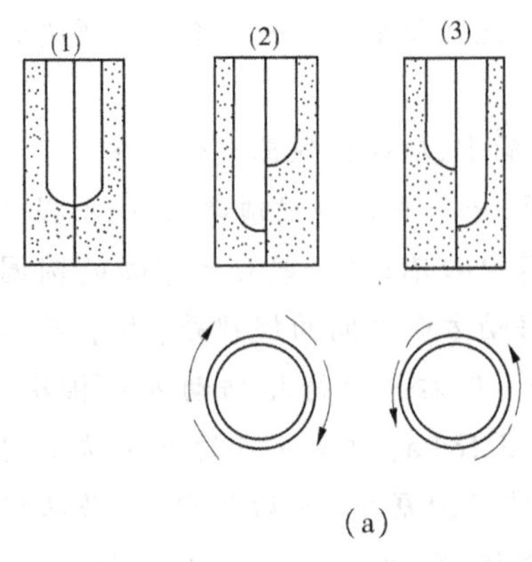

(a)

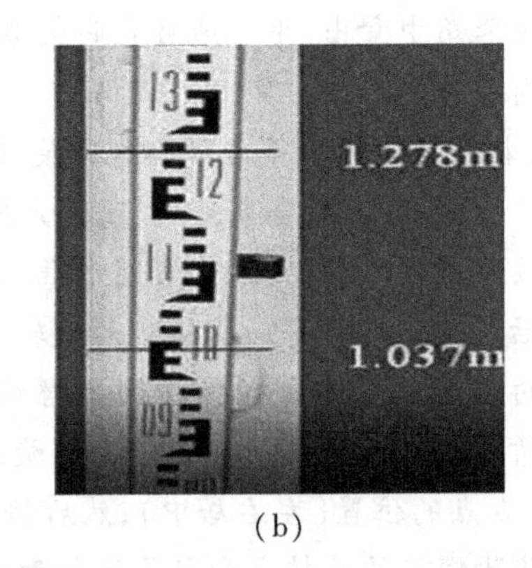

(b)

图 2-19　精平与读数

3. 自动安平水准仪与 DS_3 型水准仪的不同

自动安平水准仪与 DS_3 型水准仪的操作大致相同,不同之处有以下几点:

(1)自动安平水准仪无须整平,粗平后,照准目标即可读数。

(2)制动机构的水平微动系统无制动螺旋,仪器靠摩擦制动,瞄准目标时,用手转动仪器至目标大致位置,再旋转水平微动螺旋精确瞄准目标,仪器在360°范围内的任意位置,均可使用水平微动螺旋。

四、注意事项

(1)仪器安放到三脚架头上,必须旋紧连接螺旋,使连接牢固。

(2)当水准仪瞄准、读数时,水准尺必须立直。尺子的左、右倾斜,观测者在望远镜中根据十字丝可以发觉,而尺子的前后倾斜则不易发觉,立尺者应注意。

(3)水准仪在读数前,必须使长水准管气泡严格居中(自动安平水准仪除外),并且符合水准器气泡对齐,照准目标必须消除视差。

(4)从水准尺上读数必须读4位数:米、分米、厘米、毫米。记录数据应以米或毫米为单位,如1.275 m或1 275 mm。

(5)注意轻拿轻放原则。

五、任务实施

练习水准仪的使用和水准尺的读数,并测量 A、B 两点高差,填写记录见表2-1。

表 2-1　水准测量记录表

测站	测点	水准尺读数(mm)
1	A	
	B	

【阅读与应用】

自动安平水准仪及电子水准仪简介

一、自动安平水准仪

在水准测量中，水平视线主要是靠管水准气泡居中获得的，但是管水准气泡的调整需花费很多时间，而且极易疲劳，因此会影响观测精度。为了提高观测速度和精度，测量研究工作者从20世纪40年代开始，经过多年的潜心研究，大批型号各异的水准仪相继出现，其中自动安平水准仪受到测绘工作者的广泛青睐。

目前，自动安平水准仪的类型较多，但其自动安平的原理是相同的，它们都是在水准仪的望远镜筒中安设一个小小的装置，该装置称为补偿器。当水准仪根据圆水准器粗略整平后，照准轴仅有微小倾斜时，经过物镜中心的水平光线，可通过补偿装置能偏转一相应角度依然到达十字丝中点，从而仍可读得照准轴水平时应有的读数。所以，它在作业时就无须严密整平，另外，在观测过程中由仪器不稳、地面微小震动、脚架不规则下沉等引起的照准轴微小的倾斜变化，都可由补偿器自动迅速地予以调整，而不会影响读数。这样就提高了测量精度和速度。

图2-20所示为补偿器的原理图。设望远镜视准轴倾斜了一个小偏角 α，为使经过物镜光心的水平视线能通过十字丝的交点，可采用两种方法得以实现。

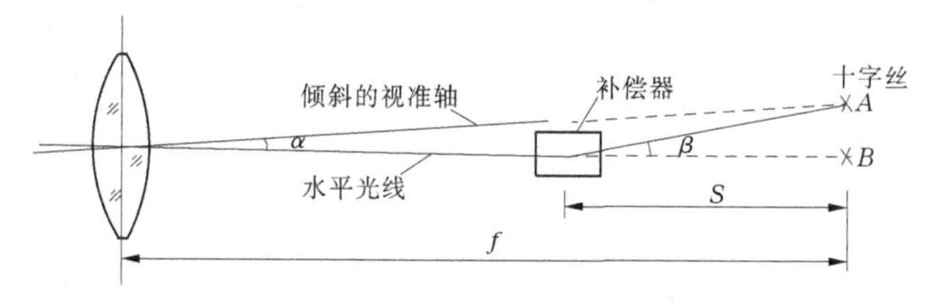

图2-20　补偿器的原理图

(1)在光路中安装一个“补偿器”，使光线偏转一个 β 角而通过十字丝交点 A；由于偏转角 α 和 β 的值都很小，若

$$f\alpha = S\beta$$

成立，则能够达到“补偿”效果。

(2)若能使十字丝移动至 B，也可达到“补偿”的目的。

我国北京光学仪器厂生产的 DSZ_3-1 型水准仪就是利用第一种方法实现“补偿”的。下面介绍 DSZ_3-1 型水准仪的构造、特点。

DSZ_3-1 型水准仪由望远镜、光学补偿器、制动机构、微动机构、机座等部分组成，并附有水平度盘装置。其光学系统如图2-21所示。

DSZ_3-1 型水准仪有如下特点：

(1)采用轴承吊挂补偿棱镜的自动安平机构，为平移光线式自动补偿器。

(2)设有安平警告指示器，又称自动报警装置，可以迅速判别自动安平机构是否处于正常工作范围，提高了测量的可靠性。

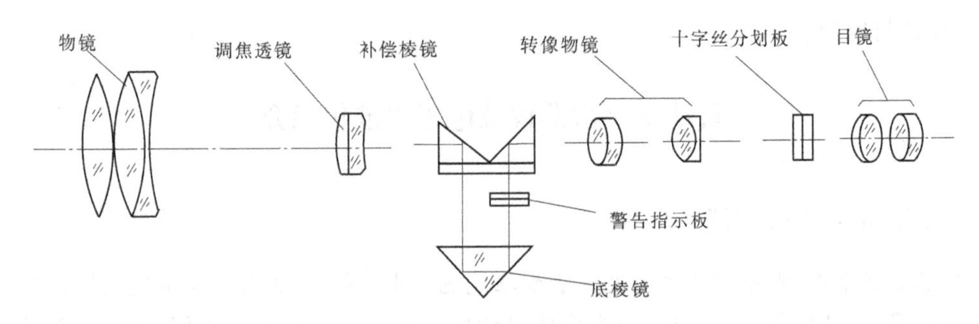

图 2-21　DSZ_3-1 型水准仪光学系统

(3)采用空气阻尼器,可使补偿元件迅速稳定。

(4)采用正像望远镜,观测方便、舒适。

(5)设置有水平度盘,可方便地确定粗略方位。

二、电子水准仪

电子水准仪又称数字水准仪,它有别于普通水准仪和“补偿器”水准仪,彻底改变了由人眼观测、读数的历史,它集数据采集、传输、计算于一体,是测量史上的一次革命。

目前生产电子水准仪的厂家和型号较多,比较著名的厂商有德国的蔡司(DiNi10/20)、瑞士的徕卡(Wild NA2000)及日本的拓普康(DL-101C/102C)等。

下面以蔡司的 DiNi 系列电子水准仪为例,简要介绍该系列仪器的主要功能。

蔡司 DiNi1 系列电子水准仪的基本组成为:望远镜、补偿器、光敏二极管、水准器及脚螺旋。图 2-22 为 DiNi12 型电子水准仪的外观图,图 2-23 为仪器的操作面板及显示屏。

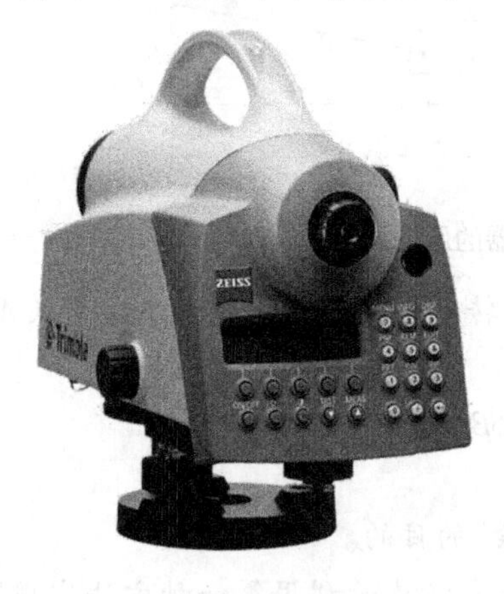

图 2-22　DiNi12 型电子水准仪外观图

图 2-23　水准仪操作面板及显示屏

(一)技术参数

该系列仪器的主要技术参数见表 2-2。

(二)测量准备

1. 仪器安置

(1)松开脚架的三个制动螺旋,将脚架升至合适高度(望远镜大致与眼平齐),然后旋紧。

(2)安置脚架,展开架腿,使脚架基座基本水平。将脚架踩入地面使之稳定。

表 2-2　DiNi12 型电子水准仪主要技术参数

参数项目	内容		
仪器精度	双向水准测量每千米标准差		
	电子测量:		
	—因瓦精密编码尺	0.3 mm	0.7 mm
	—折叠编码尺	1.0 mm	1.3 mm
	光学测量——折叠尺,米制	1.5 mm	2.0 mm
测量范围	电子测量		
	—因瓦精密编码尺	1.5 ~ 100 m	1.5 ~ 100 m
	—折叠编码尺	1.5 ~ 100 m	1.5 ~ 100 m
	光学水准测量		
	—折叠尺,米制	从 1.3 m 起	从 1.3 m 起
测距精度	视距为 20 m 的电子测距		
	—因瓦精密编码尺	20 mm	25 mm
	—折叠编码尺	25 mm	30 mm
	光学水准测量		
	—折叠尺,米制	0.2 m	0.3 m
最小显示单位	测高	0.01 mm/0.000 1 ft	0.01 mm/0.001 ft
	测距	1.0 mm	10 mm
补偿器	偏移范围	±1.5′	±15′
	设置精度	±0.2″	±0.5″

(3)把仪器架在三脚架上,旋紧基座下面的连接螺旋。

(4)用脚螺旋调节圆水准气泡居中。

(5)在明亮背景下对望远镜进行目镜调焦,使十字丝清晰。

2. 仪器的照准

(1)用手转动望远镜大致照准水准尺,用壳顶准线进行粗瞄。

(2)调节对光螺旋(俗称调焦)使尺像清晰,用水平微动螺旋使十字丝精确对准编码尺分划中央。

(3)消除十字丝视差。

3. 仪器的开机

开机前必须确定电池已充好电。

用 ON/OFF 键启动仪器,在简短地显示程序说明和蔡司公司简介后,仪器进入工作状态。根据选项进行测量,选项有以下几种:

设置单次测量:进行单点测量;

设置路线水准测量:继续已开始的线路测量;

设置校正测量:继续进行校正。

注意:仪器取出后,应让它适应周围环境的温度后,再开始测量。

(三)测量过程

当仪器架设后,即可输入已知高程数据,设置测量和计算精度。

单元二　一站式两点间高差测算

根据测量高程所用仪器和测量原理的不同,高程测量方法分为三种:几何水准测量、三角高程测量和气压高程测量。近年来,GPS 测量也可以提供 GPS 高程,通过修正也可改算为海拔高度。其中几何水准测量的精度最高,使用也最广泛,是高程测量的基本方法。

几何水准测量分为国家等级水准、等外水准(也称为图根水准测量)。国家水准测量用于建立全国性的高程控制网,分为一、二、三、四等,一等水准测量精度最高,是国家高程控制网的骨干,也是研究地壳垂直位移及有关科学研究的主要依据。二等水准测量精度低于一等水准测量,是国家高程控制的基础。三、四等水准测量的精度依次降低,为地形测图和各种工程建设提供高程分级控制服务。等外水准测量精度低于四等水准测量,直接服务于地形测图高程控制测量和普通工程建设施工测量。

一、水准测量基本原理

水准测量的基本原理是利用水准仪提供的水平视线测定地面间的高差,然后由已知点高程推算未知点的高程。如图 2-24 所示,在需要测定高差的 A、B 两点上,分别立上水准尺,在 A、B 两点的中点安置可获得水平视线的仪器(这种仪器称为水准仪),水平视线在 A、B 两尺上的截尺数分别为 a、b,由于 AB 距离很短,地球曲率影响忽略不计,则 A、B 两点的高差为

$$h_{AB} = a - b \tag{2-2}$$

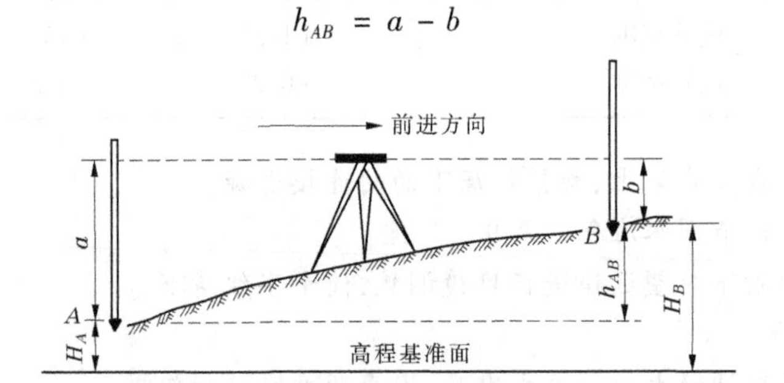

图 2-24　水准仪测量原理

若水准测量是沿 AB 方向前进,则 A 点称为后视点,其上竖立的标尺称为后视标尺,读数值 a 称为后视读数;B 点称为前视点,其上竖立的标尺称为前视标尺,读数值 b 称为前视读数。因此,若式(2-3)用文字表达,即为:两点间的高差等于后视读数减去前视读数。

高差有正(+)、有负(-),当 B 点比 A 点高时,前视读数 b 比后视读数 a 要小,高差为正;当 B 点比 A 点低时,前视读数 b 比后视读数 a 要大,高差为负。因此,水准测量的高差 h 根据正负要冠以“+”“-”号。

很显然,如果 A 点的高程 H_A 为已知,则 B 点的高程为

$$H_B = H_A + h_{AB} \tag{2-3}$$

$$H_B = H_A + a - b = (H_A + a) - b \tag{2-4}$$

式中, $H_A + a$ 称为视线高,通常用 H_i 表示,则有

$$H_B = H_i - b \tag{2-5}$$

式(2-5)在断面水准测量工作中经常用到。

二、水准测量的测段

在实际测量工作中，当 A、B 两点相距较远或者高差较大时，安置一次仪器不可能测得其间的高差，因此必须在两点间分段连续安置仪器和竖立标尺，连续测定两标尺点间的高差，最后取其代数和，求得 A、B 两点间的高差，如图 2-25 所示。

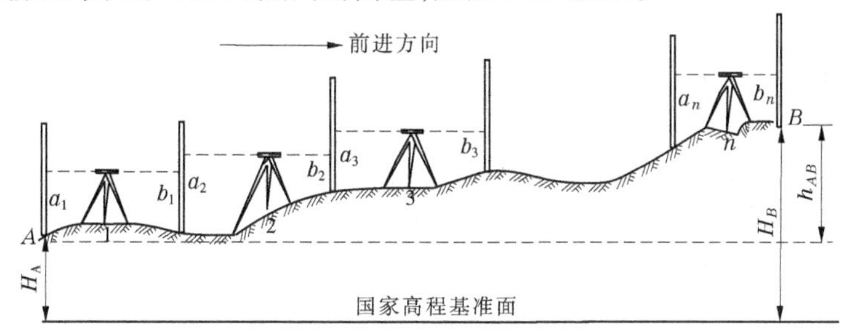

图 2-25　水准测量测段

由图 2-25 可以看出每站的高差

$$\left.\begin{aligned} h_1 &= a_1 - b_1 \\ h_2 &= a_2 - b_2 \\ &\vdots \\ h_n &= a_n - b_n \end{aligned}\right\}$$

将以上各段高差相加，则得 A、B 两点间的高差 h_{AB} 为

$$h_{AB} = h_1 + h_2 + \cdots + h_n = \sum_{i=1}^{n} h_i \tag{2-6}$$

或

$$\begin{aligned} h_{AB} &= (a_1 - b_1) + (a_2 - b_2) + \cdots + (a_n - b_n) \\ &= (a_1 + a_2 + \cdots + a_n) - (b_1 + b_2 + \cdots + b_n) \\ &= \sum_{i=1}^{n} a_i - \sum_{i=1}^{n} b_i \end{aligned} \tag{2-7}$$

由式(2-6)和式(2-7)可知，相距较长距离的 A、B 两点(或高差较大的两点)，其高差等于两点间各段高差之和，也等于所有后视尺读数之和减去所有前视尺读数之和。在实际测量作业中，用两种方法计算起到相互检核的作用。

如果，已知 A 点高程为 H_A，则 B 点高程 H_B 为

$$H_B = H_A + h_{AB} = H_A + \sum_{i=1}^{n} h_i \tag{2-8}$$

在测量过程中，高程已知的水准点称为已知点，未知高程点则为待定点。每架设一次仪器称为一个测站，自身高程不需要测定，只是被用作传递高程的临时立尺点，同时被称为转点。由若干个连续测站完成两点间高差测定称为一个测段。用水准仪测量地面点的高程时，水准仪的视线必须水平，这是水准测量最重要、最基本的要求。

【例 2-1】　DS_3 型水准仪为常见类型，配合水准尺进行两点间的高差测量与计算，主要

完成的任务有:学会水准仪的使用;识别水准仪的结构、各部件的功能;掌握安置仪器,对中、整平、瞄准、读数等操作,对任意两点进行高程测量并计算高差以及各点高程计算。

地点:校园周边或校园内。

场景:采用学生现场操作,以教师为引导、学生为主体的“学、做”一体化教学方法,教师把水准仪的基本构造、安装操作、水准仪测量高程的过程进行逐步演示,学生根据教师演示操作和教材设计步骤逐步进行操作。完成水准仪高程测量后,教师对学生工作过程和成果进行评价和总结,按教师的总结和要求,学生对高程测量的结果进行复核,最终提交水准测量记录表。

【案例实施】

一、工作准备

(1)仪器和工具。DS_3 型水准仪 1 台,自动安平水准仪(自定)1 台,水准尺 2 根,尺垫 2 块,自备计算器、铅笔、小刀、记录板、记录表格等。

(2)制订工作计划。时间:2 学时;地点:室外。

二、方法提示

(1)安置仪器。先将仪器的三脚架张开,使其高度适中,架头大致水平,并将脚架踩实;再开箱取出仪器,将其固连在三脚架上。

(2)认识仪器。对照仪器,指出准星、缺口、目镜及其调焦螺旋、物镜、对光螺旋、管水准器、圆水准器、制动和微动螺旋、微倾螺旋、脚螺旋等,了解其作用并熟悉其使用方法。对照水准尺,熟悉其分划注记并练习读数。

三、观测练习

(1)粗平。先用双手同时向内(或向外)转一对脚螺旋,使圆水准器泡移动到中间,再转动另一只脚螺旋使气泡居中。若一次不能居中,可反复进行(观察左手拇指转动脚螺旋的方向与气泡移动方向之间的关系)。

(2)瞄准。在离仪器不远处选一点 A,并在其上立一根水准尺;转动目镜调焦螺旋,使十字丝清晰;松开制动螺旋,转动仪器,用缺口和准星大致瞄准 A 点水准尺,拧紧制动螺旋;转动对光螺旋看清水准尺;转动微动螺旋使水准尺位于视线中央;再转动对光螺旋,使目标清晰并消除视差(观察视差现象,练习消除方法)。

(3)精平。转动微倾螺旋,使符合水准管气泡两端的半影像吻合(成圆弧状),即水准管气泡居中(观察微倾螺旋转动方向与气泡移动方向之间的关系)。

(4)读数。从望远镜中观察十字丝横丝在水准尺上的分划位置,一次性读取 4 位数字,即直接读出 m、dm、cm 的数值,估读 mm 的数值,记为后视读数 a。注意读数完毕时水准管气泡仍需居中;若不居中,应再次精平,重新读数。

(5)分别在 B、C、D 等点立尺,按(2)~(4)步骤读取前视读数 b,记录。

(6)改变仪器高度或搬站再次观测 A 与 B、C、D 等的数值,并进行记录。

四、注意事项

(1)三脚架安置高度适当,架头大致水平。三脚架确实安置稳妥后,才能把仪器连接于架头。

(2)调节各种螺旋均应有轻重感。

掌握正确的操作方法,操作应轮流进行,每人操作一次,严禁几人同时操作仪器。第二人开始练习时,改变一下仪器的高度。竖立水准尺于 A 点上,用望远镜瞄准 A 点上的水准尺,精平后读取后视读数,并记入手簿;再将水准尺立于 B 点上,瞄准 B 点上的水准尺,精平后读取前视读数,并记入手簿。计算 A、B 两点的高差:

$$H_{AB}=\text{后视读数}-\text{前视读数}$$

改变仪器高,由第二人做一遍,并检查与第一人所测结果是否相同。

(3)读数前水准管气泡必须居中,读数后一定要检查气泡是否居中,若不居中,则必须重新读取读数。

(4)水准尺应有专人扶持,保持竖直,尺面正对仪器。

(5)中心连接螺旋不宜拧得太紧,以防破损。水准仪上各部位螺旋操作时用力不得过猛。

(6)读数时要注意消除视差。要以十字丝的横丝读数,不要误用上、下丝。读数时应看清尺上的上下两个分米注记,从小到大进行。

(7)读数前水准管气泡要严格居中,读数完毕检查确认气泡仍居中,读数方可记录。

五、实训报告

记录与计算结果见表2-3。

表2-3 记录与计算结果

仪器号______ 班组______ 观测者__________ 记录者______ 单位______ 日期______

测站	点号	水准尺读数		高差	平均高差
		后视读数	前视读数		
O	A		—		
	B	—			
	A		—		
	B	—			

单元三 水准路线测量

普通水准测量又称为等外水准测量或图根水准测量。它是地形测量、断面测量及航测外业获得图根高程点的方法。其精度低于四等水准测量,但其有操作简单、工作速度快等优点,所以很多园林工程施工中也会用到普通水准测量。

普通水准测量包括准备、计划、选点、埋石、观测以及计算等工作。

一、水准路线的拟订

进行水准测量前必须先做技术整体设计,其目的在于从全局考虑统筹安排,使整个水准测量任务有计划地顺利完成。此项工作完成的好坏将直接影响到水准测量的速度、质量及其相关的工程建设,所以要求测量工作者在开展工作之前,必须做好水准路线的拟订工作。

水准路线的拟订工作包括水准路线的选择、水准点位的确定。

选择水准路线的基本要求是必须满足具体任务的需要。例如:施测国家三、四等水准测

量,它们必须以高一等级的水准点为起始点,并较为均匀地分布水准点的位置。不同等级的水准测量和不同性质的工程建设,其精度要求是不同的,所以拟订水准路线时应按规范要求进行。

拟订水准路线一般要收集现有的较小比例尺地形图,收集测区已有的水准测量资料,包括水准点的高程、精度、高程系、施测年份及施测单位。设计人员还应亲自到现场勘察,核对地形图的正确性,了解水准点的现状。在此基础上根据任务需求确定如何合理使用已有资料,进行图上设计。一般来说,精度要求高的水准路线应该沿公路、大道布设,精度要求较低的水准路线也应尽可能沿各类道路布设,目的在于路线通过的地面要坚实,使仪器和标尺都能稳定。为了不多增加测站数,并保证足够的精度,还应使路线的坡度较小,水准点的位置应在拟订水准路线时也应考虑;对于较大测区,如果水准路线布成网状,则应考虑平差计算的初步方案,以便内业工作顺利进行。

设计结束后,绘制一份水准路线布设图;图上按一定比例绘出水准路线、水准点的位置,注明水准路线的等级、水准点的编号。

水准路线布设形式有以下几种。

(一)单一水准路线形式

单一水准路线形式有三种,即附合水准路线、闭合水准路线和支水准路线。

(1)附合水准路线:从一个已知点开始,经过若干个待求点后,到达另一个已知点,这样的观测路线形式称为附合水准路线,见图 2-26(a)所示。

(2)闭合水准路线:从一个已知点出发,经过若干个待求点后仍回到原已知点,从而形成一个闭合环线,这样的观测路线形式称为闭合水准路线,见图 2-26(b)。

(3)支水准路线:由已知点起测至待求点后再返测到原已知点,其路线既不闭合又不附合,见图 2-26(c),这样的观测路线形式称为支水准路线。此形式没有检核条件,为了提高观测精度和增加检核条件,支水准路线必须进行往返测量。

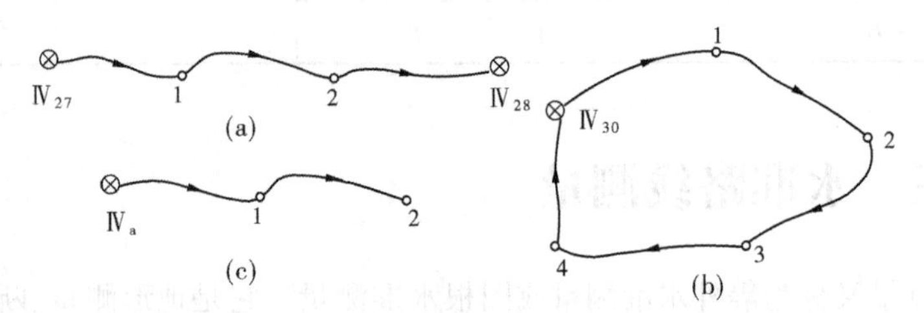

图 2-26 水准路线的布设

(二)水准网形式

若干条单一水准路线相互连接构成结点或网状形式,称为水准网。只有一个高级点的称为独立水准网(见图 2-27(b)),有 3 个以上高级点的称为附合网(见图 2-27(a))。

二、选点、埋石

水准路线拟订后,即可根据设计图到实地踏勘、选点和埋石。所谓踏勘,就是到实地查看图上设计是否与实地相符;埋石就是水准点的标定工作;选择水准点具体位置的工作称为选点。

水准点选点的原则:交通方便、土质坚实、坡度均匀且小等。

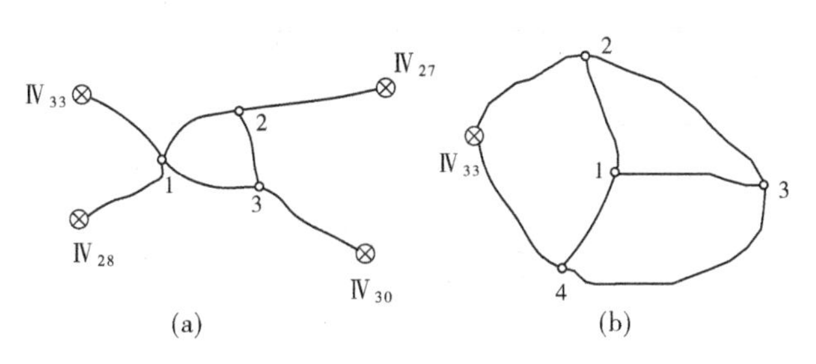

图2-27　水准网

水准点按其性质分为永久性水准点和临时性水准点两大类。便于长期保存的水准点称为永久性水准点，通常是标石。为了工程建设的需要而临时增设的水准点，没有长期保存的价值，称为临时性水准点（通常以木桩作为临时性水准点）。

永久性水准点又分为标准型和普通型两种。标准型由一个方底盘和一个柱石组成，除柱石顶部镶嵌有水准标志外，在底盘上也镶嵌有一个水准标志，水准测量时应测出两个标志的高程，规格和埋设见图2-28(a)。普通型标石只有柱石，水准标志仅有一个，规格和埋设见图2-28(b)。埋石工作最好现场浇灌。水准测量的成果通常取至毫米，故此水准测量应与埋设之间有一段时间间隔，以便水准标石的稳定。

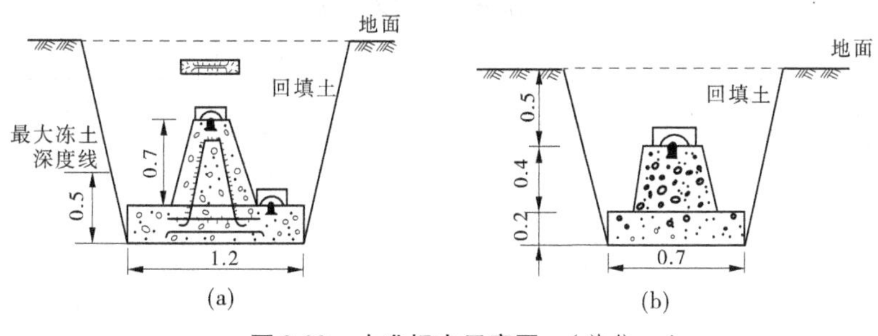

图2-28　水准标志示意图　（单位:m）

在城镇和厂矿社区，还可以采用墙角水准标志，选择稳定建筑物墙脚的适当高度埋设墙脚水准标志作为水准点，具体埋设和形状如图2-29所示。

为了便于寻找水准点的位置，所有水准点均应制作点之记，点之记应作为测量成果长期保存。

水准点点之记的绘制方法及式样如图2-30所示。

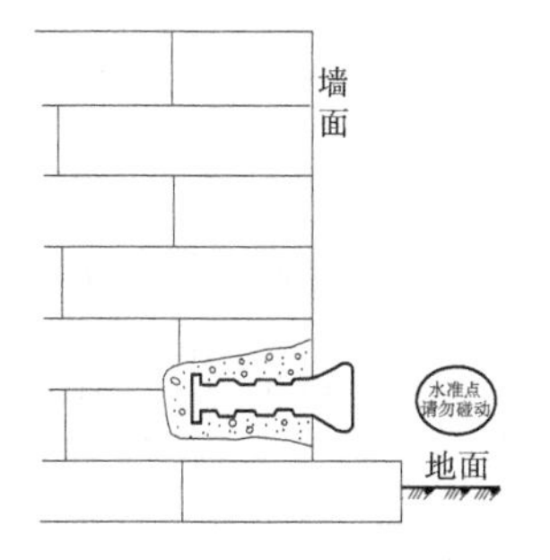

图2-29　墙角水准标志

三、普通水准的施测

（一）普通水准测量的观测、记录

普通水准测量的外业观测程序为：将水准尺立于已知高程的水准点上作为后视，水准仪置于施测路线附近合适的位置，在施测路线的前进方向上取后视距大致相等的距离放置尺垫，当尺垫踩实后，将水准尺立在尺垫上作为前视尺。观测员将仪器设站于两水准尺中间，安置仪器，经过粗平，瞄准后视标尺，精平，读取三丝读数。转动照准部，瞄准前视标尺，精平，读取三丝读数。记录员根据观测员的读数在手簿中记下相应数字，并立即计算高差，检查视距与前后视距差是否超限，超限应进行调整。如符合要求，就完成了第一个测站

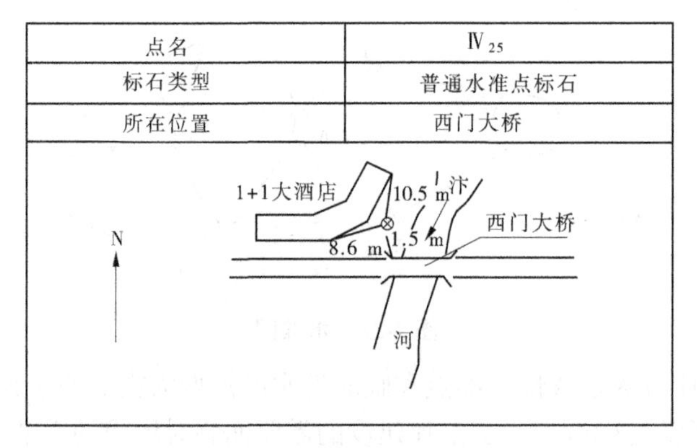

图 2-30 水准点点之记

的全部工作。

第一站结束之后,记录员招呼后标尺员向前转移,并将仪器迁至第二测站。这时,第一测站的前视点便成为第二测站的后视点。依第一站相同的工作程序进行第二站的工作。依次沿水准路线方向施测,直至全部路线观测完。

记录、计算见表 2-4。

表 2-4 水准测量记录手簿

测自$Ⅳ_{135}$至$Ⅳ_{136}$ ________年___月___日 观测者:______记录者:______

测站	点号	视距(m)	后视	前视	高差		高程(m)	备注
					+	−		
1	2	3	4	5	6	7	8	9
1	$Ⅳ_{135}$	56	0347			−1284	+46.215	已知点
	转点	54		1631				
2	转点	72	0306			−2318		
	1	74		2624			+42.613	
3	1	98	0833			−0683		
	转点	96		1516				
4	转点	41	1528		+1027			
	转点	43		0501				
5	转点	79	2388		+1674			
	2	77		0694			+44.631	

(二)普通水准测量、记录、资料整理的注意事项

(1)在水准点(已知点或待定点)上立尺时,不得放尺垫。

(2)水准尺应直立,不能左右倾斜,或者前后俯仰。

(3)在观测员未迁站之前,后视点尺垫不能提动。

(4)前、后视距离应大致相等,立尺时可用步丈量。

(5)外业观测记录必须在编号、装订成册的手簿上进行。已编号的各页不得任意撕去,记录中间不得留空页或空格。

(6)一切外业原始观测值和记事项目,必须在现场用铅笔直接记录在手簿中,记录的文字和数字应端正、整洁、清晰。

(7)外业手簿中的记录和计算的修改以及观测结果的作废,禁止擦拭、涂抹与刮补,而应以横线或斜线正规划去,并在本格内的上方写出正确数字和文字。除计算数据外,所有观测数据的修改和作废,必须在备注栏内注明原因及重测结果记录清楚。重测记录前需加"重测"二字。

在同一测站内不得有两个相关数字"连环更改"。例如:更改了标尺的黑面前两位读数后,就不能再改同一标尺的红面前两位读数;否则就叫连环更改。若有连环更改记录,应立即废去重测。

对于尾数读数有错误(厘米和毫米读数)的记录,不论何种原因都不允许更改,而应将该测站的观测结果废去重测。

(8)有正、负意义的量,在记录计算时,都应带上"+""-"号,正号不能省略。针对中丝读数,要求读记四位数,前后的0都要读记。

(9)作业人员应在手簿的相应栏内签名,并填注作业日期、开始及结束时刻、天气及观测情况和使用仪器型号等。

(10)作业手簿必须经过小组认真检查(即记录员和观测员各检查一遍),确认合格后,方可提交上一级检查验收。

【例2-2】 从水准路线的布设形式看,闭合水准路线的起点与终点为同一点,它是附合水准路线的特例,具体的工作任务是:布设水准路线;测量各个水准点之间的高差和各水准点的高程。

教师布设4~6个水准点,采用学生现场操作,以教师为引导、学生为主体的工学一体化教学方法,教师对水准仪闭合水准路线测量的过程进行讲解,学生根据教师演示操作和以下方法提示逐步进行操作。完成测量后,教师对学生工作过程和成果进行评价和总结,按教师的总结和要求,学生对闭合水准路线测量的结果进行检核,最终提交水准测量记录表及其计算结果。

【案例实施】

一、工作准备

(1)仪器及工具。DS_3型水准仪(或自动安平水准仪)1台,普通水准尺2根(或双面水准尺1对),尺垫2块,自备计算器、铅笔、小刀、记录板、记录表格等。

(2)制订工作计划:时间:2学时;地点:学校操场。

二、方法提示

(1)每组选定4~6个点组成闭合水准路线(相邻点之间应略有起伏且相距不远),确定起始点及水准路线的前进方向。如 $A \to B \to C \to \cdots \to A$。

(2)在起始点 A 和待定点 B 分别立水准尺,在距该两点大致等距离处安置水准仪,照准 A 点水准尺,消除视差、精平后读取后视读数 a_1';用同样的方法照准待定点 B 水准尺,读取前视读数 b_1',分别记录并计算其高差 h_1';改变仪器高度(或用双面水准尺的红、黑面分别观测),再读取后视读数 a_1''、前视读数 b_1'',计算其高差 h_1''。检查互差是否超限(<6 mm),若未超限,计算平均高差 h_1。

(3)将 A 点水准尺立于待定点 C,同法读取待定点 B 后视读数及待定点 C 前视读数,计算平均高差 h_2。

(4)同法继续进行,经过所有待定点后回到起点。

(5)检核计算。检查后视读数总和减去前视读数总和是否等于高差总和(即 $\sum a - \sum b = \sum h$ 是否成立),若不相等,说明计算过程有错,应重新计算。

(6)高差闭合差的调整及高程计算。统计总测站数 n,计算高差闭合差的容许误差,即 $f_{h允许} = \pm 10\sqrt{n}$ mm。若 $|\sum h| \leqslant |f_{h容}|$,即可将高差闭合差按符号相反、测站数成正比例的原则分配到各段导线实测高差上,再计算各段导线改正后的高差和各待定点的高程。

三、注意事项

(1)仪器的安置位置应保持前、后视距离大致相等。每次读数前应保证精平及消除视差。

(2)立尺员要立直水准尺。起点和待定点不能放尺垫,其间若需加设转点,转点可放尺垫。各测站读完后视读数未读前视读数仪器不能动;各测点读完前视读数未读后视读数,尺垫不能动。

(3)本案例各限差均采用等外水准测量。若用公式 $f_{h容} = \pm 40\sqrt{L}$ mm 计算水准路线高差闭合差容许值,应量取各测站至各测点的距离。

(4)改正数计算取至mm,最后要保证改正数总和与高差闭合差大小相等,符号相反。

(5)本案例最好在实训一导线点上进行,为导线点提供高程数据,供地形测量时使用。

四、记录与计算

记录与计算见表2-5。

【小贴士】 (1)水准尺应有专人扶持,保持竖直,尺面正对仪器。

(2)中心连接螺旋不宜拧得太紧,以防破损。水准仪上各部位螺旋操作时用力不得过猛。

(3)读数时要注意消除视差。要以十字丝的横丝读数,不要误用上、下丝。读数时应看清尺上的上、下两个分米注记,从小到大进行。

(4)读数前水准管气泡要严格居中,读数完毕检查确认气泡仍居中,读数方可记录。

表 2-5　记录与计算

仪器号______　班组______　观测者__________　记录者__________　日期________

<table>
<tr><th rowspan="2">测站</th><th rowspan="2">次数</th><th rowspan="2">立尺点</th><th rowspan="2">后视
读数</th><th rowspan="2">前视
读数</th><th colspan="2">高差(m)</th><th rowspan="2">平均高差
(m)</th></tr>
<tr><th>+</th><th>-</th></tr>
<tr><td rowspan="4">Ⅰ</td><td rowspan="2">1</td><td>A</td><td></td><td>—</td><td rowspan="4"></td><td rowspan="4"></td><td rowspan="4"></td></tr>
<tr><td>B</td><td>—</td><td></td></tr>
<tr><td rowspan="2">2</td><td>A</td><td></td><td>—</td></tr>
<tr><td>B</td><td>—</td><td></td></tr>
<tr><td rowspan="4">Ⅱ</td><td rowspan="2">1</td><td>B</td><td></td><td>—</td><td rowspan="2"></td><td rowspan="2"></td><td rowspan="4"></td></tr>
<tr><td>C</td><td>—</td><td></td></tr>
<tr><td rowspan="2">2</td><td>B</td><td></td><td>—</td><td rowspan="2"></td><td rowspan="2"></td></tr>
<tr><td>C</td><td>—</td><td></td></tr>
<tr><td rowspan="4">Ⅲ</td><td rowspan="2">1</td><td>C</td><td></td><td>—</td><td rowspan="2"></td><td rowspan="2"></td><td rowspan="4"></td></tr>
<tr><td>D</td><td>—</td><td></td></tr>
<tr><td rowspan="2">2</td><td>D</td><td></td><td>—</td><td rowspan="2"></td><td rowspan="2"></td></tr>
<tr><td>E</td><td>—</td><td></td></tr>
<tr><td rowspan="4">Ⅳ</td><td rowspan="2">1</td><td>E</td><td></td><td>—</td><td rowspan="2"></td><td rowspan="2"></td><td rowspan="4"></td></tr>
<tr><td>F</td><td>—</td><td></td></tr>
<tr><td rowspan="2">2</td><td>F</td><td></td><td>—</td><td rowspan="2"></td><td rowspan="2"></td></tr>
<tr><td>A</td><td>—</td><td></td></tr>
<tr><td colspan="3" rowspan="2">校核</td><td></td><td></td><td></td><td></td><td rowspan="2"></td></tr>
<tr><td colspan="2">$\sum a - \sum b =$</td><td colspan="2">$\sum h =$</td></tr>
</table>

单元四　水准路线测量成果的计算

一、检查外业观测手簿、绘制线路略图

高程计算之前，应首先进行外业手簿的检查。检查内容包括记录是否有违规现象、注记是否齐全、计算是否有错误等。经检查无误后，便可着手计算水准点的高程。

计算前应做如下准备工作：先确定水准路线的推算方向；再从观测手簿中逐一摘录各测段的观测高差 h_i，其中观测方向与推算方向相同的，其观测高差的符号不变，观测方向与推算方向不同的，观测高差的符号则应变号；还应摘录各测段的距离 L_i 或测站数 n_i，并抄录

起、终水准点的已知高程 $H_{起}$、$H_{终}$,绘制水准路线略图(见图 2-31)。

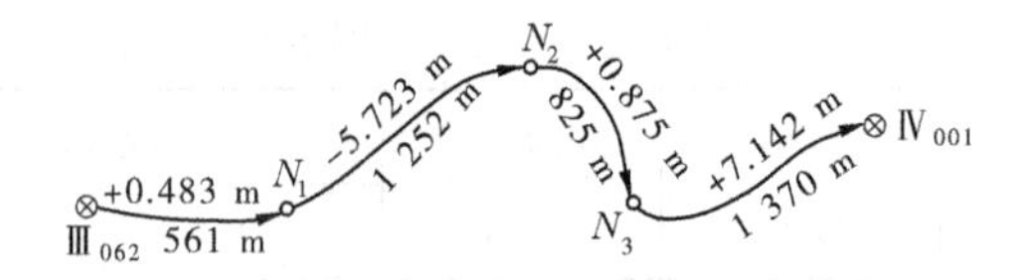

图 2-31　水准路线略图

二、高差闭合差的计算及调整

观测值与重复观测值之差,或与已知点的已知数据的不符值,统称为闭合差。高差闭合差通常用 f_h 表示。

(一)水准路线高差闭合差的计算

(1)附合水准路线高差闭合差。

$$\begin{cases} f_h = \sum h - (H_{终} - H_{起}) \\ \sum h = h_1 + h_2 + h_3 + \cdots \end{cases} \tag{2-9}$$

式中　$H_{终}$、$H_{起}$——附合水准路线起点高程和终点高程;

$\sum h$——附合水准路线高差之和。

(2)闭合水准路线高差闭合差。

因闭合水准路线起点和终点为同一个高程点,所以闭合差 f_h 为

$$f_h = \sum h \tag{2-10}$$

(3)支水准路线高差闭合差。

$$f_h = \sum h_{往} + \sum h_{返} \tag{2-11}$$

式中　$\sum h_{往}$——往测高差之和;

$\sum h_{返}$——返测高差之和。

(二)高差闭合差允许值的计算

高差闭合差是衡量观测值质量的一个精度指标。高差闭合差是否合乎要求,必须有一个限度规定,如果超过了这个限度,则应查明原因,返工重测。

普通水准测量的高差闭合差的允许值计算如下

平地时　$$f_{h允许} = \pm 40\sqrt{L} \tag{2-12}$$

山地时　$$f_{h允许} = \pm 12\sqrt{n} \tag{2-13}$$

式中　L——水准路线的长度,km;

n——测站数。

(三)高差闭合差的调整

如果高差闭合差在允许范围内,可将闭合差按与各测段的距离(L_i)成正比反号调整于各测段高差之中,设各测段的高差改正数为 v_i,则

$$v_i = \frac{-f_h}{\sum L} \times L_i \tag{2-14}$$

改正数凑整至毫米，余数强制分配到长测段中。

如果在山区测量，可按测段的测站数分配闭合差，则各测段的高差改正数为 v_i，则

$$v_i = \frac{-f_h}{\sum n} \times n_i \tag{2-15}$$

式中 $\sum n$——水准路线的总测站数；

i——测段编号。

三、计算待定点的高程

（一）改正后高差的计算

各测段观测高差值加上相应的改正数，即可得改正后高差

$$\hat{h}_i = h_i + v_i \tag{2-16}$$

式中 $\hat{h}_i$——改正后高差。

（二）待定点高程的计算

由起始点的已知高程 H_0 开始，逐个加上相应测段改正后的高差 h_i，即得下一点的高程 H_i。

$$H_i = H_{i-1} + h_i \tag{2-17}$$

四、算例

某附合水准路线观测结果（普通水准）如图 2-31 所示，起始点 Ⅲ_{062} 的高程为 73.702 m，终点 Ⅳ_{001} 的高程为 76.470 m，求各待定点 N_1、N_2、N_3 的高程。

（1）闭和差及允许值的计算

$$f_h = \sum h - (H_{终} - H_{起}) = 2.777 - (76.470 - 73.702) = +9(\text{mm})$$

$$f_{h允许} = \pm 40\sqrt{L} = \pm 40 \times \sqrt{4.008} = \pm 80(\text{mm})$$

因 $f_h < f_{h允许}$，符合限差要求，可以进行闭合差分配。

（2）高差闭合差的调整和改正后高差的计算。

改正数：

$$v_i = \frac{-f_h}{\sum L} \times L_i$$

通过上式计算得各段高差改正数为

$$v_1 = -1 \text{ mm}$$
$$v_2 = -3 \text{ mm}$$
$$v_3 = -2 \text{ mm}$$
$$v_4 = -3 \text{ mm}$$

改正后高差

$$\hat{h}_i = h_i + v_i$$

通过上式计算得：

$$h_1 = +0.483 + (-0.001) = +0.482(\text{m})$$
$$h_2 = -5.723 + (-0.003) = -5.726(\text{m})$$
$$h_3 = +0.875 + (-0.002) = +0.873(\text{m})$$
$$h_4 = +7.142 + (-0.003) = +7.139(\text{m})$$

(3)高程计算

$$H_i = H_{i-1} + h_i$$

根据上式计算,则

$$H_{N_1} = 73.702 + 0.482 = 74.184(\text{m})$$
$$H_{N_2} = 74.184 + (-5.726) = 68.458(\text{m})$$
$$H_{N_3} = 68.458 + 0.873 = 69.331(\text{m})$$

该算例还可以通过表格进行计算,见表2-6。

表2-6　附合水准路线成果计算表

点号	距离(m)	平均高差(m)	改正数(mm)	改正后高差(m)	高程(m)	说明
1	2	3	4	5	6	7
Ⅲ$_{062}$					73.702	附合水准路线 $f_{h允许} = \pm 40 \times \sqrt{4.008} = \pm 80(\text{mm})$ $f_h = \sum h - (H_{终} - H_{起}) = +9\ \text{mm}$
	561	+0.483	-1	+0.482		
N_1					74.184	
	1 252	-5.723	-3	-5.726		
N_2					68.458	
	825	+0.875	-2	+0.873		
N_3					69.331	
	1 370	+7.142	-3	+7.139		
Ⅳ$_{001}$					76.470	
合计	4 008	+2.777	-9	2.768		

【例2-3】 利用例2-2案例实施中测量所得闭合水准路线测量记录进行成果计算,需要准备笔、纸、成果计算表、计算器等。

从闭合水准路线的数据看,闭合水准路线的起点与终点为同一点,那么它的高差闭合差理论上为0,而实际操作过程中多种原因导致计算出来的结果不为0,那么就需要校核,先确定是不是在误差范围之内,如果在,那么就进行校核,如果超限需要找出原因重测。具体的工作任务是:计算各个水准点之间的高差,并计算各水准点的高程。最终提交水准测量记录与计算结果表。

【案例实施】

一、工作准备

(1)给定或者利用上次测量所得闭合水准路线测量结果,自备计算器、铅笔、小刀、记录表格等。

(2)制订工作计划:时间:2 学时;地点:教室。

二、方法提示

(1)水准路线高差闭合差的计算。(根据给定数据计算)

(2)高差闭合差允许值的计算。

根据是平地还是山地来确定公式,利用公式计算高差闭合差的允许值,然后通过对比得出是否符合限度,如果超过了这个限度,则应查明原因,返工重测。(参照式(2-11)、式(2-12))

(3)高差闭合差的调整。

如果高差闭合差在允许范围内,可将闭合差按与各测段的距离(L_i)成正比反号调整于各测段高差之中,设各测段的高差改正数为 v_i ,则 $v_i = \dfrac{-f_h}{\sum L} \times L_i$,改正数凑整至毫米,余数强制分配到长测段中。

如果在山区测量,可按测段的测站数分配闭合差,则各测段的高差改正数为 v_i , $v_i = \dfrac{-f_h}{\sum n} \times n_i$。

(4)计算待定点的高程。

①改正后高差的计算。各测段观测高差值加上相应的改正数,即可得改正后高差

$$\hat{h}_i = h_i + v_i$$

式中　$\hat{h}_i$——改正后高差。

②待定点高程的计算。由起始点的已知高程 H_0 开始,逐个加上相应测段改正后的高差 h_i ,即得下一点的高程 H_i 。

$$H_i = H_{i-1} + h_i$$

【知识链接】

检验与校正微倾水准仪

水准仪是水准测量的主要仪器,测量成果的好坏,首先取决于水准仪能否符合要求。因此,在进行水准测量前必须对仪器进行细致的检查,当水准仪的几何条件不满足要求时,必须进行校正,以保证测量工作的顺利进行。

一、水准仪应满足的几何条件

根据水准测量原理,在进行水准测量时,要求水准仪能提供一条水平视线,为了使水准仪能提供一条水平视线,水准仪各轴线(见图 2-32)应满足以下几何条件:

(1)圆水准轴应平行于仪器的竖轴。这是因为水准仪的粗平是借助于圆水准器进行的。当圆水准气泡居中时,仪器的竖轴应处于铅垂位置,如图 2-32 所示。

(2)十字丝的横丝应垂直于竖轴。这样,当仪器粗平后,竖轴处于铅垂位置时,横丝则处于水平状态,以保证用横丝的任意部位在标尺上读数都是准确的。

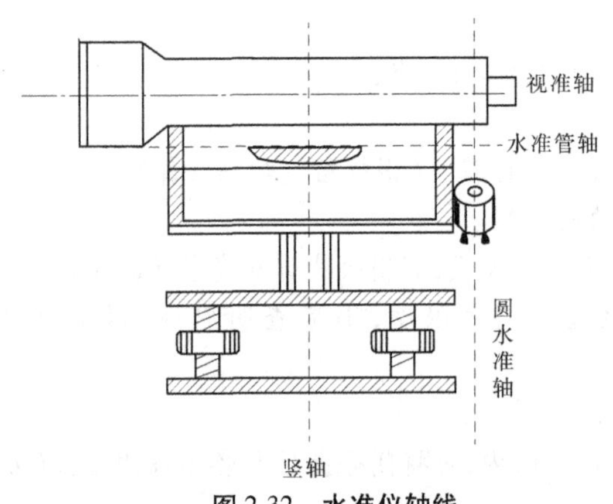

图 2-32　水准仪轴线

(3)水准管轴应平行于视准轴。

以上条件若得到满足,即可保证水准测量的精度。

二、水准仪的检验与校正

(一)一般检视

仪器在使用之前,应先进行检视,检视水准仪时,应注意光学零部件的表面有无油迹、擦痕、霉点和灰尘;胶合面有无脱胶,镀膜面有无脱膜现象;仪器的外表面是否光洁;望远镜视场是否明亮、均匀;水准器有无气味,符合水准器呈像是否良好;各部件有无松动现象;仪器转动部分是否灵活、稳当,制动是否可靠;调焦时呈像有无晃动现象。另外,还应检查仪器箱内配备的附件及备用零件是否齐全,三脚架是否牢固。

(二)圆水准器轴应平行于仪器的竖轴

1. 检验原理

仪器的旋转轴与圆水准器水准轴为两条空间直线,它们一般并不相交。为使问题讨论简单一些,现取它们在过两个脚螺旋连线的竖直面上的投影状况加以分析。

图 2-33 中的 VV 为仪器旋转轴, ll 为圆水准器的水准轴,假设它们互不平行而有一交角 α,当气泡居中时,水准轴 ll 是竖直的,仪器旋转轴 VV 则与竖直位置偏差 α 角,见图 2-33(a)。将仪器旋转 180°(见图 2-33(b)),由于仪器旋转时是以 VV 为旋转轴的,即 VV 的空间位置是不动的。仪器旋转之后,水准器中的液体受重力作用,气泡仍将处于最高处,而圆水准器的水准轴将在 ll 处。从图 2-33(b)中可以看出,水准轴 ll 与竖直线 $L'L'$ 之间的角度为 2α,此时,水准器的气泡已不再居中而偏离到了另外一边,气泡偏移的弧长所对的圆心角即等于 2α。

实际上,由于仪器旋转轴 VV 与圆水准器水准轴 ll 均为空间直线,所以当仪器从图 2-33(a)状态开始旋转任意角度后气泡均会移动,若只旋转 180°后,气泡移动的幅度最大。

2. 检验和校正方法

(1)检验。先用脚螺旋使圆水准器气泡居中,然后将仪器旋转 180°,若气泡仍在居中位置,则表明此项条件已得到满足;若气泡有了偏移,则表明条件没有满足,需进行校正。

(2)校正。若发现仪器旋转轴与水准轴不平行,则必须进行校正。校正工作可用装在圆水准器下面的校正螺钉来实现。校正螺钉一般有三个,如图 2-34 所示。操作时,按整平

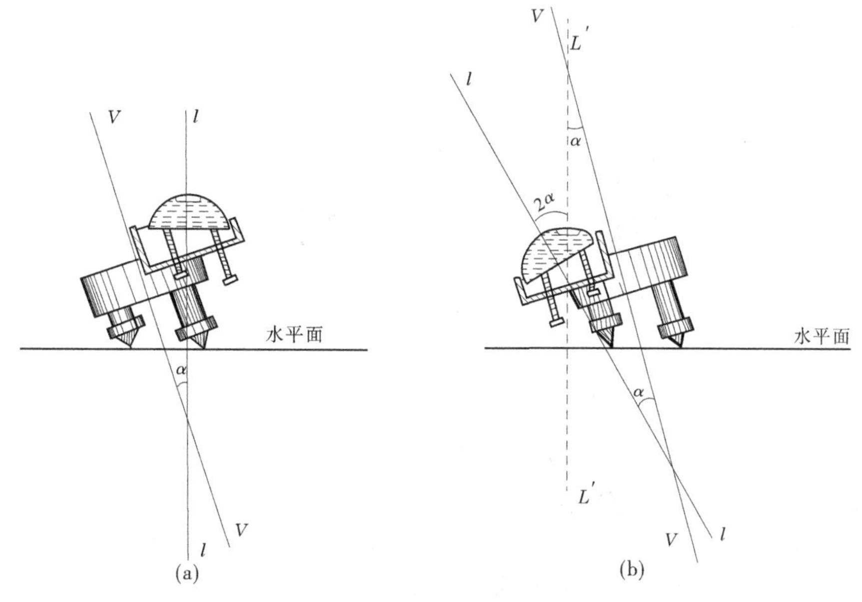

图 2-33　圆水准器检验原理

圆水准器的方法，分别调动三个校正螺钉使气泡向居中位置移动偏离长度的一半；若操作完全准确，水准轴 ll 将与仪器旋转轴 VV 平行，见图 2-35(a)。如果此时用脚螺旋将仪器整平，则仪器旋转轴 VV 处于竖直状态，见图 2-35(b)。实际上由于各种原因，校正工作要反复进行多次。例如，拨动校正螺钉时振动了仪器，估计气泡的移动长度不准确等。而且每次校正工作都必须首先整平圆水准器，然后旋转仪器 180°，观察气泡的位置。

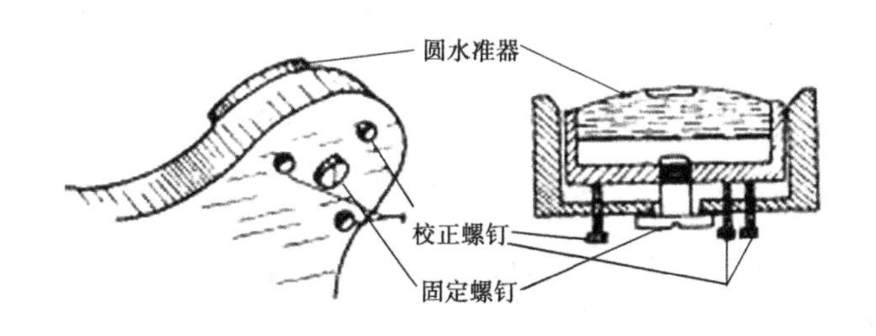

图 2-34　校正螺钉

确定是否需要再进行校正，直到将仪器整平后旋转仪器到任何位置，气泡都始终居中，校正工作才算结束。

(三)十字丝的检验与校正

1. 检验

整平仪器后，将横丝一端对准远处一清晰目标点，随后旋转水平微动螺旋，让使目标点移到横丝的另一端，若目标点始终不离开横丝，则表示横丝水平，否则应进行校正。

2. 校正

旋开十字丝护盖，松开十字丝环的四个固定螺丝中的相邻两个，旋转十字丝环，使横丝的一端移至其偏离位置的一半处，最后旋紧十字丝环的固定螺丝，旋上护盖。

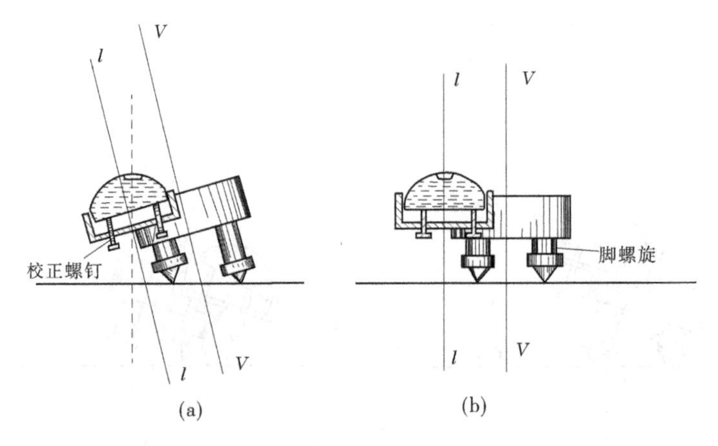

图 2-35 校正方法示意图

(四)管水准轴应平行于照准轴

望远镜视准轴和水准管轴都是空间直线,若它们互相平行,则无论是在包含视准轴的竖直面上的投影还是在水平面上的投影,都应该是相互平行的。对水准测量来说,重要的是检验其对竖直面上的投影是否平行,如果二者在竖直面上的投影不平行,其夹角称为 i 角,该项检验称为 i 角检验,这是水准仪检验的重要项目。若二者在水平面上的投影不平行,其误差称为交叉误差,它对水准测量的影响较小。

1. i 角检验原理

i 角检验的方法较多,其原理基本相同。

在地面上选择 A、B 两点,测出 A、B 两点的两次高差 h'_{AB} 和 h''_{AB}。若仪器存在 i 角误差,则 i 角对读数和高差的影响分别为 x 和 δh_{AB},如图 2-36 所示。则

$$x = S\tan i$$

一般情况下 i 角都很小,其误差

$$x = \frac{S}{\rho} i \qquad (2\text{-}18)$$

由式(2-18)可以看出,x 的大小与 S 成正比。

设 a' 为水准尺上的实际读数,那么水准尺上的正确读数为

$$a = a' - x$$

图 2-36 i 角示意图

则 A、B 两点的高差为

$$h'_{AB} = a' - b'$$

式中 a'——后视读数;

b'——前视读数。

则 A、B 两点间的正确高差为

$$\begin{aligned} h_{AB} &= (a' - x_A) - (b' - x_B) \\ &= h'_{AB} - (x_A - x_B) \end{aligned}$$

式中 $x_A - x_B$——i 角在高差中的影响,用 δh_{AB} 表示,即

$$\delta h_{AB} = x_A - x_B = \frac{i}{\rho}(S_A - S_B) \qquad (2\text{-}19)$$

那么，h'_{AB} 和 h''_{AB} 的正确高差为

$$h_{AB} = h'_{AB} - \delta h_{AB} = h'_{AB} - \frac{i}{\rho}(S'_A - S'_B)$$

$$h_{AB} = h''_{AB} - \delta h_{AB} = h''_{AB} - \frac{i}{\rho}(S''_A - S''_B)$$

即

$$i'' = \frac{h''_{AB} - h'_{AB}}{(S''_A - S''_B) - (S'_A - S'_B)} \cdot \rho \tag{2-20}$$

在实际检验仪器工作中有两种方法：一种是仪器架设在 A、B 两点的中点，另一种是仪器分别架设在 A、B 两点的两侧进行。

2. 检验及校正

1)第一种方法

(1)检验。在平坦地面上选择 A、B 两点(见图 2-37)，并打入木桩或放置尺垫立尺，置仪器于 A、B 两点中间，测得高差 h'_{AB}，S'_A 和 S'_B 之差为 0。随后将仪器迁至 B 点附近，测得高差 h''_{AB}，并量取仪器至 A、B 两点的距离 S''_A 和 S''_B，代入式(2-20)得 i 角值。

当 i 角大于 20″时，必须校正仪器。

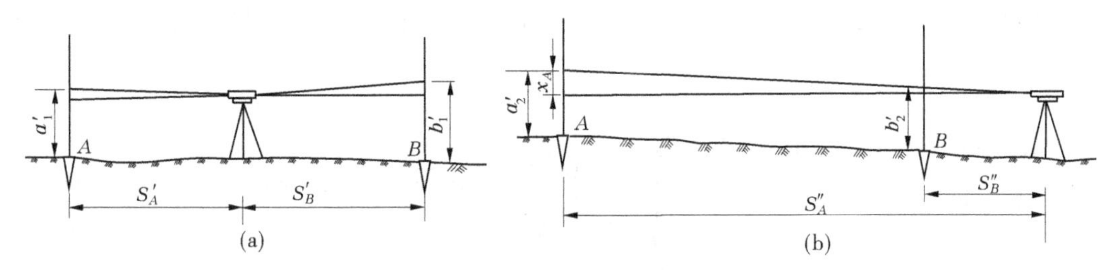

图 2-37　i 角检验方法

(2)校正。通过式(2-18)求得 x_A 值后，当仪器位于 B 尺附近不动(见图 2-37(b))时，先计算出 A 尺的正确读数 a_2。

$$a_2 = a'_2 - x_A$$

用倾斜螺旋使读数对准 a_2，此时管水准气泡不居中，调节上、下两个校正螺钉使气泡居中便可。

实际操作时，需先将左(或右)面的螺钉(见图 2-38)略为松开一些，让水准管能活动，然后校正上、下两螺钉。校正结束后仍应将左(或右)面的螺钉上紧。

这种校正方法的实质是先将视线水平，即读数对准 a_2，然后校正水准轴至水平位置。检验校正应反复进行，直到符合要求。

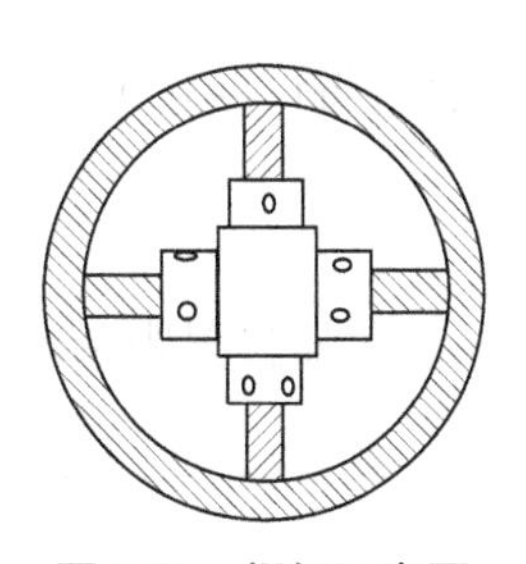

图 2-38　螺钉示意图

【例 2-4】　某测量小组对 S_3 型水准仪进行 i 角检验，取 AB 之长为 100 m，第一次仪器安置在 A、B 两点的中间，得读数 a'_1 = 1 364 mm、b'_1 =1 579 mm。第二次仪器安置在 B 点的一端距 B 点 10 m(见图 2-37(b))，得读数 a'_2 =1 483 mm、b'_2 =1 641 mm。计算得两次的高差分别为 h_{AB} = −0215 mm、h''_{AB} = −0158 mm；两次高差不相等，说明存在 i 角误差；计算得 δh_{AB} = +57 mm；A 水准尺上的读数影响 x_A = +63 mm，因此正确读数 a_2 =1 483 − 63 =1 420 (mm)。

整个计算过程见表2-7。

表 2-7　i 角计算示例(一)

第一次读数(mm) 仪器在 A、B 两点中间		第二次读数(mm) 仪器在 B 点一端		距离(m)
a_1'	1 364	a_2'	1 483	$S_A=110$ $S_B=10$
b_1'	1 579	b_2'	1 641	
h_{AB}'	-0215	h_{AB}''	-0158	
$h_{AB}''-h_{AB}=+57$ mm $x_A=\frac{h_{AB}''-h_{AB}}{110-10}\times110=+63$ mm $a_2=a_2'-x_A=1\ 420$ mm				

校正时用微倾螺旋使 A 尺上的读数为1 420,然后用水准管上的校正螺钉将气泡居中即可。

2)第二种方法

(1)检验。如图2-39(a)所示,将仪器置于 AB 延长线上 A 点一端,得 AB 两点的第一次高差 h_{AB}'。

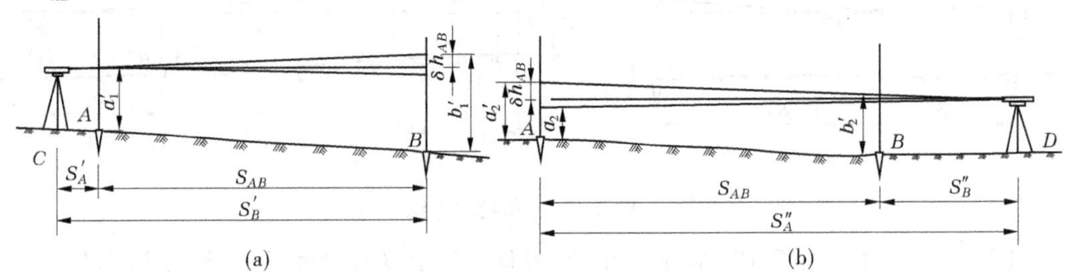

图2-39　i 角检验示意图(一)

$$h_{AB}'=a_1'-b_1'$$

然后,将仪器置于 AB 延长线 B 点一端,如图2-39(b)所示,得 A、B 两点的第二次高差 h_{AB}''

$$h_{AB}''=a_2'-b_2'$$

两次仪器位置距水准尺的距离差相等,即

$$S_{AB}=S_A''-S_B''=-(S_A'-S_B')$$

则
$$i=\frac{h_{AB}''-h_{AB}'}{2S_{AB}}\rho \tag{2-21}$$

当所测结果 i 角大于20″时,必须校正仪器。

(2)校正。首先算出远处标尺上的正确读数。仪器在 B 点一端时的正确读数

$$a_2=a_2'-x_A\qquad(x_A=\frac{i}{\rho}S_A'')$$

用微倾螺旋时读数对准正确数值,然后用水准管上、下校正螺钉将气泡居中。

【例2-5】　为检验 S_3 型水准仪,布置了图2-40所示的场地,第一次仪器置于 C 点得读数 $a_1'=1\ 086$ mm, $b_1'=1\ 146$ mm。将仪器迁至 D 点得读数 $a_2'=1\ 278$ mm, $b_2'=1\ 358$ mm,

仪器至标尺的距离如图 2-40 所示。

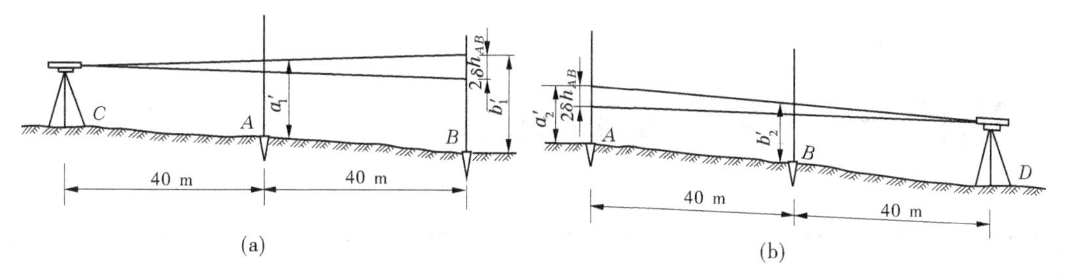

图 2-40　i 角检验示意图(二)

计算过程见表 2-8。

表 2-8　i 角计算示例(二)

测站:C		测点:D	
a_1'	1 086	a_2'	1 278
b_1'	1 146	b_2'	1 358
h_{AB}'	-0060	h_{AB}''	-0080
$\frac{1}{2}(h_{AB}''-h_{AB}')=-10$ mm			
$x_A''=\frac{h_{AB}''-h_{AB}'}{2S_{AB}}S_A''=-20$ mm			
$a_2=1\ 278+20=1\ 298$(mm)			

项目小结

本项目重点介绍了水准测量的原理,DS_3 型水准仪的构造、使用和观测方法,等外水准路线的观测、记录、计算及其成果的校核方法等内容。使学生能熟练操作水准仪并进行水准测量,在了解水准测量误差主要来源的基础上,掌握消除或减少误差的基本措施,了解水准仪的校正与检验。

复习与思考题

1. 试绘图说明用水准测量的原理。
2. 什么是视差?产生视差的原因是什么?如何消除视差?
3. 水准仪的安置工作包括哪些?有何作用?如何进行?
4. 什么是转点?转点的作用是什么?
5. 水准仪有哪些主要轴线?各轴线间应满足哪些条件?
6. 水准仪主要由哪几部分组成?水准仪上有哪些制动螺旋与微动螺旋?
7. 已知水准点 BMA 的高程值为 483.365 m,后视读数 $a=2.432$ m,前视点 B 和 C 上竖立的水准尺的读数分别为 $b=1.897$ m、$c=2.204$ m,试用仪高法求 B 点和 C 点高程。

项目三　经纬仪的使用

项目概述

本项目主要介绍光学经纬仪的种类，重点介绍 DJ_6 型光学经纬仪的构造和使用方法。学习水平角、竖直角的测量原理和使用经纬仪测量的方法，使用经纬仪测量角时应注意的事项，学习经纬仪水平角、竖直角的计算。

学习目标

知识目标

1. 熟记水平角、竖直角的概念。
2. 掌握光学经纬仪的构造和度盘读数方法。
3. 重点掌握 DJ_6 型光学经纬仪的使用方法。
4. 掌握经纬仪角度测量原理及观测记录、计算方法。
5. 了解角度测量的误差来源、消除方法及检验和校正方法。

技能目标

1. 熟记水平角、竖直角的概念，重点掌握 DJ_6 型光学经纬仪的使用方法。
2. 掌握测量原理及观测记录、计算方法，了解经纬仪的基本构造。
3. 了解角度测量的误差来源、消除方法，闭合导线测量及内业计算。

【学习导入】

在园林施工中，怎样精确定位某一点位置，以及几个物体之间的相对空间位置呢？这就需要我们来学习一下经纬仪的知识，包括经纬仪的构造及使用、经纬仪测定水平角及竖直角、经纬仪碎部测量等相关知识。

单元一　角度测量原理

角度是空间点与点空间相互关系的基本量之一，也是测量的基本量之一。测量的目的是确定地面点的相互位置关系。角度测量包括两方面内容：一个是水平角测量，另一个就是竖直角测量。水平角用于确定地面点的平面位置，竖直角用于确定地面点的高程或将倾斜距离化算为水平距离。经纬仪是角度测量的主要仪器，可以测量水平角和竖直角，也可间接地测量水平距离和高差。

一、水平角的概念及其测量原理

地面上两方向间的夹角，投影到水平面上的角度称为水平角。或者说过同一点发出的两条射线的铅垂面构成空间二面角的平面角称为水平角。如图3-1所示，A、B、C为三个高度不同的地面点，那么方向线AC、AB所夹的角即$\angle BAC$不是水平角，依据水平角定义，将A、B、C三点分别沿铅垂线方向投影到水平面上，其投影线ab和ac所夹的角β，即为方向线AB、AC所夹的水平角。

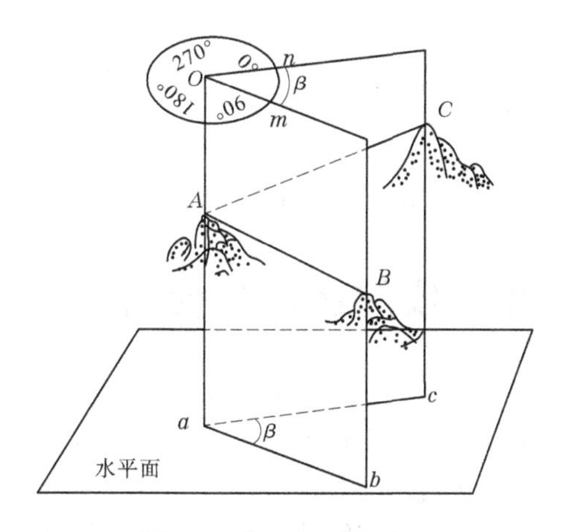

图3-1　水平角测量原理

由此得知，地面上任意两方向线间的水平角就是通过该方向线所作两铅垂面组成的二面角的大小。其二面角的大小可以在与过A点铅垂线相垂直的任意水平面内求得。为了测定水平角值的大小，可以设想在过顶角A点上方置一水平刻度圆盘，即水平度盘，圆盘中心O在A点的铅垂线上。那么方向线AB、AC在水平度盘上的投影，相对于水平度盘上的读数分别为n和m，则水平角β就是两个读数之差，即$\beta = m - n$。两条方向线由装在仪器上的望远镜提供，这就是水平角的测角原理。

二、竖直角及其测量原理

竖直角是在同一竖直面内，倾斜视线与一指标线（水平线或铅垂线）之间的夹角。指标线用水平线时称其为倾角，指标线用铅垂线并为天顶方向时称为天顶距。

在测量中，倾角就是测站点到目标点的视线与水平线在竖直面内投影的夹角。通常用α表示。其测角原理如图3-2所示，视线AB与水平线AB'的夹角α，即为方向线AB的倾角。当视线AB在竖直面内的投影高于水平线AB'时，则倾角α为“正”，即称为“仰角”；当视线AB在竖直面内的投影低于水平线AB'时，则竖直角α为“负”，即称为“俯角”。其角值自水平线起从$-90° \sim +90°$。

视线AB与测站点天顶方向之间的夹角称为天顶距，用Z表示，它与竖直角有如下关系：

$$Z = 90° - \alpha \tag{3-1}$$

所以，竖直角测量也可直接进行天顶距测量。为了测定竖直角的大小，需设置一个竖直度盘（竖盘），竖盘平面必须与过视线的铅垂面平行，其中心在过A点的水平线上；竖盘能够

上下转动,且有一指标线处于铅垂位置,不随度盘的转动而转动,为使指标线处于铅垂位置,必须设置一指标水准管与之相连。很显然,水平视线与照准目标的视线的竖直度盘读数差就是所要测量的竖直角。

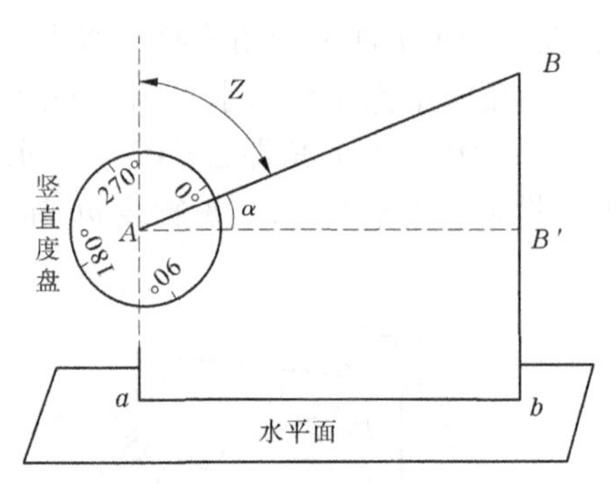

图 3-2　竖直角观测原理

单元二　光学经纬仪的认识与使用

光学经纬仪具有体积小、重量轻、密封性好以及读数精度高的特点。目前,经纬仪的种类很多。按精度划分,我国有 DJ_1、DJ_2、DJ_6、DJ_{15} 等几个等级,它们的基本结构和测角原理基本相同,本单元主要介绍测量中常用的 DJ_6 型光学经纬仪。“D”“J”分别表示“大地测量”和“经纬仪”汉语拼音的第一个字母,数字“6”表示仪器的测角精度指标。

一、DJ_6 型光学经纬仪的基本结构

(一)基本构造

DJ_6 型光学经纬仪由照准部、水平度盘和基座三大部分组成。它的外形见图 3-3。

1. 照准部部分

照准部是光学经纬仪的重要组成部分,主要由望远镜、照准部水准管、竖直度盘、光学对点器、读数设备及轴系等各部分组成。照准部可围绕竖轴在水平面内转动,它的转动受制动螺旋和水平微动螺旋控制。照准部水准管用来整平仪器。

2. 水平度盘部分

此部分主要是由水平度盘、度盘旋转轴、复测器与轴套组成的。水平度盘是由光学玻璃制成的带有刻划和注记的圆盘,刻划是按顺时针方向将圆盘分成 360 份,每一份是 1°,并注记在度盘上。水平度盘安装在垂直轴的外面,其中心与垂直轴重合,但不与照准部一起转动。在测角过程中,当望远镜照准目标时,移动的指标线在不动的水平度盘上,读取该方向的方向值即可。

3. 基座部分

基座部分就是仪器的底座,主要由基座、脚螺旋与连接板组成。经纬仪的照准部通过竖直轴固定在基座上,照准部旋转时,基座不动。基座通过中心连接螺旋将仪器固定在三脚架上,其下面有三个脚螺旋用于粗略整平仪器。

(二)经纬仪各部件的名称及作用

经纬仪的外形和各部件名称如图 3-3 所示。

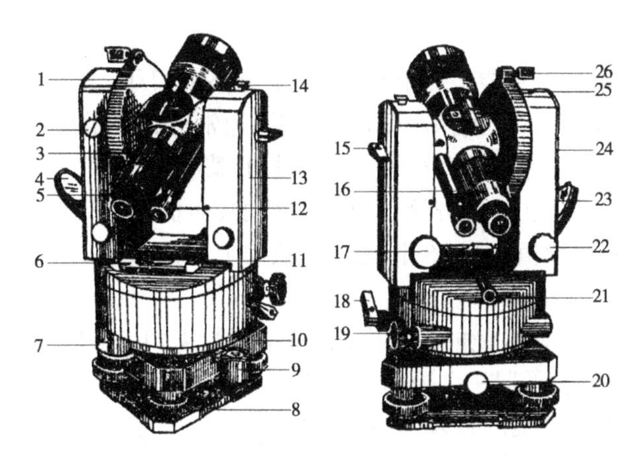

1—粗瞄准器；2—护盖；3—望远镜调焦螺旋；4—照明反光镜；5—望远镜目镜；6—照准部管水准器；7—脚螺旋；8—基座底板；9—圆水准器；10—底座；11—校正螺丝；12—读数显微镜目镜；13—右侧盖板；14—磁针插座；15—望远镜竖直制动手柄；16—分划板护罩；17—望远镜竖直微动螺旋；18—水平制动手柄；19—水平微动螺旋；20—底座固定螺旋；21—光学对点器目镜；22—竖盘水准器微动螺旋；23—进光孔（照明窗）；24—左盖板；25—竖盘指标水准器；26—指标水准器反光

图 3-3　经纬仪的外形和各部件名称

（1）水平制动手柄（18）（或螺旋）和水平微动螺旋（19），可使照准部围绕竖轴作水平转动、制动和微动，主要作用是照准目标。

（2）望远镜竖直制动手柄（15）（或螺旋）和竖直微动螺旋（17），可使望远镜围绕水平轴上下转动、制动和微动，主要作用是精确照准目标。

（3）竖盘指标水准器（25），通过该水准器微动螺旋（22）可调节其气泡居中，主要作用是使竖盘指标处于正确位置，以便测量竖直角。

（4）照准部管水准器（6）和圆水准器（9），通过调节三个脚螺旋或升降脚架使两水准器气泡居中，主要作用是圆水准器（9）用于粗平仪器，照准部管水准器（6）主要用于精平仪器，使水平度盘处于水平位置。

（5）脚螺旋（7），拨动手轮可使水平度盘处在所需要的位置上，手轮外有护盖，用于防止碰动手轮，主要作用是变换度盘位置（置数）。

（6）光学对点器目镜（21），通过此镜可以看到地面点位。当仪器精确水平时，若从目镜中看到地面点位位于对点器的小圆圈中心，说明仪器竖轴与过测站点的铅垂线一致。

（7）底座固定螺旋（20），松开它时，整个照准部可从轴套中抽出；固定它时，在观测过程中，水平度盘可始终保持不动，否则易带动水平度盘引起测角误差。因此，要求在使用仪器时，不要轻易松动此螺旋。

（8）粗瞄准器（1），通过其管内的十字标志，可以粗略照准观测目标，主要作用是粗略瞄准。

（9）照明反光镜（4），调整反光镜可使度盘亮度均匀，分划影像清晰，便于准确读数。

二、DJ_6型光学经纬仪的读数方法

DJ_6型光学经纬仪现在基本都使用的是测微尺装置读数方法。

(一)测微装置

测微装置就是在光路中安装了一个具有60个分格的尺子,其宽度正好和度盘上1°影像的宽窄相同,用来测量不足1°的微小角值,该装置通常称为测微尺。

因为测微尺60个分格的宽度恰好等于度盘上1°影像的宽窄,所以测微尺上每一个小格的格值为1′。在测量过程中,可直接读取1′的精度,而估读到0.1′即6″。在分微尺上每10个小格注记一次,注记数值为0~6,因此注记数为十分数,如图3-4所示。

(二)读数方法

如图3-4所示,在读数显微镜的视场中,有两个读数窗口,其中标有"H"的表示水平度盘读数窗口,有的标注"水平""—"等均表示水平度盘读数窗口;在读数显微镜的视场中,标有"V"的表示竖直度盘读数窗口,也有标注"竖直""⊥"字样的窗口均表示竖盘读数窗口。

读数时,以测微尺的零分划为指标,先根据它读出度盘分划线的度数,即在度盘分划比零分划线小的数字为度读数,再读出该分划线所在测微尺上的"分"和"秒"值,测微尺的零分划到度读数分划间的格数为分数,估读到1/10格,即6″的1~5的整倍数。如图3-4所示,水平度盘读数为35°03′54″,竖直度盘读数为87°07′12″。

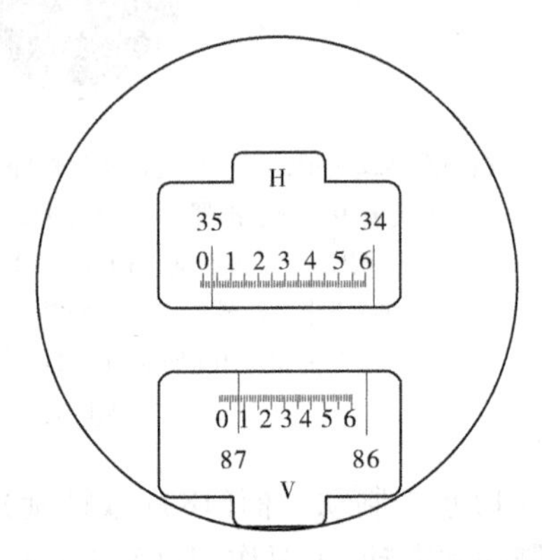

图3-4　经纬仪度盘分划

【例3-1】　要想精确定位某一点位置,可以使用经纬仪进行相对定位,那么我们首先就要先了解下经纬仪的构造、简单的使用方法、注意事项,以及读数方法。教师首先介绍经纬仪的构造及其注意事项。学生以组为单位按照教师的指导一步步操作,让学生在实训场地内进行经纬仪的对中、整平、瞄准和读数练习。根据所测数据进行记录。教师对学生操作过程进行评价和总结。同时检查学生所测精度是否满足精度要求。

【案例实施】

一、工作准备

(1)每组领取DJ_6型光学经纬仪1台、测钎2个、记录板1个。

(2)制订工作计划。时间:2学时;地点:室外。

每组每位同学完成经纬仪的整平、对中、瞄准、读数工作各一次。

二、方法提示

1. 要点

(1)气泡的移动方向与操作者左手旋转脚螺旋的方向一致。

(2)经纬仪安置操作时,要注意首先要大致对中,脚架要大致水平,这样整平对中反复的次数会明显减少。

2. 流程

整平对中经纬仪—瞄准测钎—读水平度盘。

三、实训记录

(1)经纬仪由__________、__________、__________组成。

(2)经纬仪对中整平的操作步骤是:

(3)经纬仪照准目标的步骤是：

(4)经纬仪瞄准 A 点时的水平度盘读数：____________，竖直度盘读数：____________
经纬仪瞄准 B 点时的水平度盘读数：____________，竖直度盘读数：____________。

单元三　角度测量方法

角度测量包括仪器安置、水平角观测和竖直角观测。

一、仪器的安置

角度测量的首要工作就是熟练掌握经纬仪的使用。经纬仪的使用包括仪器整置、望远镜调焦、照准目标及水平度盘配置等工作。

(一)仪器的整置

1. 对中

对中的目的是使仪器水平度盘中心处于测站点的铅垂线上。对中有两种方法：垂球对中和光学对中器对中。

1)垂球对中

垂球对中具体步骤是：张开三脚架，使脚架头中心粗略对准测站点的标志中心、调节脚架腿，使高度适于观测，并目估架头大致水平，装上仪器，旋紧中心螺旋，挂上垂球，若垂球离测站中心较远，则需将三脚架作等距平移，或者固定一架腿移动另两架腿，使垂球尖大致对准地面标志，然后将架腿尖踩入土中，微松中心螺旋，双手扶握仪器支架，使仪器在架头移动，待垂球尖准确对准测站点标志中心后，旋紧中心连接螺旋。用垂球对中时，对中误差一般应小于 2 ~ 3 mm。

2)光学对中器对中

光学对中器对中精度较高，一般可使对中误差小于 1 mm，具体步骤是：张开三脚架，目估对中且使三脚架架头大致水平，三脚架高度适中。将经纬仪固定在三脚架上，调整对中器目镜焦距，使对中器的圆圈标志和测站点影像清晰。踩实一架腿，两手掂起另外两架腿，用自己的脚尖点住测站点标志，眼睛通过对点器的目镜来寻找自己的脚尖，找到脚尖便找到了测站点标志，对中地面点标志，放下两架腿踩实即可。然后通过对点器目镜观测测站点，检查是否严格对中，若没有严格对中，可调节三个脚螺旋使之严格对中。

2. 整平

整平的目的：使仪器的水平度盘处于水平位置，竖直轴处于铅垂位置。

若是垂球对中，应按下述方法进行整平(见图 3-5)：旋转仪器使照准部管水准器与任意

两个脚螺旋的连线平行,用两手同时相对或相反方向转动这两个脚螺旋,让气泡居中。然后将仪器旋转90°,使管水准器与前两个脚螺旋连线垂直,转动第三个脚螺旋,使气泡居中。若管水准器位置正确,如此反复进行数次即可达到精确整平的目的,即管水准器转到任何方向时,水准气泡居中,或偏离不超过1格。

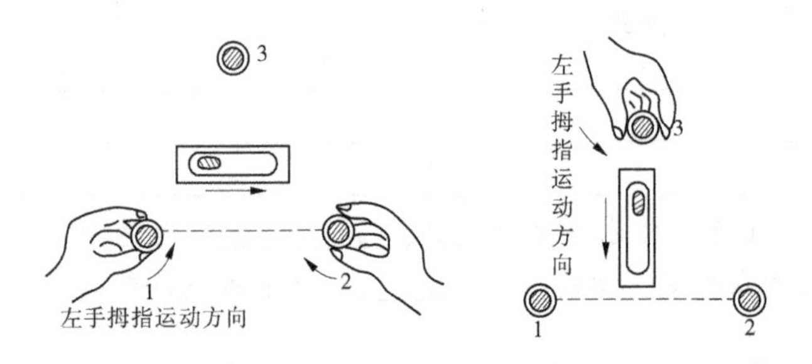

图3-5　经纬仪整平示意图

若是光学对点器对中,应按下列方法进行:首先,调节三脚架的伸缩连接处,靠伸缩脚架使圆水准器气泡居中,其次按图3-5所示的方法,调平照准部水准管气泡,观察光学对点器与测站点标志是否完全重合(此时一定有很小偏离),最后松开中心连接螺旋,平行移动仪器使光学对点器与测站点标志完全重合,注意:"松开中心连接螺旋"不是完全松开。如此反复几次,直到严格整平。

(二)望远镜调焦

调焦就是调节十字丝和物像同时清晰的过程。首先调节目镜使十字丝清晰,随后调节物镜对光螺旋使物像清晰。为了提高测角精度,观测时一定要消除十字丝视差。十字丝视差的消除在望远镜使用中已提到,这里不在叙述。

(三)照准目标

照准目标就是用十字丝的中心部位照准目标,不同的角度测量所用的十字丝是不同的,但都是用接近十字丝中心的位置照准目标。

在水平角测量中,应用十字丝的纵丝(竖丝)照准目标。当所照准的目标较粗时,常用单丝平分之;若照准的目标较细,则常用双丝对称夹住目标,如图3-6所示。当目标倾斜时,应照准目标的根部来减弱照准误差的影响。

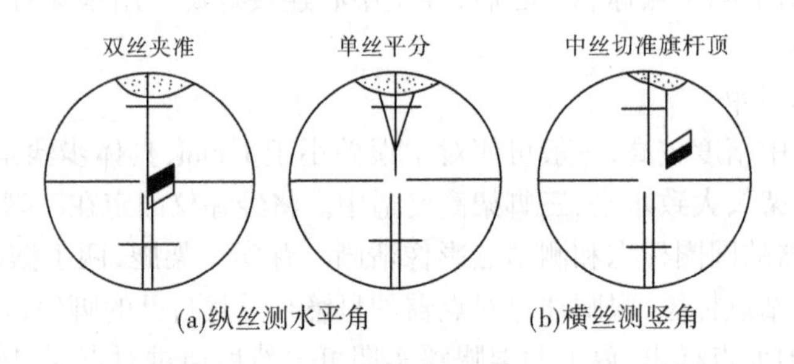

图3-6　照准示意图

进行竖直角测量时,应用十字丝的横丝(中丝)切准目标的顶部或特殊部位,在记录时一定要注记照准位置(见图3-6(b))。

具体的照准操作方法是:松开照准部和望远镜的制动螺旋,转动照准部和望远镜,用粗瞄准器使望远镜大致照准目标，随即从镜内找到目标并使其移动到十字丝中心附近，固定照准部和望远镜制动螺旋，再旋转其微动螺旋，则可准确照准目标的固定部位，读取水平角或竖直角数值。

为了减少仪器的隙动误差，使用微动螺旋精确照准目标时，一定要用旋进方向。测水平角时，照准部要按规定的方向旋转，这样就能减小仪器的隙动误差。

（四）水平度盘配置

为了减弱度盘的刻划误差，方便方向值的计算，在水平角观测时，通常规定某一目标清晰、成像稳定的目标作为"零方向"，将度盘读数调整为0°或某一规定值，这一操作过程称为"配置度盘读数"。

具体操作步骤如下：

（1）当仪器整平后，用盘左照准目标；

（2）转动度盘变换手轮，使度盘读数调整至预定读数即可；

（3）为防止观测时碰动度盘变换手轮，度盘"置数"后，应及时盖上护盖。

当观测角要求较高时，通常在一个测站上观测好几个测回，为了减弱度盘刻划误差的影响，各测回的"零方向"值为

$$m = \frac{180^\circ}{n}(i - 1) \tag{3-2}$$

式中　n——测回数；

i——测回序号。

所谓盘左，就是当望远镜照准目标时，竖盘在望远镜的左侧称为盘左，又称为正镜；竖盘位于望远镜的右侧时称为盘右，又称为倒镜。

用盘左观测水平角时称为上半测回；用盘右观测水平角时称为下半测回；上半测回和下半测回合称一测回。

二、水平角观测

水平角观测方法一般根据观测的精度要求和目标的数目来定。常用的测角方法有测回法和方向观测法。

（一）测回法

测回法适用于观测两个方向之间的单角，如图3-7所示，以O点为测站，对中、整平仪器后即可用测回法进行观测，其观测方法如下：

图3-7　架站示意图

(1)用盘左精确照准 A 目标(消除十字丝视差,双丝夹住目标或单丝平分目标底部),度盘“置零”,记录此数为 $a_{左}$。

(2)顺时针转动仪器的照准部,照准右边的 B 目标,读取水平度盘的读数 $b_{左}$。

以上两步用盘左观测称为上半测回,其角值称为上半测回角值,大小为

$$\beta_{左} = b_{左} - a_{左}$$

(3)倒转望远镜用盘右观测,按上述方法先观测 B 目标,记录水平度盘读数 $b_{右}$。

(4)逆时针转动仪器的照准部,观测 A 目标,读数、记录 $a_{右}$。

以上步聚(3)、(4)用盘右观测称为下半测回,其角值称为下半测回角值,大小为

$$\beta_{右} = b_{右} - a_{右}$$

上、下两个半测回称为一测回,其角值大小为上、下两半测回角值的平均值,即

$$\beta = \frac{1}{2}(\beta_{左} + \beta_{右}) \tag{3-3}$$

为提高观测精度,常采用多测回观测;为了减弱度盘刻划误差,各测回间应变换度盘位置,前面已讲述。

测回法观测水平角的限差要求见表 3-1。

表 3-1 测回法观测水平角的限差

项目	半测回角值之差(″)	测回角值之差(″)
限差大小	36	24

注:半测回角值之差就是上半测回角值和下半测回角值之差;测回角值之差又称为测回差,就是各测回角值之差。

测回法观测水平角的记录、计算格式见表 3-2。

表 3-2 测回法观测水平角的记录、计算格式

<table>
<tr><th>测站</th><th>测回</th><th>竖盘位置</th><th>目标</th><th>水平度盘读数
(° ′ ″)</th><th>半测回角值
(° ′ ″)</th><th>一测回角值
(° ′ ″)</th><th>各测回平均角值
(° ′ ″)</th><th>说明</th></tr>
<tr><td rowspan="4">O</td><td rowspan="4">1</td><td rowspan="2">左</td><td>A</td><td>0 02 24</td><td rowspan="2">81 12 12</td><td rowspan="4">81 12 06</td><td rowspan="8">81 12 08</td><td rowspan="8"></td></tr>
<tr><td>B</td><td>81 14 36</td></tr>
<tr><td rowspan="2">右</td><td>B</td><td>261 14 36</td><td rowspan="2">81 12 00</td></tr>
<tr><td>A</td><td>180 02 36</td></tr>
<tr><td rowspan="4">O</td><td rowspan="4">2</td><td rowspan="2">左</td><td>A</td><td>90 03 06</td><td rowspan="2">81 12 06</td><td rowspan="4">81 12 09</td></tr>
<tr><td>B</td><td>171 15 12</td></tr>
<tr><td rowspan="2">右</td><td>B</td><td>351 15 12</td><td rowspan="2">81 12 12</td></tr>
<tr><td>A</td><td>270 03 00</td></tr>
</table>

(二)方向观测法

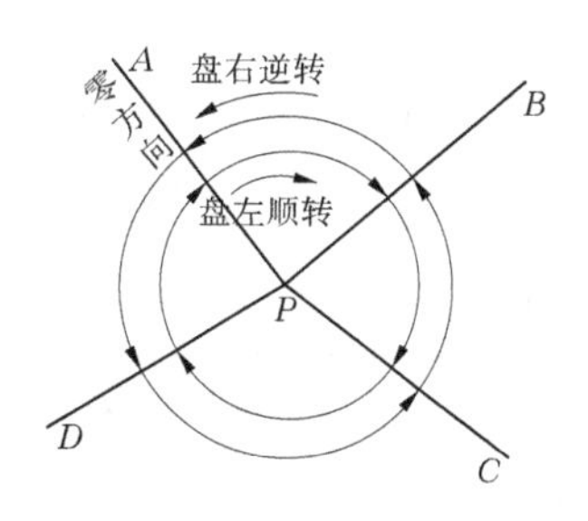

图 3-8　方向观测法示意图

在一个测站上须观测 3 个以上方向时,通常采用方向观测法。方向观测法又简称为方向法。如图 3-8 所示,设测站为 P,观测方向为 A、B、C、D 等目标,观测记录、计算方法如下。

1. 观测方法

(1)用盘左观测(上半测回观测):在 4 个目标中,选择一个目标清晰、成像稳定的 A 目标作为零方向,度盘“置零”,即度盘配置为略大于 0°的读数处,读数、记录。然后按顺时针方向转动照准部分别观测 B、C、D 目标,读数、记录。因为观测方向较多,观测时间长等可能造成度盘“零位置”发生变化,从而影响观测精度。为了检核应再次照准 A 目标,读数、记录。由于在上半测回中两次照准零方向 A 目标,仪器转动了一周,故称为“归零”。该次“归零”称为上半测回“归零”。

(2)用盘右观测(下半测回观测):倒转望远镜即(盘右)照准 A 目标,读数、记录,然后逆时针转动照准部分别照准目标 D、C、B、A,读数、记录。在观测中又两次照准目标 A,故称为下半测回“归零”。

上、下两半测回合起来称为一测回。其余各测回观测只需按要求变换零方向的度盘位置即可,其观测、记录方法完全相同。

这种观测方法因两次照准零方向,仪器转动一周,该方法又称为“全圆方向观测法”。当一个测站的观测个数大于 3 个时,必须采用该方法。由于观测过程中有误差存在,两次照准零方向的值不相等,其差值称为“归零差”。仅有当上、下半测回的“归零差”都符合规定要求时,才能进行后面的计算。

2. 方向观测法的记录、计算方法

方向观测法的记录、计算格式见表 3-3。

上半测回观测时,当照准目标后分别读取目标 A、B、C、D、A 的水平度盘读数,记录在表格的第 2 栏内。

下半测回观测时,分别照准目标 A、D、C、B、A,并读取相应的水平度盘读数,记录在表格的第 3 栏内。记录时,观测值应与相应的目标栏对齐。

(1)$2c$ 值的计算:

$$2c = L - (R \pm 180°) \tag{3-4}$$

式中　L——盘左读数;

R——盘右读数,当 $R \geq 180°$时取“ - ”,当 $R < 180°$时取“ + ”号。

(2)平均读数的计算:平均读数指盘左读数与盘右读数 ±180°之和的平均值。表 3-3 第 5 栏中零方向有两个平均值,取这两个平均值的中数记在第 5 栏上方,并加上括号。

表 3-3　方向观测法的记录、计算格式

仪器:$J_6$80421　　测站:*O*　　等级:5″小三角　　日期:××月××日

天气:晴　　观测者:×××　　*Y* = *B*　　开始时间:××时××分

成像:清晰　　记录者:×××　　觇标类型:花杆　　结束时间:××时××分

目标	水平度盘读数		2c	平均读数 $\frac{左+(右\pm180°)}{2}$ (°　′　″)	一测回归零方向值 (°　′　″)	各测回归零方向值 (°　′　″)	说明
	盘左 (°　′　″)	盘右 (°　′　″)					
1	2	3	4	5	6	7	8
第 1 测回							
A	0　02　12	180　02　00	+12	(0　02　09) 0　02　06	0　00　00	0　00　00	
B	37　44　24	217　44　06	+18	37　44　15	37　42　06	37　42　10	
C	110　29　06	290　29　00	+06	110　29　03	110　26　54	110　26　53	
D	150　14　42	330　14　36	+06	150　14　39	150　12　30	150　12　24	
A	0　02　18	180　02　06	+12	0　02　12			
归零差	$\Delta_{左}$ = +06″	$\Delta_{右}$ = +06″					
第 2 测回							
A	90　03　18	270　03　24	−06	(90　03　22) 90　03　21	0　00　00		
B	127　45　42	307　45　36	+06	127　45　39	37　42　17		
C	200　30　24	20　30　12	+12	200　30　18	110　26　56		
D	240　15　42	60　15　48	−06	240　15　45	150　12　23		
A	90　03　24	270　03　24	00	90　03　24			
归零差	$\Delta_{左}$ =06″	$\Delta_{右}$ =00″					

(3)归零方向值的计算:表 3-3 第 6 栏中各值的计算,是用第 5 栏中各方向值减去零方向括号内之值。例如:第一测回方向 *B* 的归零方向值为 37°44′15″ - 0°02′09″ = 37°42′06″。一测站按规定测回数测完后,应比较同一方向各测回归零后方向值,检查其较差是否超限,限差要求见表 3-4,如满足限差要求,则取各测回同一方向值的中数记入表 3-3 中第 7 栏中。

一测回观测完成后,应及时进行计算,并对照检查各项限差,如有超限,应立即重测。

表 3-4　方向观测法的限差

限差项目	DJ_2 型	DJ_6 型
半测回归零差	12″	24″
同一测回 2c 变动范围	18″	
各测回零方向值的较差	12″	24″

二、竖直角观测

(一)竖直度盘及注记形式

1. 竖直度盘的结构

竖直度盘(竖盘)与望远镜一起垂直固定在横轴上,其读数可根据竖盘指标读取,如图 3-9所示为 DJ_6 型光学经纬仪的竖盘构造图。当望远镜在竖直面内绕横轴转动时,竖盘随望远镜一起转动,竖盘的影像通过棱镜和透镜所组成的光具组 10,成像在读数显微镜的读数窗内。光具组 10 的光轴和读数窗中测微尺的零分划线构成竖盘读数指标线,读数指标线相对于转动的度盘是固定不动的。因此,当转动望远镜照准高低不同的目标时,固定不动的指标线便可在转动的度盘上读得不同的读数。光具组 10 又和竖盘指标水准管相连,并使竖盘指标水准管轴 1 和光具组光轴 4 相垂直,当转动竖盘指标水准管微动螺旋时,读数指标线作微小移动;当竖盘指标水准管气泡居中时,读数指标线处于正确位置。所以,在进行竖直角观测时,都必须先让竖盘指标水准管气泡居中。

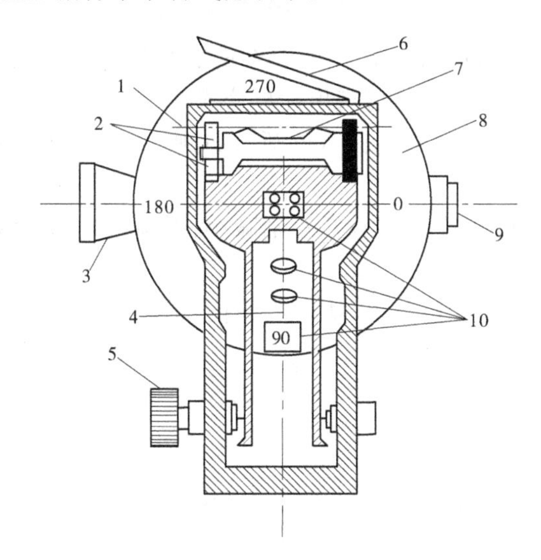

1—指标水准管轴;2—水准管校正螺旋;3—望远镜;
4—光具组光轴;5—指标水准管微动螺旋;6—指标水准管反光镜;
7—指标水准管;8—竖盘;9—目镜;10—光具组(透镜和棱镜)

图 3-9 DJ_6 型光学经纬仪的竖盘构造图

2. 竖盘注记形式

竖盘的注记形式很多,常见的多为全圆式顺时针或逆时针注记。如图 3-10(a)所示,为 J_6、030、T_1、T_2 等经纬仪竖盘的注记形式;如图 3-10(b)所示为 DJ_6-1 型经纬仪竖盘注记形式;图 3-10(c)所示为蔡司 010 等仪器的竖盘注记形式。为直观起见,将盘左望远镜水平时的竖盘正确读数位置标为指标位置。所以,可以说光学经纬仪竖盘指标多在下方铅垂线位置,蔡司 010 仪器的竖盘指标则在水平位置。

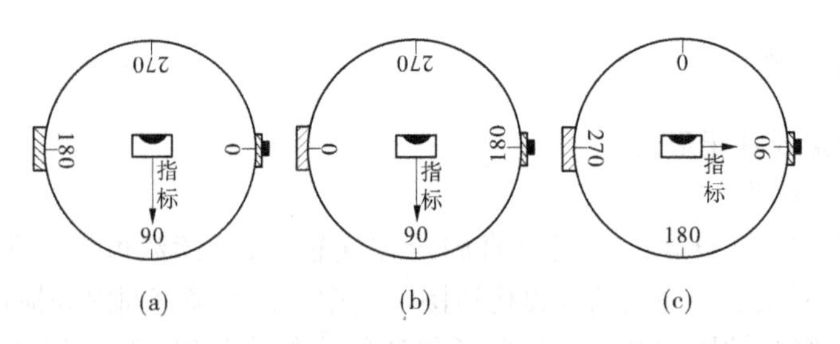

图 3-10　竖盘注记形式

(二)倾角和指标差的计算公式

1. 倾角的计算公式

根据倾角的基本概念,它是在同一竖直面内目标方向与水平方向的夹角。不过任何注记形式的竖盘,当视线水平时,不论是盘左还是盘右,其读数都是个定值,正常状态应该是90°的整倍数。所以,测定倾角时只需读取照竖盘准目标时的竖盘读数即可,将两数相减便得倾角角值。至于究竟以哪个读数作为被减数,哪个读数作为减数,应根据竖盘的注记形式而定。以仰角为例,只需对所用仪器把望远镜放在大致水平位置观察一下读数,望远镜逐渐上倾时观察读数是增加还是减小,就可得出计算公式。

(1)当望远镜视线上倾时,如竖盘读数逐渐增加,则倾角 α 为瞄准目标时的读数减去视线水平时的读数。

(2)当望远镜视线上倾时,如竖盘读数逐渐减小,则倾角 α 为视线水平时的读数减去瞄准目标时的读数。

如图 3-11 所示,该图为常用的 DJ_6 型光学经纬仪的竖直度盘注记形式。

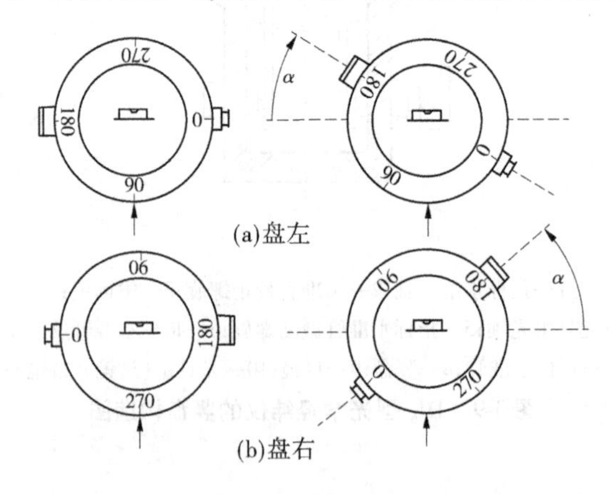

图 3-11　竖直度盘注记形式

设 L 为盘左时视线照准目标时的读数,R 为盘右时视线照准目标时的读数。

从图 3-11 可以看出,当望远镜视线上倾时,盘左时竖盘读数逐渐减小,盘右时竖盘读数逐渐增加。盘左、盘右水平视线的读数为定值 90°或 270°。

以盘左观测时

$$\alpha_{左} = 90° - L \tag{a}$$

以盘右观测时

$$\alpha_{右} = R - 270° \tag{b}$$

因为竖盘读数 L 和 R 通常含有误差，$\alpha_{左}$、$\alpha_{右}$ 不相等，取二者的平均值为倾角 α 的最后结果，则

$$\alpha = \frac{1}{2}(\alpha_{左} + \alpha_{右}) = \frac{1}{2}[(R - L) - 180°] \tag{3-5}$$

【例 3-2】 用图 3-11 竖盘注记形式的经纬仪，观测一高处目标，盘左时读数为 81°15′42″，盘右读数为 278°44′24″，计算倾角的大小。

解：将盘左、盘右读数代入式(3-5)，则

$$\begin{aligned}\alpha &= \frac{1}{2}(\alpha_{左} + \alpha_{右}) = \frac{1}{2}[(R - L) - 180°] \\ &= \frac{1}{2} \times [(278°44'24'' - 81°15'42'') - 180°] \\ &= +8°44'21''\end{aligned}$$

【例 3-3】 当用同一仪器观测低处一目标时，盘左读数为 107°25′42″，盘右读数为 252°34′18″，计算倾角的大小。

解：将盘左、盘右读数代入式(3-5)，则

$$\begin{aligned}\alpha &= \frac{1}{2}(\alpha_{左} + \alpha_{右}) = \frac{1}{2}[(R - L) - 180°] \\ &= \frac{1}{2} \times [(252°34'18'' - 107°25'42'') - 180°] \\ &= -17°25'42''\end{aligned}$$

2. 指标差的计算公式

所谓指标差，是指当望远镜视准轴水平、竖直度盘指标水准器气泡居中时，竖直度盘读数应为一固定值(90°或 270°)，如果竖直度盘指标线偏离正确位置，使读数与应有读数有一个小角度的偏差 x，这个偏差就称为竖直度盘指标差(如图 3-12 所示)。如指标线沿度盘注记增大的方向偏移，使读数增大，则 x 为正；反之，x 为负。

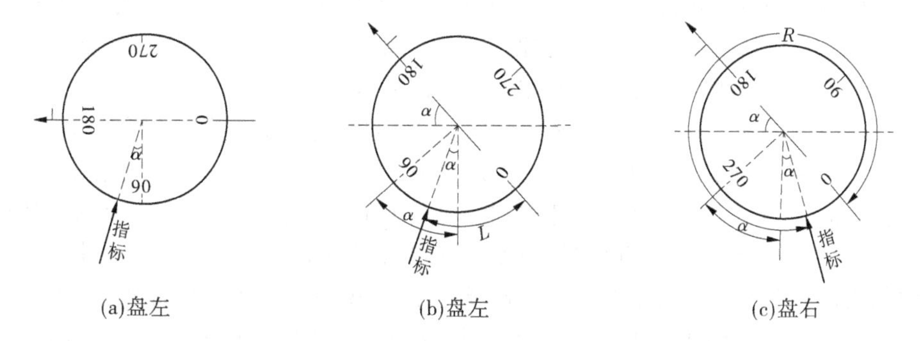

图 3-12　竖盘指标差

从图 3-12 可以看出：

盘左时，竖直角为　$\alpha_{左} = 90° - (L - x)$　(3-6)

盘右时，竖直角为　$\alpha_{右} = (R - x) - 270°$　(3-7)

盘左、盘右测得的竖直角相减,则得

$$x = \frac{1}{2}(R + L - 360°) \tag{3-8}$$

盘左、盘右测得的竖直角相加,则得

$$\alpha = \frac{1}{2}(R - L - 180°) \tag{3-9}$$

从上式可以看出,取盘左、盘右观测结果的中数,可以消除指标差的影响。

3. 竖直角测量及手簿的记录、计算

(1)在测站上安置好仪器,对中、整平、量取仪器高。

(2)当仪器整平后,用盘左位置照准目标,固定照准部和望远镜,转动水平微动螺旋和竖直微动螺旋,使十字丝的中丝精确切准目标的特定部位(见图 3-13)。

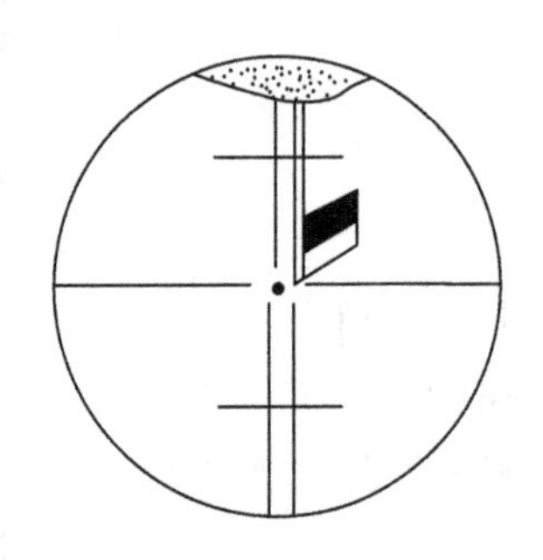

图 3-13　瞄准示意图

(3)旋转竖盘指标水准器微动螺旋,让气泡居中,重复检查目标切准情况,确认无误后即可读数,记入手簿中相应位置。手簿格式见表 3-5。对于有自动安平补偿器的经纬仪,则无指标水准器,如上海 J_6、威特 T_{1A}、蔡司 020 等不需此项操作,观测时,切准目标后即可观测读数。

(4)纵转望远镜,盘右照准同一目标的同一特定部位,按第 3 项的操作并读数,记入手簿中相应位置。

以上观测称为一测回。图根控制的竖角观测一般要求中丝两测回, 且两个测回要分别进行,不得用两次读数的方法代替。

当一个测站上要观测多个目标时,可将 3 ~ 4 个目标作为一组,先观测本组所有目标的盘左,再纵转望远镜观测本组所有目标的盘右,然后将该数分别记入手簿相应栏内,这样可以减少纵转望远镜的次数,节约观测时间。

对某一目标观测一测回结束后,即可用式(3-8)计算其指标差,记入手簿指标差栏内对应位置;然后用式(3-5)、式(3-6)或式(3-7)计算其竖直角 α 的大小,记入手簿竖角栏内的对应位置,其公式的选择以心算方便为原则(注意,不同竖盘的注记形式,计算时用其相应的计算公式)。当两个测回所测竖角互差不超过限差规定(24″)时,取其平均值作为最后结果,记入手簿相应位置。若在一个测站上一次设站观测结束后,如果本站所有指标差互差不超过限差要求(24″),本站竖角观测合格,否则超限目标应重测。具体记录手簿、计算方法见表 3-5,对目标 M_7 点的观测结果。上述观测法仅用十字丝的中丝照准目标,故称为中丝法。

而有的规范中规定观测竖直角时,必须按盘左、盘右依次用上、中、下三根十字丝进行读数,这种测法称为三丝法。由于上、下丝与中丝间所夹视角约为 17′,因此由上、下丝观测值算得的指标差分别约为 +17′和 −17′。记录观测数据时,盘左按上、中、下三丝读数次序,盘右则按下、中、上三丝读数次序记录,见表 3-5 中的 M_8 觇点观测的成果。计算竖直角时,按三丝所测得的 L 和 R 分别计算出相应的竖直角,最后取平均值作为最后结果。

表 3-5　竖直角观测记录手簿

作业日期：××××-××-××　　天气：晴　　观测者：×××

开始时间：××时××分　　成像：清晰

结束时间：××时××分　　仪器：$J_6$78325　　记录者：×××

测站	觇点	读数		指标差 (′ ″)	竖直角 (° ′ ″)	仪器高 (m)	觇标高 (m)	照准觇标部位
		盘左 (° ′ ″)	盘右 (° ′ ″)					
M_6 花杆顶部 2.50 m	M_7	88 05 24	271 55 54	+0 39	+1 55 15	1.54	2.51	花杆顶部
		88 05 30	271 55 18	+0 24	+1 54 54			
				中数	+1 55 04			
M_6 花杆顶部 2.50 m	M_8	95 06 42	264 20 06	−16 36	−5 23 24	1.54	2.22	旗顶
		95 23 48	264 37 18	+0 33	−5 23 15			
		95 41 06	264 54 24	+17 45	−5 23 21			
				中数	−5 23 18			

【例 3-4】　欲测 AB、BC 两方向之间的水平角 $\angle ABC$ 时，在角顶 B 安置仪器，在 A、C 处设立观测标志，那么我们怎样才能做到呢？

教师在室外布置三个点，进行施测 $\angle ABC$，采用学生现场操作，教师引导的方式，教师首先介绍怎样对中，以及仪器的基本操作和读数。学生以组为单位进行实际练习，让学生在学校内根据所给范围练习，同时记录并计算所测数据（在表 3-6 中进行）。最后教师对学生操作过程进行评价和总结。

【案例实施】

一、工作准备

DJ_6 型经纬仪 1 台，脚架 1 个，标杆 2 个，记录板 1 块，记录表格 1 份。

二、方法提示

（1）在一个指定的点上安置经纬仪，进行对中和整平。

（2）选择两个明显的固定点作为观测目标。

（3）盘左。先瞄左目标，读取平盘读数，顺时针旋转照准部，再瞄右目标，读取平盘读数，计算半测回角值。

（4）盘右。先瞄右目标，读取平盘读数，逆时针旋转照准部，再瞄左目标，读取平盘读数，计算半测回角值。

（5）成果校核，盘左盘右两个半测回的较差不超过 ±40″时，取两个半测回的平均值作为一测回的角值。

（6）当进行 n 个测回的观测时，需将盘左起始方向的读数按 $180°/n$ 进行度盘的配置。

【小贴士】　（1）如果度盘变换器为复测式，在配置度盘时，先转动照准部，使读数为配置度数，将复测扳手扳下，再瞄准起始目标，将扳手扳上；如果为拨盘式，则先瞄准起始目标，再拨动度盘变换器，使读数为配置度数。

（2）在观测过程中，当发现气泡移动一格时，应重新整平重测该测回。

（3）每人独立观测一个测回，测回间应改变水平度盘位置。

表3-6　水平角测回法记录表

日期:________年____月____日　　天气:________　　仪器型号:________组号:________

观测者:__________________记录者:__________________立测杆者:__________________

测点	盘位	目标	水平度盘读数(° ′ ″)	水平角		示意图
				半测回值(° ′ ″)	一测回值(° ′ ″)	

【例3-5】　利用经纬仪可以量测某一竖直面内,水平视线到目标点之间的夹角,先将仪器确定在某点上,然后观测竖直角度。

教师首先介绍经纬仪竖直角观测方法及其读数和计算方法。学生以组为单位按照教师的指导一步步操作,让学生在实训场地内进行经纬仪竖直角观测练习以及读数并计算数值。根据所测数据进行记录。教师对学生操作过程进行评价和总结。同时检查学生所测精度是否满足精度要求。

【案例实施】

一、工作准备

DJ_6型经纬仪1台，脚架1个，标杆2个，记录板1块，记录表格1份。

二、方法提示

(1)在某指定点上安置经纬仪。

(2)以盘左位置使望远镜实现大致水平。看竖盘指标所指的读数是90°还是0°，以确定盘左时的竖盘起始读数，记为$L_{始}$；同样，盘右位置看盘右时的竖盘起始读数，记为$R_{始}$。一般情况下：$R_{始}=L_{始}\pm180°$

(3)以盘左位置将望远镜物镜端抬高，当视准轴逐渐向上倾斜时，观察竖盘注记形式是增加还是减小，借以确定竖直角和指标差的计算公式。

①当望远镜物镜抬高时，如果竖盘读数逐渐减小，竖直盘注记形式为顺时针，则竖直角计算公式为

$$\alpha_{左}=L_{始}-L_{读}$$
$$\alpha_{右}=R_{读}-R_{始}$$

（举例：如$L_{始}=90°$，则$\alpha_{左}=90°-L_{读}$；若$R_{始}=270°$，则$\alpha_{右}=R_{读}-270°$）

竖直角：
$$\alpha=\frac{1}{2}(\alpha_{左}+\alpha_{右})$$

竖盘指标差： $x=\frac{1}{2}(\alpha_{左}-\alpha_{右})$ 或 $x=\frac{1}{2}(\alpha_{左}+\alpha_{右}-360°)$

②当望远镜物镜抬高时，如竖盘读数逐渐增大，竖直盘注记形式为逆时针，则竖直角计算公式为

$$\alpha_{左}=L_{读}-L_{始}$$
$$\alpha_{右}=R_{始}-R_{读}$$

（举例：如$L_{始}=90°$，则$\alpha_{左}=L_{读}-90°$；若$R_{始}=270°$，则$\alpha_{右}=270°-R_{读}$）

竖直角：
$$\alpha=\frac{1}{2}(\alpha_{左}+\alpha_{右})$$

竖盘指标差 $x=\frac{1}{2}(\alpha_{左}-\alpha_{右})$ 或 $x=\frac{1}{2}(\alpha_{左}+\alpha_{右}-360°)$

不管是顺时针还是逆时针，注记的度盘均可按$x=\frac{(L+R)-360°}{2}$计算竖盘指标差。

③注意：竖盘指标差x值有正有负。盘左位置观测时用$\alpha=\alpha_{左}+x$来计算就能获得正确的竖直角α；而盘右位置观测时用$\alpha=\alpha_{右}-x$计算才能够获得正确的竖直角α。

用上述公式算出的竖直角α，如果符号为“+”，则α为仰角；如果符号为“-”，则α为俯角。

(4)用测回法测定竖直角，其观测程序如下：

①安置好经纬仪后，盘左位置照准目标，读取竖盘的读数$L_{读}$。记录者将读数值$L_{读}$记入竖直角测量记录表(见表3-7)中。

表3-7　竖直角测量记录表

日期:_______年___月___日　天气:_______　仪器型号:_______组号:_______

观测者:_______________记录者:_______________立测杆者:_______________

测点	目标	竖盘位置	竖盘读数 (°　′　″)	半测回竖直角 (°　′　″)	指标差 (″)	一测回竖直角 (°　′　″)
		左				
		右				
		左				
		右				
		左				
		右				
		左				
		右				
		左				
		右				
		左				
		右				

②根据以上所确定的竖直角计算公式,在记录表中计算出盘左时的竖直角 $\alpha_{左}$。

③再用盘右的位置照准目标,并读取其竖直度盘的读数 $R_{读}$。记录者将读数值 $R_{读}$ 记入竖直角测量记录表中。

④根据所定竖直角计算公式,在记录表中计算出盘右时的竖直角 $\alpha_{右}$。

⑤计算一测回竖直角值和竖盘指标差。

三、注意事项

(1)观测过程中,对同一目标应用十字丝中横丝切准同一部位。每次读数前应使指标水准管气泡居中。

(2)计算竖直角和指标差时应注意正、负号。

【知识链接】

经纬仪的检验与校正

为了精确地测定水平角,要求经纬仪各轴线之间必须满足一定的几何条件,当然在经纬仪进行检验校正前,应先进行一般的检视。如:度盘和照准部旋转是否灵活,各种螺旋是否灵活有效;望远镜视场是否清晰,有无灰尘、水珠、斑点;度盘有无损伤,分划线是否清晰;分微尺分划是否清晰;仪器各种附件是否齐全等。

一、经纬仪应满足的几何条件

依据角度测量的原理，经纬仪在观测时应满足下列要求：

（1）水平度盘平面应是水平面。

（2）垂直轴应垂直，且通过水平度盘中心。

（3）望远镜的照准面应是铅垂平面。

（4）竖直度盘应是铅垂平面，且与水平轴垂直。

水平度盘是否水平、垂直轴是否垂直，都是通过照准部管水准器反映的。仪器结构要求竖轴与水平度盘垂直，且与照准部管水准器的水准轴也垂直，所以当照准部管水准器气泡居中时，即表示水平度盘水平，竖轴铅直。

因为望远镜是绕水平轴旋转的，要满足第（3）项的要求，必须使视准轴与水平轴垂直，而水平轴又与竖轴垂直。前者使照准面成一平面，而后者则在垂直轴铅直时照准面为一铅垂面。

综上所述，经纬仪应满足的几何条件是：

（1）竖轴与水平度盘垂直，并通过水平度盘中心。

（2）照准部管水准器水准轴与竖轴垂直，即与水平度盘平行。

（3）照准轴垂直于水平轴。

（4）水平轴垂直于竖轴。

（5）水平轴与竖直度盘垂直，并通过其中心。

以上的5个几何条件中，第（1）、（5）项是由仪器厂保证的。作业人员只需检查第（2）、（3）、（4）三项。因为观测水平角时，通常是用十字丝竖丝照准目标的，因此要求十字丝竖丝垂直于水平轴。观测竖直角时，为了计算方便，应使竖直度盘指标差接近于零。

二、经纬仪的检验、校正

（一）水准轴应垂直于竖轴的检验与校正

1. 检验

检验的目的在于保证竖轴与铅垂线方向一致，即水平度盘处于水平位置。

首先概略整平仪器，使管水准器与任意两个脚螺旋的连线平行，旋转脚螺旋使气泡居中，然后将照准部旋转180°，若气泡仍居中，则表示条件满足，否则应校正。

检验原理如图3-14所示，当气泡居中时，表明水准轴已水平，这时，若水准轴与竖轴是正交的，则竖轴应处于铅垂方向，水平度盘应处于水平位置；若水准轴与竖轴不正交，如图3-14（a）所示，竖轴与铅垂线将有夹角α，则水平度盘与水准轴的交角也为α。当照准部旋转180°时，气泡偏离，如图3-14（b）所示，因竖轴倾斜方向没变，可见水准轴与水平线的夹角为2α，气泡偏离零点的格值e就显示了2α角。

2. 校正

先旋转脚螺旋，改正气泡偏离格值的一半，即$\frac{e}{2}$，如图3-15（a）所示，使竖轴处于铅垂方向。剩下的一半$\frac{e}{2}$，用仪器校正针（即拨针）校正管水准器的校正螺丝，使气泡居中，如

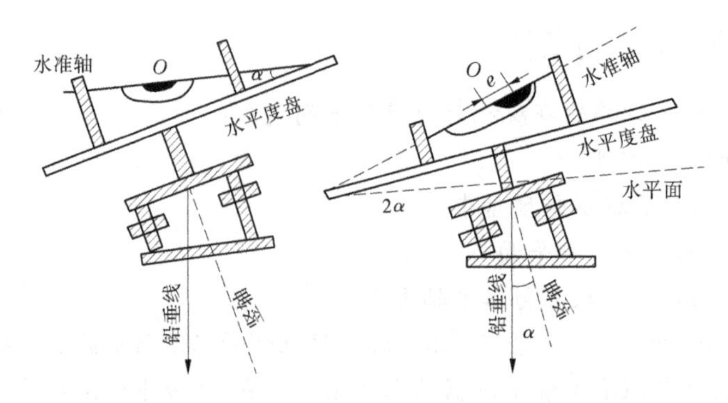

(a)气泡居中,水准轴水平　　(b)旋转照准部180°,气泡偏差为 e

图 3-14　水准轴应垂直于竖轴的检验原理

图 3-15(b)所示。校正时请注意:转动校正螺丝必须先松后紧,不可用力过猛;校正结束要适当拧紧被松动过的螺丝,否则校正结果将前功尽弃。

由以上结果可以看出,水准轴与竖轴不正交,其主要原因是管水准器两端支架高度被改变所致。此项检验、校正必须反复进行,直到照准部转到任何位置后气泡偏离值不大于1格。检校完成后,应附带校正圆水准器。

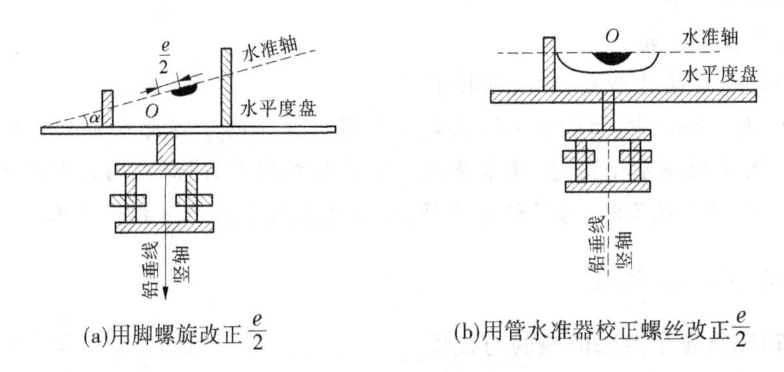

(a)用脚螺旋改正 $\frac{e}{2}$　　(b)用管水准器校正螺丝改正 $\frac{e}{2}$

图 3-15　校正示意图

(二)十字丝的竖丝应垂直于水平轴的检验与校正

1. 检验

检验目的在于保证十字丝的竖丝与照准面一致。

检验方法:用十字丝的交点精确瞄准一远方约与仪器同高的目标点,固定照准部和望远镜制动螺旋,微微转动望远镜的微动螺旋,使望远镜上、下微动,如果目标点不离开纵丝,说明此条件满足,否则需要校正,如图 3-16 所示。

2. 校正

打开十字丝环护盖,可见图 3-17 所示的校正装置,松开四个校正螺丝 E,轻轻转动十字丝环,直到满足要求(即让点 A 从 A' 处向竖丝移动偏离量的一半)。

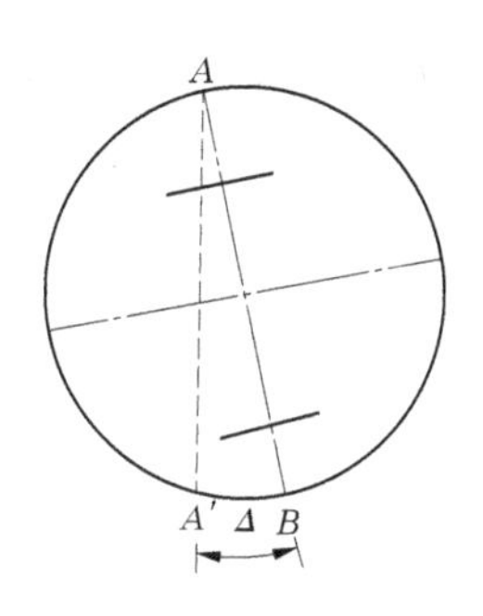

图 3-16　检验方法

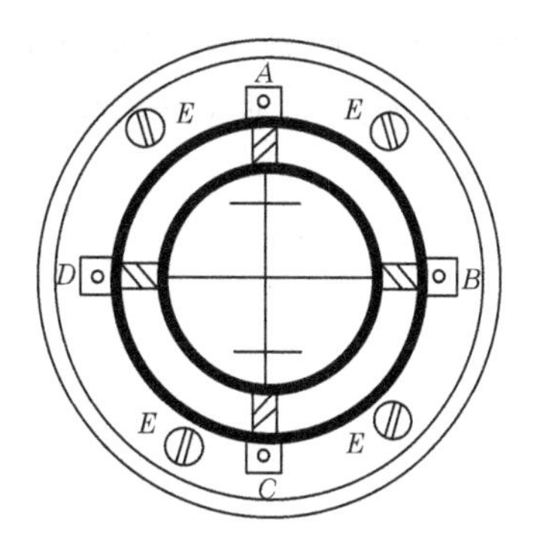

图 3-17　校正螺丝

此项检校需反复进行，直至上下转动望远镜时点 A 始终不离开竖丝。校正结束，应及时拧紧四个校正螺丝 E，旋上护盖。

此检校亦可用悬挂垂球的方法进行。即在距仪器十多米处悬挂一垂球，用望远镜照准，若十字丝竖丝与垂球线重合，表明条件满足；否则转动十字丝环，使竖丝与垂球线重合或平行即可。

（三）照准轴（视准轴）应垂直于水平轴的检验与校正

当水平轴（横轴）处于水平位置时，照准轴若与水平轴正交，则照准轴的仰俯面（照准面）是一个铅垂面。当照准轴围绕水平轴旋转时，其旋转面将是一个圆锥面。这种照准轴不垂直于水平轴的误差称为照准差，通常用 c 表示。

1. 检验

检验目的在于使照准面成为一铅垂面。该项检验方法较多，现分别叙述。

（1）第一种方法：选一平坦场地，在一条直线上确定 A、O、B 三点，安置经纬仪于 O 点，横置一支有毫米分划的小尺于 B 点（ OB 长应大于 10 m），A 点设一照准标志。以盘左位置照准 A 点，绕横轴倒转望远镜在小尺上读数得 m 点（见图 3-18(a)）。再以盘右位置照准 A 点，倒转望远镜在小尺上读数得 n 点（见图 3-18(b)）。若 m、n 两点重合，则条件满足。

如果视准轴不垂直于横轴，相差一 c 角，则盘左时 mB 之长为 $2c$ 的反映，盘右时 nB 之长亦为 $2c$ 的反映，即 mn 之长为 $4c$ 的反映。此时，c 值为

$$c = \frac{1}{4}\frac{mn}{OB}\rho$$

当 c 值大于 1′时，须校正仪器。

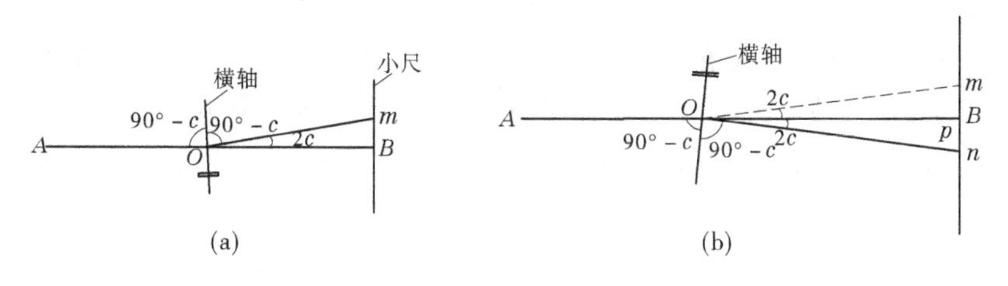

图 3-18　检验示意图（一）

（2）第二种方法：选一水平目标，用盘左、盘右观测之，取它们的读数差即得 2 倍的 c 值。

如图 3-19 所示，设水平目标为 A，盘左读数为 $\alpha'_{左}$，盘右读数为 $\alpha'_{右}$，令盘左时 c 值为正，则盘右时 c 值为负，它们的正确读数为

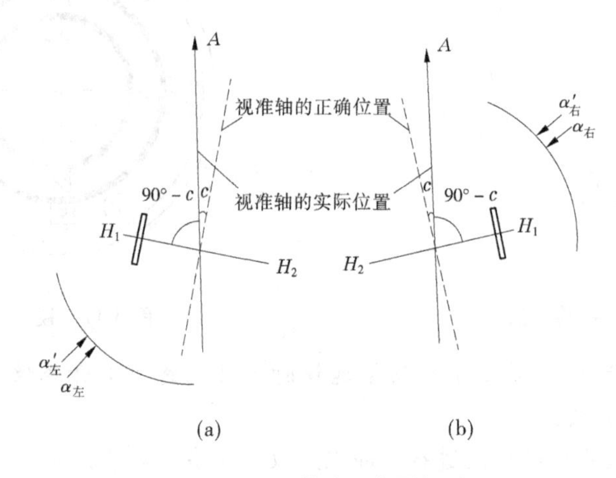

图 3-19　检验示意图（二）

$$\alpha_{左} = \alpha'_{左} - c$$

$$\alpha_{右} = \alpha'_{右} + c$$

因
$$\alpha'_{右} = \alpha_{左} \pm 180°$$

故
$$c = \frac{1}{2}(\alpha'_{左} - \alpha'_{右} \pm 180°)$$

通过上式计算得 c 值大小，当 c 值大于 1′时，须校正仪器。

2. 校正

（1）方法一的校正：当以盘右位置照准 A 点，倒转望远镜在小尺上读数得 n 点时，取 mn 的 1/4，得一 p 点（见图 3-18（b）），打开十字丝环护盖，用拨针调节十字丝环的左、右两个校正螺钉一松一紧，移动十字丝环，使十字丝交点对准 p 点即可。

（2）方法二的校正：校正时，按 $\alpha_{左} = \alpha'_{左} - c$ 或 $\alpha_{右} = \alpha'_{右} + c$ 求出盘左或盘右的正确读数，随后配置水平度盘读数（盘右位置）等于 $\alpha'_{右} + c$。这时视准轴偏离 A 点，则打开十字丝环护盖，用拨针调节十字丝环的左、右两个校正螺钉一松一紧，移动十字丝环，使十字丝交点对准 A 点即可（校正后，应将上、下校正螺钉上紧）。

（四）水平轴应垂直于竖轴的检验与校正

若水平轴垂直于竖轴，则经纬仪整平后水平轴应处于水平位置。这时，望远镜照准面为一铅垂面。若水平轴与水平线有一夹角 i，则望远镜照准面为一倾斜面，其倾角也为 i，此角称为水平轴误差（也称为 i 误差）。水平轴误差主要是缘于水平轴两端高度不等而产生的。因光学经纬仪的水平轴被密封在仪器壳内，故 i 角校正应由维修部门或厂家进行。下面只介绍检验方法。

1. 检验

检验的目的在于仪器整平后，水平轴（横轴）处于水平位置。

如图 3-20 所示，在离墙壁 20～30 m 的 O 点处安置经纬仪，使视线垂直墙壁。用盘左照准墙壁上高处一点 P，观测竖直角 $\alpha_{左}$。然后将望远镜下俯至水平位置，依十字丝交点在墙

壁上作标记点 A。

纵转望远镜取盘右位置，仍照准 P 点，观测竖直角 $\alpha_{右}$ 后，将望远镜下俯至水平位置，依十字丝交点在墙壁上作标记点 B。

若 A、B 两点重合，则条件满足，即水平轴误差为零；否则，需计算 i 角值。量取 A、B 两点间的距离，从图 3-20 可以看出，

$$\tan i = \frac{AC}{PC}$$

而

$$PC = S\tan\alpha$$

又因 i 角很小，所以

$$i \approx \tan i = \frac{AC}{S\tan\alpha}\rho \qquad (3\text{-}10)$$

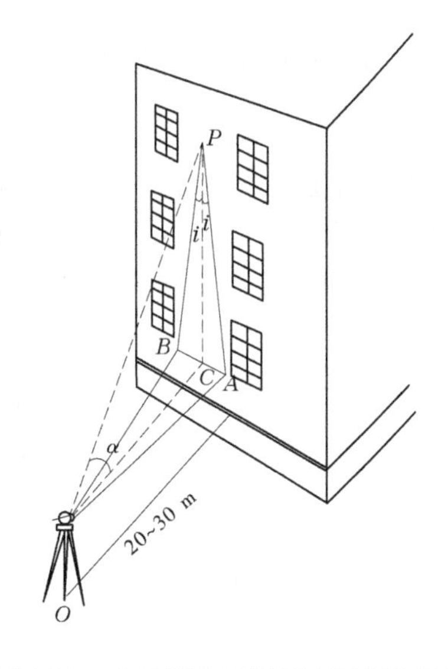

图 3-20　水平轴垂直于竖轴检验示意图

对于 J_6 型经纬仪而言，当通过式(3-10)算得的 i 角值大于 1′时，需校正。

2. 校正

当算得的 i 角值大于 1′时，需校正。校正应由专业人员完成。

（五）竖盘指标差的检验与校正

1. 检验

安置经纬仪，从盘左、盘右观测同一目标的竖盘读数，用式(3-8)计算指标差 x 值，如 $x=0$，则条件满足，否则需进行校正。

2. 校正

算出盘右位置时的竖盘准确读数，转动竖盘指标水准管微动螺旋，使竖盘读数等于正确的读数，此时，竖盘指标水准管气泡已偏离中央，用拨针拨动竖盘指标水准管校正螺丝，使气泡居中。

此项检验、校正需反复进行几次。

电子经纬仪简介

电子经纬仪是利用光电技术测角，带有角度数字显示和进行数据自动归算及存储装置的经纬仪。它使用微机控制的电子测角系统代替了光学经纬仪的光学读数系统，可将角度的电信号直接记入存储器，以便送入微机中进行计算。

电子经纬仪与光学经纬仪的根本区别在于它用微机控制的电子测角系统代替光学读数系统。其主要特点是：

(1)使用电子测角系统，能将测量结果自动显示出来，实现了读数的自动化和数字化。

(2)采用积木式结构，可与光电测距仪组合成全站型电子速测仪，配合适当的接口，可将电子手簿记录的数据输入计算机，实现数据处理和绘图自动化。

一、电子测角原理简介

电子测角仍然是采用度盘来进行的。与光学测角不同的是,电子测角是从特殊格式的度盘上取得电信号,根据电信号再转换成角度,并且自动地以数字形式输出,显示在电子显示屏上,并记录在储存器中。电子测角度盘根据取得电信号的方式不同,可分为光栅度盘测角、编码度盘测角和电栅度盘测角等,如图3-21所示。

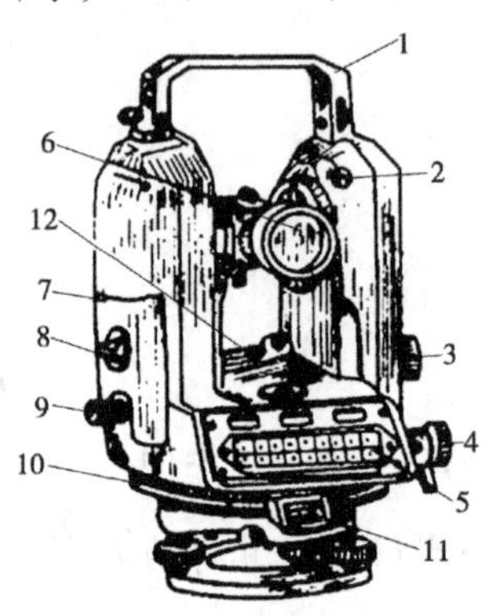

1—把手;2—电位器;3—望远镜制动、微动螺旋;4—水平制动、微动螺旋;
5—中央操纵面板;6—望远镜;7—内嵌式电池盒;8—内嵌式电池旋钮;
9—光学对中器;10—概略定向度盘;11—概略定向度盘放大镜;12—管水准器

图3-21

二、电子经纬仪的性能简介

电子经纬仪采用光栅度盘测角,水平、竖直角度显示读数分辨率为1″,测角精度达2″。DJD_2 电子经纬仪装有倾斜传感器,当仪器竖轴倾斜时,仪器会自动测出并显示其数值,同时显示对水平角和竖直角的自动校正。仪器的自动补偿范围为 ±3′。

三、电子经纬仪的使用

DJD_2 电子经纬仪使用时,首先要在测站点上安置仪器,在目标点上安置反射棱镜,然后瞄准目标,最后在操作键盘上按测角键,显示屏上即显示角度值。对中、整平以及瞄准目标的操作方法与光学经纬仪一样,键盘操作方法见使用说明书即可,在此不再详述。

项目小结

本项目主要讲述了角度测量原理、DJ_6 型光学经纬仪的基本构造和基本操作、角度测量的方法以及光学经纬仪的检验与校正等内容。在理解测角原理的基础上,要熟记水平角和竖直角的概念;在了解经纬仪基本构造的基础上,掌握经纬仪测量水平角和竖直角的方法,包含观测、记录、计算;了解经纬仪检验与校正的方法。

复习与思考题

1. 何为水平角？试绘图说明用经纬仪测量水平角的原理。

2. 测站点与不同高度的两点连线所组成的夹角是不是水平角？为什么？

3. 经纬仪的安置工作包括哪些内容？有何作用？如何进行？

4. 如何操作仪器使某方向的水平度盘读数为0°00′00″？

5. 试述测回法和方向测回法观测水平角的外业步骤记录和内业计算方法。

6. 经纬仪有哪些主要轴线？各轴线间应满足哪些条件？

7. 在水平角的观测中，盘左、盘右照准同一目标时，是否要照准目标的同一高度？为什么？

8. 经纬仪主要由哪几部分组成？经纬仪上有哪些制动螺旋与微动螺旋？

9. 用 DJ_6 型经纬仪观测一目标，盘左的竖盘读数为81°45′24″，盘右的竖盘读数为278°15′12″，试算竖直角及指标差。

项目四　距离测量和直线定向

项目概述

理解距离的概念,掌握直线定线、钢尺一般量距、普通视距测量的观测、记录、计算及其精度要求;熟悉罗盘仪的构造,掌握测定直线磁方位角的方法。利用所学知识减少测量误差的产生,提高观测精度。

学习目标

知识目标

理解距离的概念,掌握直线定线、钢尺一般量距、记录、计算及其精度要求。

技能目标

1. 能够熟练使用量距工具。
2. 掌握地面点的表示方法。
3. 能够使用量距工具对某具体地物进行水平距离丈量,结果达到精度要求。
4. 能够掌握目估法直线定线和钢尺丈量距离的一般方法。

【学习导入】

在现实中,两点之间的距离较长不能一次测量时,就必须学会距离丈量方法,以及直线定线,当要知道某一直线和另一直线的相对角度时,就要学会直线定向。

单元一　距离测量

一、量距工具

(一)钢尺

在工程测量中,测量两点之间的水平距离最常用的工具是钢尺。钢尺的长度有 20 m、30 m、50 m 等数种。根据钢尺零刻划位置的不同分为端点尺和刻线尺两种。端点尺以尺的最外端作为尺的零点,如图 4-1(a)所示。刻线尺是以尺前端的一刻划线作为尺长的零点,如图 4-1(b)所示。

(二)其他辅助工具

钢尺量距中使用的辅助工具主要有标杆、测钎、垂球等。标杆(见图 4-2(a))长 2 ~ 3

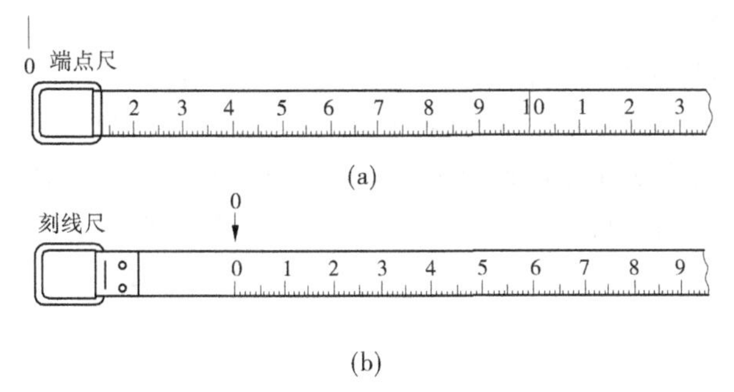

图 4-1　钢尺

m,杆上涂以 20 cm 间隔的红白漆,用来标定直线。测钎(见图 4-2(b))是用粗钢丝制成的,长约 30 cm,一端磨尖,便于插入土中,主要用来标志尺段端点位置和计算整尺段数。垂球也称线锤,如图 4-2(c)所示,是倾斜地面量距的投点工具。如图 4-2(d)所示,弹簧秤用于对钢尺施加一定的拉力,温度计用于测定钢尺量距时的温度,以便对钢尺长度进行改正。

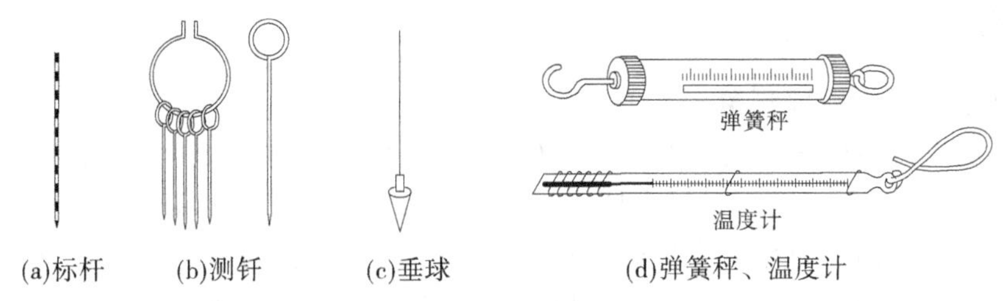

图 4-2　量距辅助工具

二、直线定线

当地面上两点间的距离大于钢尺的一个尺段时,需要在直线方向上标定若干分段点以便于钢尺分段测量。直线定线的目的是使这些分段点在待量直线端点的连线上,其方法有目测定线和经纬仪定线两种。

(一)目测定线

目测定线适用于钢尺量距的一般方法。如图 4-3 所示,设 A、B 两点通视良好,要在 A、B 两点的直线上标出分段点 1、2。先在 A、B 点上竖立标杆,甲站在 A 点标杆后约 1 m 处,指挥乙左右移动标杆,直到甲从在 A 点沿标杆的同一侧看到 A、2、B 三支标杆成一条线。同法可以定出直线上的其他点。两点间定线,一般应由远到近,即先定 1 点,再定 2 点。定线时,乙所持标杆应竖直。此外,为了不挡住甲的视线,乙应持标杆站立在直线方向的左侧或右侧。

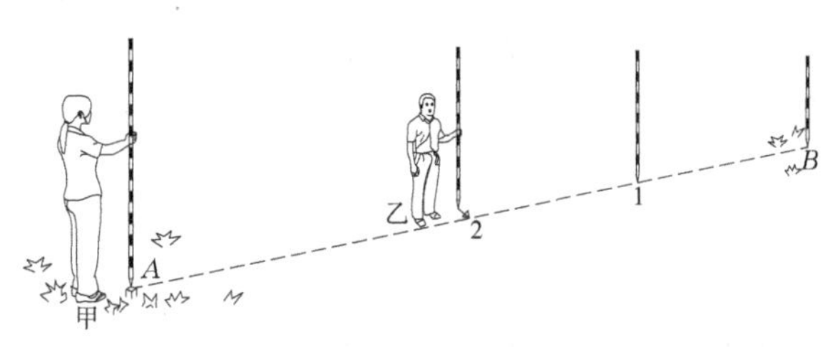

图 4-3　目测定线

(二)经纬仪定线

经纬仪适用于钢尺量距的精密方法。

如图 4-4 所示,在 A 点安置经纬仪,对中整平后照准 B 点,制动照准部,使望远镜向下俯视,用手势指挥另一人移动标杆直到与十字丝纵丝重合时,在标杆的位置插入测钎准确定出 1 点的位置。根据需要可按此方法依次定出 2 点、3 点、4 点等。

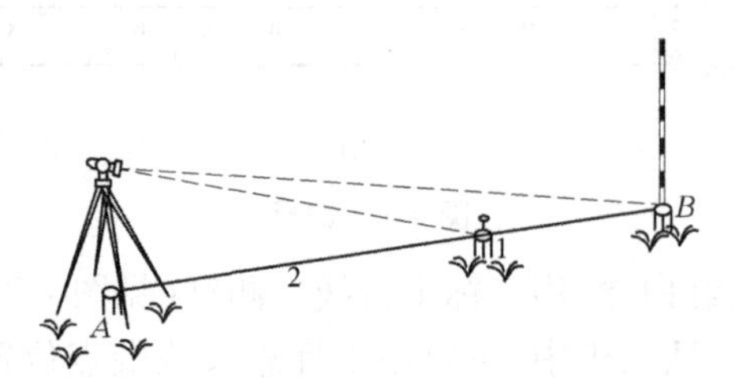

图 4-4 经纬仪定线

三、钢尺量距的一般方法

(一)平坦地面的距离测量

一般方法进行距离测量至少由 2 人进行,如图 4-5 所示,清除待量直线上的障碍物后,在直线两端点 A、B 竖立标杆,后尺手持钢尺的零端点位于 A 点,前尺手持钢尺的末端和一组测钎沿 AB 方向前进,行至一个尺段处停下。后尺手用手势指挥前尺手将钢尺拉在 AB 直线上,后尺手将钢尺的零点对准 A 点,当两人同时把钢尺拉紧后,前尺手在钢尺末端的整尺段分划处竖直插下一根测钎得到 1 点,即量完一个尺段。前、后尺手抬尺前进,当后尺手到达测钎或记号处时停住,再重复上述操作,量完第二尺段。后尺手拔起地上的测钎,依次前进,直到量完 AB 直线的最后一段。

图 4-5 平坦地面的距离测量

最后一段距离一般不会刚好是整尺段的长度,称为余长,则最后 A、B 两点间的水平距离为

$$D = nl + l' \tag{4-1}$$

式中 D——水平距离;

n——整尺段数;

l——整尺段长度;

l'——余长。

为防止出错并提高精度,一般要往、返各量一次,返测时要重新定线和测量。钢尺量距的精度常用相对误差 K 来衡量,即

$$K = \frac{|D_{往} - D_{返}|}{D_{平均}} = \frac{1}{\frac{D_{平均}}{|D_{往} - D_{返}|}} \tag{4-2}$$

式中 $D_{平均}$——往、返距离的平均值。

在平坦地区，钢尺量距的相对误差不应大于1/3 000；量距困难地区，相对误差不应大于1/1 000。如果满足这个要求，则取往测和返测的平均值作为该两点间的水平距离，即

$$D = D_{平均} = \frac{1}{2}(D_{往} + D_{返}) \tag{4-3}$$

（二）倾斜地面的距离测量

1. 平量法

沿倾斜地面测量距离，当地势起伏不大时，可将钢尺拉平测量。如图4-6所示，平量法AB间距离为

$$D = \sum_{i=1}^{n} l_i \tag{4-4}$$

注意：为了得到校核，需要进行两次同方向测量，不采用往、返测量。计算方法同平坦地面，即按式(4-2)和式(4-3)计算。

2. 斜量法

如图4-7所示，如果地面上两点A、B间的坡度较均匀，可先用钢尺量出AB间的倾斜距离L，再测量出AB的高差h，则AB两点间的水平距离D可由下式计算，即

$$D = \sqrt{L^2 - h^2} \tag{4-5}$$

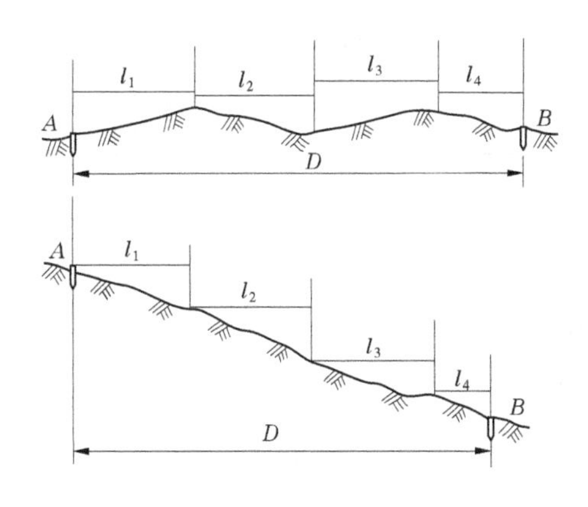

图4-6 平量法示意图

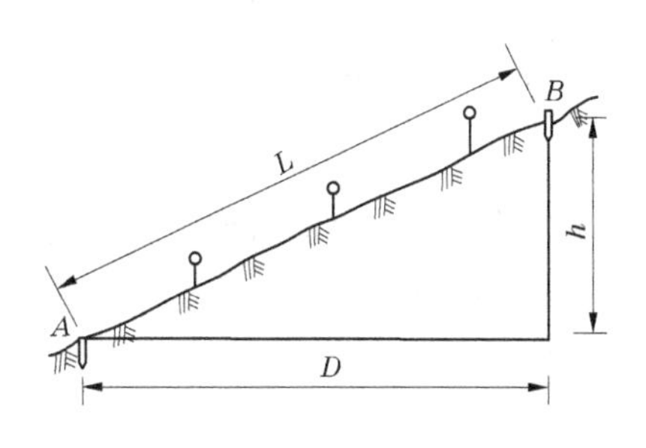

图4-7 斜量法示意图

四、钢尺量距的误差

（一）尺长误差

用未经检定的钢尺量距，则测量结果含有尺长误差，这种误差具有系统积累性。即使钢尺经过检定，并在成果中进行了尺长改正，但是还会存在尺长的残余误差。

（二）温度变化的误差

尽管在测量结果中进行了温度改正，但距离中仍存在因温度影响而产生的误差，这是因

为温度计通常测定的是空气的温度,而不是钢尺本身的温度。

(三)拉力误差

钢尺在测量时的拉力不同而产生误差,故在精密量距中应使用弹簧秤来控制拉力。

(四)钢尺倾斜和垂曲误差

直接测量水平距离时,如果钢尺不水平或中间下垂成曲线,则会使所量的距离增长。因此,测量时必须保持尺子水平。

(五)定线误差

定线时中间各点没有严格定在所量直线的方向上,所量距离不是直线而是折线,折线总是比直线长。当距离较长或量距精度较高时,可利用仪器定线。

(六)测量误差

测量误差包括钢尺刻划对点误差、测钎安置误差和读数误差等。所有这些误差都是偶然误差,其值可大可小,可正可负。在测量结果中会抵消一部分,但不能全部抵消,故仍然是测量工作的一项主要误差来源。因此,在操作时应认真仔细,配合默契。

【例4-1】 在测量工作中要确定两点之间的相对位置,不仅要知道两点间的距离,还必须测量这两点确定的直线的方向。一条直线的方向是根据某一标准方向线来确定的,确定直线与标准方向线之间的角度关系称为直线定向。表4-1是某工地测量员从各处获取的四条直线的有关信息。

表4-1　直线的有关信息

直线	所在象限	方位角	象限角	反方位角
AB	Ⅰ	60°35′		
CD			N45°08′W	
EF	Ⅲ		N57°24′W	
GH				305°16′

解:

(1)测量直线定向使用的标准方向包括(　　)。

A. 道路中心线　　B. 真子午线方向

C. 磁子午线方向　　D. 主要建筑的纵轴方向

E. 坐标纵轴方向

(2)下列对本例的叙述,(　　)是正确的。

A. 直线 *AB* 的坐标方位角是60°35′

B. 直线 *CD* 位于第二象限

C. 直线 *EF* 的坐标方位角是237°24′

D. 直线 *GH* 的坐标象限角是S54°44′E

E. 直线 *EF* 的坐标象限角是南偏西57°24′

(3)测量直线定向使用的标准方向不包括(　　)。

A. 道路中心线　　B. 主要建筑的主要定位轴线

C. 磁子午线方向　　D. 真子午线方向

E. 坐标纵轴方向

(4)下列对本例的叙述,(　　)是错误的。

A. 直线 AB 的反方位角是 240°35′

B. 直线 CD 的坐标方位角是 314°52′

C. 直线 EF 的坐标方位角是南偏西 57°24′

D. 直线 GH 的坐标象限角是 S54°44′W

E. 直线 GH 的坐标方位角是 125°16′

【案例提示】

(1) BCE　　(2)ACDE　　(3)AB　　(4)CD

单元二　视距测量

视距测量是根据几何光学和三角测量原理测距的一种方法。普通视距测量精度一般仅为 1/300～1/200,但由于操作简便,不受地形起伏限制,可同时测定距离和高差,被广泛应用于测距精度要求不高的地形测量中。

一、普通视距测量的原理

经纬仪、水准仪等光学仪器的望远镜中都有与横丝平行、上下等距对称的两根短横丝,称为视距丝。利用视距丝配合标尺就可以进行视距测量。

(一)视线水平时的水平距离和高差公式

如图 4-8 所示,在 A 点安置经纬仪,在 B 点竖立视距尺,用望远镜照准视距尺,当望远镜视线水平时,视线与尺子垂直。上、下视距丝读数之差称为视距间隔或尺间隔,用 l 表示。

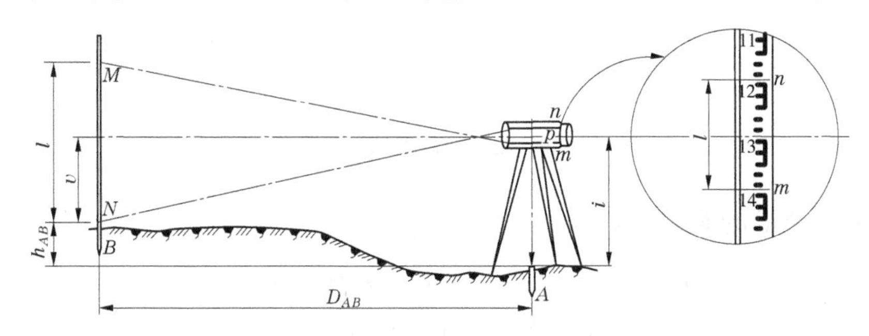

图 4-8　视线水平时的视距测量

根据透镜成像原理,可得 A、B 两点间的水平距离公式,即

$$D_{AB} = Kl + C \tag{4-6}$$

式中　K——视距乘常数,通常 $K = 100$;

　　C——视距加常数。

对于内对光望远镜,其视距加常数 C 接近零,可以忽略不计,故水平距离公式变为

$$D_{AB} = Kl = 100l \tag{4-7}$$

相应的 A、B 两点间的高差公式为

$$h_{AB} = i - v \tag{4-8}$$

式中　i——仪器高,指桩顶到仪器水平轴的高度;

v——中丝在标尺上的读数。

(二)视线倾斜时的水平距离和高差公式

如图4-9所示,视准轴倾斜时,由于视线不垂直于视距尺,所以不能直接应用式(4-7)计算视距。由于φ角很小,约为34′,所以将$\angle MOM'$、$\angle NON'$视为直角,也即只要将视距尺绕与望远镜视线的交点O旋转如图4-9所示的α角后就能与视线垂直,并有

$$l' = l\cos\alpha \tag{4-9}$$

则望远镜旋转中心Q与视距尺旋转中心O的视距为

$$S = Kl' = Kl\cos\alpha \tag{4-10}$$

由此求得A、B两点间的水平距离公式为

$$D = S\cos\alpha = Kl\cos^2\alpha \tag{4-11}$$

相应的A、B两点间的高差公式为

$$h_{AB} = h' + i - v = S\sin\alpha + i - v = \frac{1}{2}Kl\sin2\alpha + i - v \tag{4-12}$$

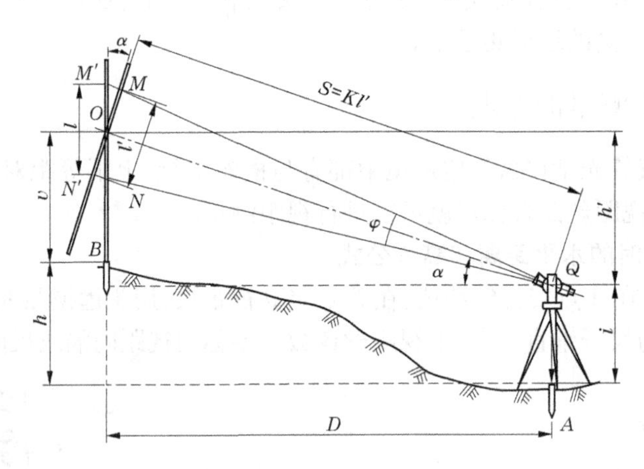

图4-9　视线倾斜时的视距测量

二、视距测量的施测方法

(1)如图4-9所示,在A点安置经纬仪,量取仪器高i,在B点竖立视距尺。

(2)在经纬仪的盘左(或盘右)位置,转动照准部瞄准B点视距尺,分别读取尺间隔l和中丝读数v。

(3)转动竖盘指标水准管微动螺旋,使竖盘指标水准管气泡居中,读取竖盘读数,并计算竖直角α。

(4)根据尺间隔l、竖直角α、仪器高i及中丝读数v,按式(4-11)和式(4-12)计算水平距离D和高差h。

【例4-2】　如图4-9所示,经纬仪安置在A点,量得仪器高$i=1.52$ m,在B点竖立视距尺,在经纬仪的盘左位置,转动照准部瞄准B点视距尺,读得尺间隔$l=0.66$ m和中丝读数$v=1.25$ m;读取竖盘读数$L=80°44'00''$。已知A点高程$H_A=102.15$ m,求A、B两点的水平距离和B点的高程H_B。

解:竖直角　　$\alpha=90°-L=9°16'00''$

A、B 两点的水平距离为

$$D_{AB}=Kl\cos^2\alpha=100\times0.66\times(\cos9°16'00'')^2=64.29(\text{m})$$

A、B 两点的高差为

$$\begin{aligned}h_{AB}&=\frac{1}{2}Kl\sin2\alpha+i-v\\&=\frac{1}{2}\times100\times0.66\times\sin(2\times9°16'00'')+1.52-1.25\\&=10.76(\text{m})\end{aligned}$$

B 点的高程为

$$H_B=H_A+h_{AB}=102.15+10.76=112.91(\text{m})$$

三、视距测量的误差

(一)视距乘常数 K 的误差

仪器出厂时视距乘常数 $K=100$,但由于视距丝间隔有误差,视距尺有系统性刻划误差,以及仪器检定的各种因素影响,都会使 K 值不一定恰好等于 100。K 值的误差对视距测量的影响较大,不能用相应的观测方法予以消除。

(二)用视距丝读取尺间隔的误差

视距丝的读数是影响视距测量精度的重要因素,视距丝的读数误差与尺子最小分划的宽度、距离的远近、成像清晰情况有关。

(三)标尺倾斜误差

视距计算的公式是在视距尺严格垂直的条件下得到的。若视距尺发生倾斜,将给测量带来不可忽视的误差影响,因此测量时立尺要尽量竖直。在山区作业时,由于地表有坡度而给人以一种错觉,使视距尺不易竖直,因此应采用带有水准器装置的视距尺。

(四)大气折光的影响

大气密度分布是不均匀的,特别在晴天接近地面部分密度变化更大,使视线弯曲,给视距测量带来误差。

(五)空气对流使视距尺的成像不稳定

空气对流的现象在晴天、视线通过水面上空和视线离地表太近时较为突出,成像不稳定造成读数误差增大,对视距精度影响很大。

单元三　电磁波测距

电磁波测距是用电磁波(光波或微波)作为载波传输测距信号来测量距离的。与传统测距方法相比,它具有精度高、测程远、作业快、几乎不受地形条件限制等优点。

电磁波测距仪按其所用的载波可分为:①用微波作为载波的微波测距仪;②用激光作为载波的激光测距仪;③用红外光作为载波的红外测距仪。后两者统称光电测距仪。微波测距仪与激光测距仪多用于长距离测距,测程可达数十千米,一般用于大地测量。光电测距仪属于中、短程测距仪,一般用于小地区控制测量、地形测量、房产测量等。本单元主要介绍光电测距仪。

一、光电测距原理

光电测距是通过测量光波在待测距离上往、返一次所经过的时间 t,间接地确定两点间距离。如图 4-10 所示,测距仪安置在 A 点,反射棱镜安置在 B 点,测距仪发射的光波经反射棱镜反射回来后被测距仪所接收。测量出光波在 A、B 两点间往、返传播的时间 t,则距离 D 为

$$D = \frac{1}{2}ct \tag{4-13}$$

式中 c——光波在空气中的传播速度。

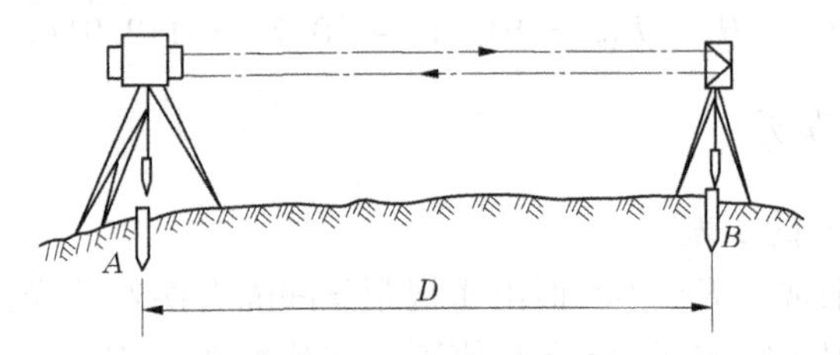

图 4-10　光电测距原理

光电测距仪按照 t 的测定方法不同,可分为脉冲法(直接测定时间)和相位法(间接测定时间)两种。由于脉冲宽度和测距仪计时分辨率的限制,脉冲法测距的精度较低,因此一般精密测距仪都采用相位法间接测定时间。

相位法测距是通过测量调制光波在待测距上往、返传播所产生的相位差 φ 代替测定时间 t,来解算距离 D。将调制光的往程和返程展开,得到如图 4-11 所示的波形。设光波的波长为 λ,如果整个过程光传播的整波长数为 N,最后一段不足整波长,其相位差为 $\Delta\varphi$(数值小于 2π),对应的整波长数为 $\Delta\varphi/2\pi$,可见图中 AB 间的距离为全程的一半,即

$$D = \frac{1}{2}\lambda\left(N + \frac{\Delta\varphi}{2\pi}\right) \tag{4-14}$$

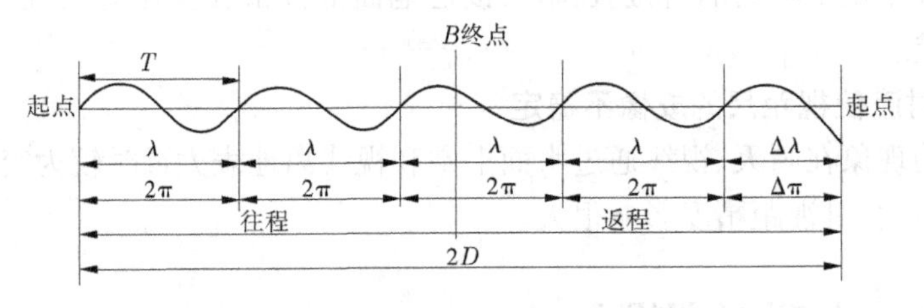

图 4-11　相位法测距原理

相位式光电测距仪只能测出不足 2π 的相位差 $\Delta\varphi$,测不出整波长数 N,因此只能测量小于波长的距离。当 $N=0$ 时,式(4-14)为

$$D = \frac{\lambda}{2}\frac{\Delta\varphi}{2\pi} \tag{4-15}$$

为了扩大测程,应选择波长 λ 比较大的光尺,但光电测距仪的测相误差约为 1/1 000,光尺越长,误差越大。为了解决扩大测程和提高精度的矛盾,短程光电测距仪通常采用两个调制频率,即两种光尺。通常长光尺(称为粗尺)的调制频率为 150 kHz,波长为 2 000 m,用于

测定百米、十米和米；短光尺（称为精尺）的调制频率为 15 MHz，波长为 20 m，用于测定米、分米、厘米和毫米。

二、测程及测距仪的精度

光电测距仪按测程远近可分为短程光电测距仪（3 km 以内）、中程光电测距仪（3 ~ 15 km）和远程光电测距仪（大于 15 km）；按精度划分为Ⅰ级（$|m_D| \leqslant 5$ mm）、Ⅱ级（5 mm < $|m_D| \leqslant 10$ mm）和Ⅲ级（10 mm < $|m_D| \leqslant 20$ mm）测距仪，其中 $|m_D|$ 为 1 km 的测距中误差。

光电测距仪的精度是仪器的重要技术指标之一。光电测距仪的标称精度公式为

$$m_D = \pm (a + bD) \tag{4-16}$$

式中　a——固定误差，mm；

b——比例误差（与距离 D 成正比），mm/km，又写为 ppm，即 1 ppm = 1 mm/km，也即测量1 km 的距离有1 mm 的比例误差；

D——距离，km。

故式（4-16）可写成

$$m_D = \pm (a + b\text{ppm} \times D) \tag{4-17}$$

三、光电测距仪及其使用方法

光电测距仪包括主机、反射棱镜和电池三部分。以常州大地测距仪厂生产的 D2000 系列之一——D2020 型红外光电测距仪为例，本单元主要介绍光电测距仪的使用方法。

（一）D2020 型红外光电测距仪的结构

D2020 型红外光电测距仪的结构见图 4-12，该测距仪主机可通过连接器安置在普通光学经纬仪或电子经纬仪上，连接后如图 4-13 所示。利用光轴调节螺旋，可使测距仪主机的光轴与经纬仪视准轴位于同一竖直面内。如图 4-14 所示，测距仪水平轴到经纬仪水平轴的高度与觇牌中心到反射棱镜的高度相同，因而经纬仪瞄准觇牌中心的视线与测距仪瞄准反射棱镜中心的视线能保持平行。

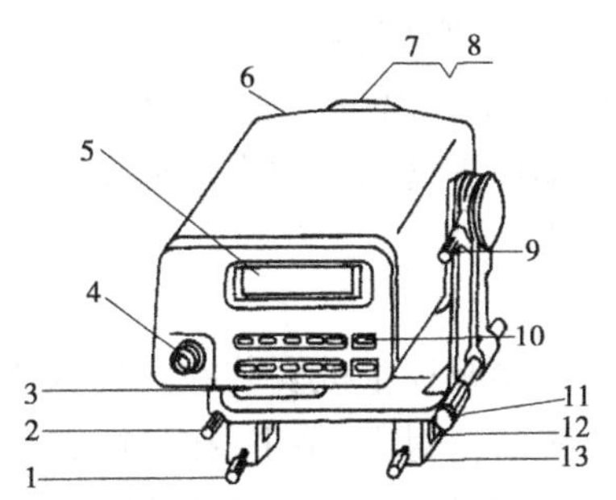

1—座架固定手轮；2—照准轴水平调整手轮；3—电池；4—望远镜目镜；5—显示器；6—RS－232 接口；7—物镜；8—物镜罩；9—俯仰固定手轮；10—键盘；11—俯仰调整手轮；12—间距调整螺旋；13—座架

图 4-12　D2020 型红外光电测距仪的结构

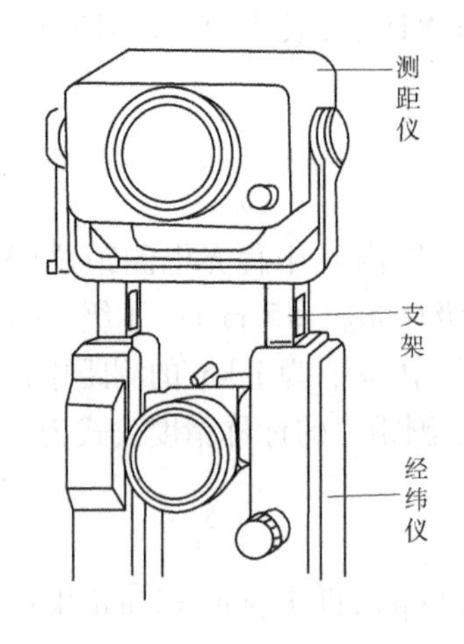

图4-13 光电测距仪与经纬仪的连接

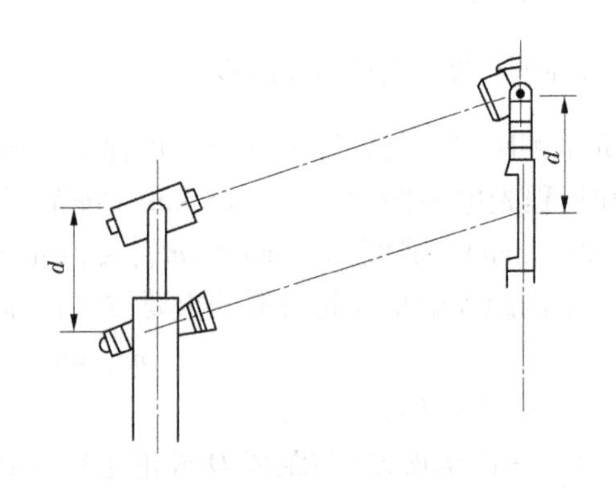

图4-14 视线平行示意图

(二)D2020型红外光电测距仪主要技术指标和功能

1. 技术指标

最大测程:单棱镜1.8 km,三棱镜2.5 km。

测距精度:±(5 mm+3 ppm×D)。

最大显示距离:9 999.999 m。

工作温度:-20~+50 ℃。

测量时间:跟踪测量0.8 s,连续测量3 s。

功耗:3.6 W。

2. 主要功能

具有单次测量、连续测量、跟踪测量、预置测量和平均测量5种测量方法;输入温度、气压和棱镜常数,测距仪可自动对结果进行改正。

输入竖直角则可自动计算出水平距离和高差。

通过距离预置功能输入已知水平距离进行定线放样。

输入测站坐标和高程,可自动计算观测点的坐标和高程。

(三)红外光电测距仪的使用

1. 安置仪器

先在测站上安置好经纬仪,将测距仪主机安装在经纬仪支架上,连接器固定螺丝锁紧,将电池插入主机底部,扣紧。将经纬仪对中,整平,在目标点安置反射棱镜,对中,整平,并使镜面朝向主机。

2. 观测竖直角、气温和气压

目的是对测距仪测量出的斜距进行倾斜改正、温度改正和气压改正,以得到正确的水平距离。用经纬仪十字丝的水平丝照准觇牌中心,测出竖直角α。同时,观测并记录温度和气压计上的气压值。

3. 测距准备

按电源开关键PWR开机,主机自检并显示原设定的温度、气压和棱镜常数值,自检通过后将显示“Good”。若修正原设定值，可按 TPC 键后输入温度、气压值或棱镜常数。一般情况下，尽量使用同一类反光镜，棱镜常数不变，而温度、气压每次观测均可能不同，需要重新设定。

4.距离测量

调节测距仪主机水平调整手轮（或经纬仪水平微动螺旋）和主机俯仰微动螺旋，使测距仪望远镜精确瞄准棱镜中心。在显示“Good”的状态下，可根据蜂鸣器声音来判断瞄准的程度，信号越强，声音越大，上下左右微动测距仪，使蜂鸣器的声音达到最大，便完成了精确瞄准，测距仪显示器上显示“ * ”号。

精确瞄准完成后，按 MSR 键，主机将测定并显示经温度、气压和棱镜常数改正后的斜距。利用测距仪可直接将斜距换算为水平距离，按 V/H 键后输入竖直角数值，再按 SHV 键显示水平距离。连续按 SHV 键可依次显示斜距、水平距离和高差的数值。

（四）光电测距仪使用注意事项

（1）严禁将照准头对准太阳或其他强光源，以免损坏仪器光电器件，阳光下作业应打伞。

（2）仪器应在通视良好、大气较稳定的条件下使用，测线应离地面障碍物 1.3 m 以上，避免通过发热体和较宽水面的上空。

（3）仪器视线两侧及反光镜后面不能有其他强光源或反光镜等背景干扰，并尽量避免逆光观测。

（4）注意电源接线，观测时要经常检查电源电压是否稳定，电压不足应及时充电，观测完毕要注意关机，不可带电迁站。

（5）要经常保持仪器清洁和干燥，使用和运输过程中要注意防潮防震。

单元四　电子全站仪

随着光电测距和电子计算机技术的发展，20 世纪 60 年代末出现了把电子测距、电子测角和微处理机结合成一个整体，能自动记录、存储并具备某些固定计算程序的电子速测仪。因该仪器在一个测站点能快速进行三维坐标测量、定位和自动数据采集、处理和存储等工作，较完善地实现了测量和数据处理过程的电子化和一体化，所以称为全站型电子速测仪，通常又称为电子全站仪，或简称全站仪。

一、全站仪的结构和特性

（一）全站仪的结构

全站仪主要由电子测角、光电测距和数据微处理系统组成。按结构形式，全站仪可分为组合式和整体式两种类型。组合式全站仪是将电子经纬仪、红外测距仪和微处理器通过一定的连接器构成一个组合体。这种仪器的优点是能由系统的现有构件组成，还可通过不同的构件进行灵活多样的组合。当个别构件损坏时，可以用其他构件代替，具有很强的灵活性。这种组合式的速测仪在我国 20 世纪 80 年代末和 90 年代在一些测绘单位使用比较普遍，现在基本上被淘汰。整体式全站仪是在一个仪器外壳内包含有电子经纬仪、红外测距仪和电子微处理器。这种仪器的优点是电子经纬仪和红外测距仪使用共同的光学望远镜，角

度测量和距离测量只需瞄准一次,测量结果能自动显示并能与外围设备双向通信,其优点是体积小、结构紧凑、操作方便、精度高。

(二)全站仪的特性

目前使用的全站仪一般都具备如下的一些功能和特性。

1. 自检与改正功能

仪器误差对测角精度的影响,主要是由仪器的三轴之间关系不正确造成的。在光学经纬仪中主要是通过对三轴之间关系的检验与校正,减少仪器误差对测角精度的影响。在全站仪中主要是通过所谓"自动补偿"实现的。最新的全站仪已实现了"三轴"补偿功能(补偿器的有效工作范围一般为 ±3′),即全站仪中安装的补偿器,能自动检测或改正由仪器垂直轴倾斜而引起的测角误差,通过仪器视准轴误差和横轴误差的检测结果计算出误差值,必要时由仪器内置程序对所观测的角度加以改正,从而使观测得到的结果是在正确的轴系关系条件下的观测结果。因此,仅就这点来说,全站仪工作的稳定性和精度可靠性要高于光学经纬仪。

2. 大容量内存

现在生产的全站仪都配置了内部存储器,而且容量越来越大,从以前只存储几百个点的坐标数据或测量数据,发展到现在储存上万个点的坐标数据或观测数据,有的全站仪内存已经达到了数十兆。

3. 双向传输功能

全站仪与计算机之间的通信,不仅可以将全站仪的内存中的数据文件传送到计算机,还可以将计算机中的坐标数据文件和编码库数据或程序传送到全站仪的内存中,或由计算机实时控制全站仪的工作状态,也可以对全站仪内的软件进行升级,拓展其功能。

4. 程序化

程序化是指在全站仪的内存中存储了一些常用的测量作业程序,更好地满足了专业测量的要求。全站仪除具有基本的测量功能,如角度测量、距离测量、坐标测量外,还具有特殊的测量程序,如放样测量、对边测量、悬高测量、后方交会、面积测量、偏心测量等。内置程序能够实时提供观测过程并计算出最终结果。观测者只要能够按仪器中的设定进行观测,即可以现场给出结果,通过程序将内业计算工作直接在外业完成。

5. 操作方便

全站仪的发展使得它操作更加方便。现在大多数全站仪都采用了汉化的中文界面,显示屏更大,字体更清晰、美观;操作键采用软键和数字键盘相结合的方式,按键方便,易学易用。

6. 智能化

现今推出了许多智能型全站仪,如 Leica 公司的带目标自动识别、伺服马达驱动与镜站遥控功能的 TPS 系列和 TCA 系列;南方公司推出的 Windows CE 操作系统、带图形显示、下拉菜单的全中文智能型全站仪。这些仪器的应用,极大地提高了测量自动化的程度,提高了作业效率。

二、全站仪的基本使用方法

下面以国产南方 NTS－352 全站仪为例,介绍全站仪的使用方法。

(一)南方 NTS－352 全站仪简介

图 4-15 为南方 NTS－352 全站仪外形,有两面操作按键及显示窗。

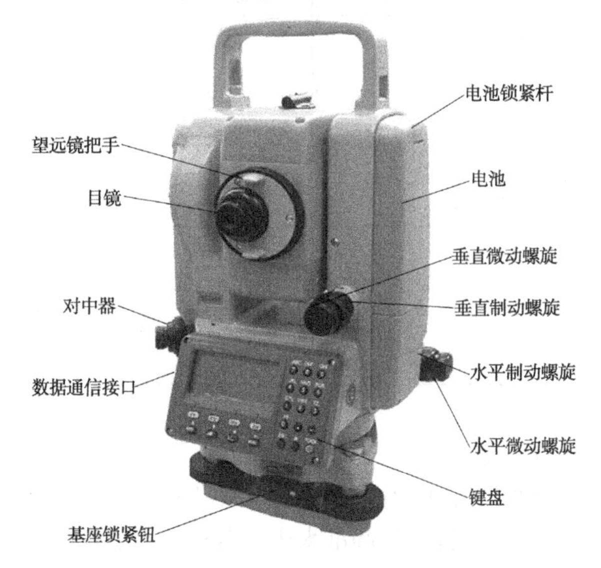

图 4-15　南方 NTS－352 全站仪

仪器的主要性能指标如下：

测角精度：±2″;测距精度：±(3 mm＋$2\times10^{-6}D$)。

测程:1.8 km/一块棱镜,2.6 km/三棱镜组。

仪器具有充足的内存空间,能存储坐标数据 8 000 个点,可同时存储测量数据(原始数据)和坐标数据各 3 000 个点。

为了便于观测,仪器双面都有显示窗,见图 4-16。

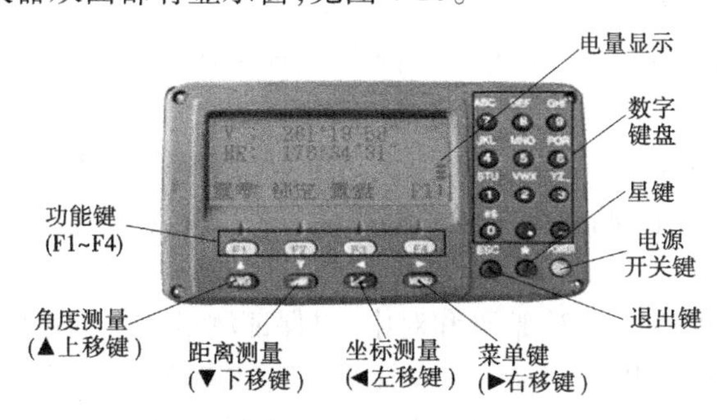

图 4-16　全站仪显示窗

显示窗采用点阵式液晶显示,可显示 4 行,每行 20 个字符。通常前三行显示测量数据,最后一行是测量模式功能键,其他键见图示说明,显示符号的意义见表 4-2。

表 4-2 南方 NTS－352 全站仪显示符号的意义

显示符号	内容	显示符号	内容
V%	竖直角(坡度显示)	E	东向坐标
HR	水平角(右角)	Z	高程
HL	水平角(左角)	*	EDM(电子测距)正在进行
HD	水平距离	m	以米为单位
VD	高差	ft	以英尺为单位
SD	斜距	fi	以英尺与英寸为单位
N	北向坐标		

(二)全站仪使用的注意事项

全站仪是一种较精密的仪器,使用时要特别注意以下事项:

(1)日光下测量应避免将物镜直接瞄准太阳。若在太阳下作业,应给仪器打伞。

(2)仪器不使用时,应将其装入箱内,置于干燥处,注意防震、防尘和防潮。

(3)仪器安装至三脚架或拆卸时,要一只手先握住仪器,以防仪器跌落。

(4)迁站时,务必将仪器从三脚架上取下。

(5)外露光学件需要清洁时,应用脱脂棉或镜头纸轻轻擦净,切不可用其他物品擦拭。

(6)仪器使用完毕后,用绒布或毛刷清除仪器表面灰尘。仪器被雨水淋湿后,切勿通电开机,应用干净软布擦干并在通风处放一段时间。

(7)作业前应仔细全面检查仪器,确信仪器各项指标、功能、电源、初始设置和改正参数均符合要求时再进行作业。

(8)即使发现仪器功能异常,非专业维修人员不可擅自拆开仪器,以免发生不必要的损坏。

(9)每次取下电池盒时,都必须先关掉仪器电源,否则仪器易损坏。在进行测量的过程中,千万不能不关机拔下电池,否则测量数据将会丢失。电池充电应用专用充电器。

(三)测量前的准备

将仪器安装在三脚架上,精确整平和对中,以保证测量成果的精度。然后打开电源开关(POWER 键),确认棱镜常数值(PSM)和大气改正值(PPM),并确认显示窗中有足够的电池电量。“▬”表示电池电量,有三个“▬”表示电池电量充足,有一个“▬”表示电池电量不足,但还可以测量。当“▬”出现闪烁或显示“电池电量不足”(电池用完)时,应及时更换电池或对电池进行充电。

(四)工作模式设置

按 $\boxed{F_4}$ 键的同时,打开电源,仪器进入作业模式状态,可进行单位设置、模式设置和其他设置。具体内容见表 4-3。

表4-3　工作模式设置

菜单	项目	选择项	内容
单位设置	英尺	F1：美国英尺 F2：国际英尺	选择m/f转换系数 美国英尺:1 m = 3.280 333 333 333 3 ft 国际英尺:1 m = 3.280 839 895 013 123 ft
	角度	度(360°) 哥恩(400 G) 密位(6 400 M)	选择测角单位:DEG/GON/MIL(度/哥恩/密位)
	距离	m/ft/ft. in	选择测距单位:m/ft /ft + in(米/英尺/英尺. 英寸)
	温度 气压	温度:℃/ ℉ 气压:hPa /mmHg/inHg	选择温度单位:℃/℉ 选择气压单位:hPa /mmHg/inHg
模式设置	开机模式	测角/测距	选择开机后进入测角模式或测距模式
	精测/跟踪	精测/跟踪	选择开机后的测距模式,精测/跟踪
	HD和VD /SD	平距和高差/斜距	说明开机后的数据项显示顺序,平距和高差或斜距
	垂直零/水平零	垂直零/水平零	选择竖直角读数从天顶方向为零基准或水平方向为零基准计数
	*N*次测量/复测	*N*次测量/复测	选择开机后测距模式,*N*次/重复测量
	测量次数	0 ~ 99	设置测距次数,若设置为1次,即为单次测量
	测距时间	1 ~ 99	设置测距完成后到测距功能中断的时间可用此功能
	格网因子	使用/不使用	使用或不使用格网因子
	NEZ/ENZ	ENZ/NEZ	坐标显示顺序为E/N/Z或N/E/Z
其他设置	水平角蜂鸣声	开/关	说明每当水平角过90°时是否要发出蜂鸣声
	测距蜂鸣	开/关	当有回光信号时是否蜂鸣
	两差改正	0.14/0.20/关	大气折光和曲率改正的设置

(五)角度测量

全站仪的测角是由仪器内集成的电子经纬仪完成的。电子经纬仪的测角与光学经纬仪类似,主要区别在于电子经纬仪采用光电扫描度盘自动计数,自动处理数据,自动显示、储存及输出数据,并且角度测量的三轴误差(视准轴、水平轴和垂直轴)由仪器自动进行改正。

目前,电子经纬仪的测角系统主要有三类,即绝对式编码度盘测角、增量式光栅度盘测角以及动态式测角。南方NTS－352全站仪采用的是增量式光栅度盘。

全站仪开机后，就进入角度测量模式，或者按 ANG 键进入角度模式。

1. 水平角(右角)和竖直角测量

如图4-17所示，欲测定 A、B 方向的水平夹角 β，将全站仪安置在 O 点上，先照准第一个目标 A，按 F1 (置零)键和 F3 (是)键设置目标 A 的水平角为 0°00′00″，然后照准第二个目标 B，屏幕直接显示目标 B 的水平角 HR 和竖直角 V。

2. 水平角(右角/左角)测量模式的转换

确认处于角度测量模式，按 F4 (↓)键两次转到第3页功能，按 F2 (R/L)键，则右角模式(HR)切换到左角模式(HL)。每次按 F2 (R/L)键，HR/HL两种模式交替切换。通常使用右角模式观测。

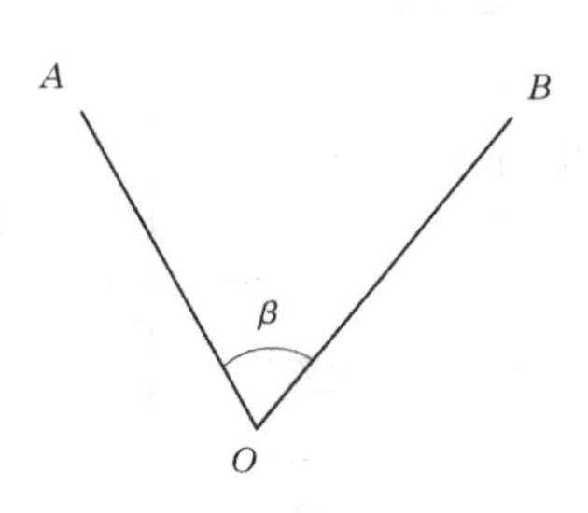

图4-17　水平角测量

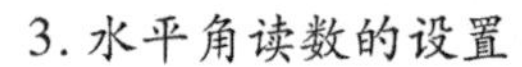
3. 水平角读数的设置

水平角读数设置有两种方法：

(1)通过锁定角度值进行设置。确认处于角度测量模式，用水平微动螺旋转到所需的水平角，按 F2 (锁定)键，这时转动照准部，水平读数不变；照准目标，按 F3 (是)键，则完成水平角设置。

(2)通过键盘输入进行设置。确认处于角度测量模式，照准目标后按 F3 (置盘)键，通过键盘输入所要求的水平角读数。

(六)距离测量

目前，全站仪内置的测距仪大都采用相位式红外测距仪。距离测量可设为单次测量和 N 次测量。一般设为单次测量，以节约用电。距离测量有三种测量模式，即精测模式、粗测模式和跟踪模式。一般情况下用精测模式观测，最小显示单位为 1 mm，测量时间约 2.5 s。粗测模式最小显示单位为 10 mm，测量时间约 0.7 s。跟踪模式用于观测移动目标，最小显示单位为 10 mm，测量时间约 0.3 s。

在距离测量前应进行大气改正的设置和棱镜常数的设置，然后才能进行距离测量。由于仪器是利用红外光测距，光速会随着大气的温度和压力而改变，因此必须进行大气改正。仪器一旦设置了大气改正值，即可自动对测距结果实施大气改正。仪器设计是在温度 20 ℃、标准大气压 1 013 hPa 时气象改正值为 0，其他情况下，可以输入温度、气压值由仪器自动计算，也可以根据公式直接计算出大气改正值(ppm)进行设置。

测距时，应根据使用的棱镜型号进行棱镜常数设置。仪器还可以对大气折光和地球曲率的影响进行自动改正。南方全站仪大气折光系数 K 有三种可供选择，即 $K=0.14$，$K=0.2$ 或不进行两差改正，相关设置在“工作模式设置”中进行。

距离测量的具体步骤如下：

(1)首先确认处于角度测量模式，按◢键进入距离测量模式。

(2)设置温度和大气压。预先测得测站周围的温度和大气压，按 F3 (S/A)键，进入设置，再按 F3 (T－P)键，输入温度和大气压；也可以按 F2 (ppm)键，直接输入大气改正值。

(3)设置棱镜常数。南方全站仪的棱镜常数值为－30 mm。在距离测量或坐标测量模式下按F3（S/A）键进入设置，按F1（棱镜）键输入棱镜常数值。

（4）照准棱镜中心后按◢键，距离测量开始，显示测量的水平距离（HD）；再次按◢键，显示变为水平角（HR）、竖直角（V）和斜距（SD）。

三、全站仪的程序测量

全站仪的测量功能可分为基本测量功能和程序测量功能。基本测量功能的电子测角、电子测距已经在单元三进行了介绍。程序测量功能包括坐标测量、放样测量、悬高测量、对边测量、偏心测量、后方交会测量、面积测量等。在这里，只着重介绍坐标测量、数据采集和放样测量。应特别需要注意的是，只要开机，电子测角系统即开始工作，并随仪器望远镜标准目标的变化实时显示观测数据，其他测量功能只是测距、测角及数据处理，测量结果为计算结果，并且只是半个测回的测量结果。

（一）坐标测量

坐标测量是根据已知点的坐标、已知边的坐标方位角，计算未知点坐标的一种方法。全站仪坐标测量原理是用极坐标法直接测定待定点坐标的，其实质就是在已知测站点，同时采集角度和距离，经微处理器实时进行数据处理，由显示器输出测量结果。实际测量时，需要输入仪器高和棱镜高，以及测站点的坐标，并进行定向后，全站仪可直接测定未知点的坐标。

具体操作步骤如下：

（1）在坐标测量模式下，按F4（↓）键，转到第2页功能，按F3（测站）键输入测站点点号和坐标。

（2）按F2（仪高）键，输入仪器高，按F1（镜高）键，输入棱镜高。

（3）在角度测量模式下，照准定向点（后视点），设定测站点到水平度盘读数，完成全站仪的定向。

（4）照准立于碎部点的棱镜，按◿键，开始测量，显示碎部点坐标。

一定要注意，要先设置测站点坐标、仪器高、棱镜高及后视方位角后，才能测定坐标。

（二）数据采集

南方NTS－352全站仪可将测量数据存储在内存中，内存划分为测量数据文件和坐标数据文件。被采集的数据存储在测量数据文件中。在未使用内存于放样模式的情况下，最多可存储3 440个点。

1. 数据采集操作步骤

（1）选择数据采集文件，使其所采集数据存储在该文件中。

（2）选择坐标数据文件，可进行测站坐标数据及后视坐标数据的调用。（当无须调用已知点坐标数据时，可省略此步骤）

（3）置测站点，包括仪器高和测站点点号及坐标。

（4）该置后视点，通过测量后视点进行定向，确定方位角。

（5）该置待测点的棱镜高，开始采集，存储数据。

2. 数据采集操作过程

1）数据采集文件的选择

首先必须选定一个数据采集文件，在启动数据采集模式之后即可出现文件选择显示屏，

见图4-18,由此可选定一个文件。

选择文件			
FN: ________			
输入	调用	---	回车

图4-18 选择文件

2)坐标文件的选择(供数据采集用)

若需调用坐标数据文件中的坐标作为测站点或后视点坐标,则预先应由数据采集菜单的第2页选择一个坐标文件。

3)输入测站点和后视点(定向点)数据

在数据采集模式下输入或改变测站点和定向角数值。

测站点坐标可按如下两种方法设定:

(1)利用内存中的坐标数据来设定。

(2)直接由键盘输入。

后视点定向角可按如下三种方法设定:

(1)利用内存中的坐标数据来设定。

(2)直接键入后视点坐标。

(3)直接键入设置的定向角。

注意:方位角的设置需要通过测量来确定。

4)进行待测点的测量,并存储数据

(1)由数据采集菜单第1页,按[F3](测量)键,进入待测点测量。

(2)按[F1](输入)键,输入待测点点号后,按[F4]键确认。

(3)按同样方法输入棱镜高,按[F3](测量)键。

(4)照准目标点,按[F1]~[F3]中的一个键,例如按[F2](斜距)键,开始测量,或者按[F3](坐标)键,开始测量。测量结束,数据被存储,显示屏变换到下一个镜点;输入下一个镜点数据,如棱镜高,并照准该点,按[F4](同前)键,仪器将按照上一个镜点的测量方式进行测量,测量数据被存储。

按同样方式继续测量,按[ESC]键即可结束数据采集模式。

(三)放样测量

放样测量就是根据已有的控制点或地物点,按工程设计要求,将建(构)筑物的特征点在实地标定出来。因此,首先要确定特征点或原有建筑物之间的角度、距离和高程关系,这些位置关系称为放样数据,然后利用测量仪器,根据放样数据将特征点测设到实地。放样的基本工作包括角度和距离(斜距、平距)放样、平面位置和高程放样等多种形式。在放样过程中,通过对照准目标点的角度、距离、坐标测量,仪器将显示输入放样值与实测值的差值以指导放样。显示的差值由如下公式计算:

斜距差值 = 斜距实测值 - 斜距放样值
平距差值 = 平距实测值 - 平距放样值
高程差值 = 高程实测值 - 高程放样值
角度差值 = 角度实测值 - 角度放样值

南方 NTS - 352 全站仪的放样功能包括距离放样和坐标放样。

1. 距离放样

该功能可显示出测量的距离与输入的放样距离之差,即测量距离 - 放样距离 = 显示值。放样时可选择平距(HD)、高差(VD)和斜距(SD)中的任意一种放样模式。

在距离测量模式下按[F4](↓)键,进入第 2 页功能,按[F2](放样)键,显示出上次设置的数据。通过按[F1] ~ [F3]键选择测量模式:[F1]为平距,[F2]为高差,[F3]为斜距。然后输入放样距离,照准目标(棱镜)测量开始,屏幕即显示出测量距离与放样距离之差。移动目标棱镜,直至距离差等于 0。

2. 坐标放样

在放样的过程中,有以下几步:

(1)选择数据采集文件,使其所采集的数据存储在该文件中。

(2)选择坐标数据文件。可进行测站坐标数据及后视坐标数据的调用。

设置测站点,输入测站点的点号、坐标和仪器高。设置测站点的方法有数据采集中所述的两种方法可供选用。

(3)设置后视点,确定方位角。

后视点设置有数据采集中所述的三种方法可供选用。

(4)输入所需的放样坐标,开始放样。

实施放样有两种方法可供选择:

①通过点号调用内存中的坐标值。

②直接键入坐标值。

具体坐标放样过程如下:

①由放样菜单第 1 页按[F3](放样)键,选择放样功能,然后按[F1](输入)键,输入测站点点号,按[F4](ENT)键。按同样方法输入棱镜高,当放样点设定后,仪器就进行放样元素的计算:HR——放样点的水平角计算值,HD——仪器到放样点的水平距离计算值。

②照准棱镜,按[F1]角度键,这时屏幕显示:

点号:放样点,HR:实际测量的水平角。

dHR:对准放样点仪器应转动的水平角, dHR = 实际水平角 - 计算的水平角。

根据显示的 dHR 值,转动仪器,当 dHR = 0°00′00″时,即表明放样方向正确。

③按[F1](距离)键,屏幕显示:

HD——实测的水平距离,dHD——对准放样点尚差的水平距离,dZ = 实测高差 - 计算高差。

保持方向不变,前后移动棱镜,按[F1](模式)键进行精测,当显示值 dHD 为 0 时,则放样

点的距离测设已经完成。

当十字丝对准棱镜中心,并且 dHR 和 dHD 均为 0 时,则放样点的平面位置测设完成。

④按[F3](坐标)键,即显示坐标值,按[F4](继续)键,进入下一个放样点的测设。

四、全站仪的存储管理模式与数据通信

(一)全站仪的存储管理模式

南方 NTS - 352 全站仪除可以进行上述测量工作外,还可以进行数据的存储、管理及数据通信等工作。在存储管理模式下可使用下列内存项目。

(1)文件状态:显示已存储的测量数据文件和坐标数据文件总数及数据个数,显示剩余内存空间。

(2)查找:查阅记录数据,即可查阅测量数据、坐标数据和编码库。共有三种查阅方式:查阅第一个数据、查阅最后一个数据、按点号或登记号查找数据。在查阅模式下,点名、标识符、编码、仪高和镜高可以被修改,但观测值不可以被修改。

(3)文件维护:在此模式下,可以删除文件、编辑文件名和查找文件中的数据。

(4)输入坐标:将控制点或放样点的坐标数据输入并存入坐标数据文件。

(5)删除坐标:删除坐标数据文件中的坐标数据。

(6)输入编码:将编码数据输入并存入编码库文件。

(7)数据传送:可以直接将内存中的测量数据、坐标数据或编码库数据发送到计算机,也可以从计算机将坐标数据或编码库数据直接装入仪器内存,还可进行通信参数的设置。

(8)初始化:用于内存初始化,可以对所有测量数据和坐标数据文件初始化,对编码库数据初始化及对文件数据和编码数据初始化,但测站点坐标、仪器高和棱镜高不会被初始化。

(二)数据通信

所谓数据通信,是指计算机与计算机之间,或计算机与数据终端(如全站仪)之间经通信线路而进行的信息交流与传送的通信方式。

在进行数据通信时,首先要检查通信电缆连接是否正确,其次要特别注意计算机与全站仪的通信参数设置一定要一致,否则将无法进行数据传输。另外,每次野外工作之后要注意及时传送数据到计算机,可以保证仪器有足够内存,同时减少了数据丢失的可能性。

1. 通信参数的设置

由 menu 主菜单翻到第 3 页,按[F3](存储管理)键;在存储管理模式下翻到第 2 页,按[F1](数据传输)键;在数据传输模式下,按[F3](通信参数)键。

在通信参数模式下,按[F1](波特率)键设置波特率;按[F2](通信协议)键设置通信协议;按[F3](字符校验)键设置字符校验。

表 4-4 是部分全站仪的通信参数。

表 4-4　部分全站仪的通信参数

仪器名称	波特率	奇偶性	字长	停止位
南方公司	1 200	N	8	1
宾得	1 200	N	8	1
徕卡	2 400	E	8	1
索佳	1 200	N	8	1
托普康	1 200	E	8	1
尼康	4 800	N	8	1

2. 数据传输

由 menu 主菜单翻到第 3 页，按 F3（存储管理）键；在存储管理模式下翻到第 2 页，按 F1（数据传输）键；在数据传输模式下，按按 F1（发送数据）键，屏幕即显示如图 4-19 所示内容。

可按 F1 ~ F3 中的一个键，如按 F1 键发送数据，屏幕即显示如图 4-20 所示内容。

数据传输
F1：发送数据
F2：接收数据
F3：通信参数

图 4-19　数据传输

发送数据
F1：测量数据
F2：坐标数据
F3：编码数据

图 4-20　发送数据

选择发送数据类型，并输入待发送的文件名，即可发送数据。

【例 4-3】　某水库规划为城市供水，需进行水库地区地形测量。测区面积 15 km^2，为丘陵地区，海拔 50 ~ 120 m。山上灌木丛生，通视较差。需遵照《城市测量规范》（CJJ/T 8—2011）1∶1 000 地形图，工期 60 d。

【案例实施】

一、工作准备

每组全站仪 1 套（含脚架）、对中杆棱镜组 1 根，小钢尺 1 把，皮尺 1 把（提前由班为单

位统一到学校实验室借领)。

二、方法提示

(1)架设三脚架。

(2)安置仪器和对中地面点。

将仪器小心安置到三脚架上,拧紧中心连接螺旋,调整光学对中器,使十字丝成像清晰。双手握住另外两条未固定的架腿,通过对光学对中器的观察调节该两条腿的位置。当光学对中器大致对准测站点时,使三脚架三条腿均固定在地面上。调节全站仪的三个脚螺旋,使光学对中器精确对准测站点。

(3)粗平。调整三脚架三条腿的高度,使全站仪圆水准气泡居中。

(4)精平。松开水平制动螺旋,转动仪器,使管水准器平行于某一对角螺旋 A、B 的连线。通过旋转脚螺旋 A、B,使管水准器气泡居中。将仪器旋转 90°,使其垂直于脚螺旋 A、B 的连线。旋转角螺旋 C,使管水准器气泡居中。

(5)精确对中与整平。通过对光学对中器的观察,轻微松开中心连接螺旋,平移仪器(不可旋转仪器),使仪器精确对准测站点。再拧紧中心连接螺旋,再次精平仪器。重复此项操作到仪器精确整平对中为止。

(6)(对于带内存的全站仪可先建立坐标存储文件名)输入测站点的坐标、高程、仪器高、对中杆高。

全站仪定向方法一:用坐标定向。

在全站仪中输入定向点坐标,精确瞄准定向点处的对中杆(尽量靠底部,以削弱目标偏心的影响),然后进行定向(不同全站仪操作方法有所不同)。定向操作完成后全站仪水平角读数显示的值应该等于该方向的水平角,然后精确瞄准对中杆棱镜,直接测定定向点坐标,依据全站仪屏幕显示结果与已知定向点坐标进行比较,满足要求后可以开始作业。

全站仪定向方法二:用方位角定向。

在全站仪中直接输入定向方向的方位角值,并精确瞄准定向点处的对中杆,确认后即可。具体操作方法应根据不同全站仪进行相应操作。

完成野外数据采集后,到室内将外业数据配合相应传输软件,将数据转换传输到计算机上,然后用相应数字化成图软件(如南方 CASS、开思 SCS2004)在 CAD 环境下对照外业所绘制的草图或者编码进行绘图。

测量实验室现有全站仪型号为:南方 302B 系列、500 系列;尼康 C-100 系列、300 系列、500 系列;索佳 SET5E 系列、2C 系列、1000R 系列,徕卡 702、TCA1800;拓普康 602 等全站仪。具体使用方法可以参考相应说明书。

全站仪碎部点坐标记录表见表 4-5。

表 4-5　全站仪碎部点坐标记录表

日期:________年____月____日　　天气:____________仪器型号:__________

观测者:____________　　　　　　　　　　　　记录者:____________

测站点:________定向点:________仪器高:________ m　测站高程:________ m

点号	碎部点坐标		碎部点高程(m)	备注	点号	碎部点坐标		碎部点高程(m)	备注
	X(m)	Y(m)				X(m)	Y(m)		

【案例点评】 对于地物,碎部点应选在地物轮廓线的方向变化处,如房角点、道路转折点、交叉点、河岸线转弯点以及独立地物的中心点等。连接这些特征点,便得到与实地相似的地物形状。由于地物形状极不规则,一般规定主要地物凸凹部分在图上大于0.4 mm均应表示出来,小于0.4 mm时,可用直线连接。对于地貌来说,碎部点应选在最能反映地貌特征的山脊线、山谷线等地性线上。如山顶、鞍部、山脊、山谷、山坡、山脚等坡度变化及方向变化处。根据这些特征点的高程勾绘等高线,即可得地貌在图上表示出来。

单元五 直线定向

要确定地面点间的相对位置,除需测量两点间的水平距离外,还需确定两点间的方位关系,即确定两点连线与标准方向的关系,称为直线定向。

一、标准方向

(一)真子午线方向

地表上任一点 P 与地球旋转轴所组成的平面与地球表面的交线称为 P 点的真子午线,真子午线在 P 点的切线方向称为 P 点的真子午线方向。真子午线方向可以用天文测量方法或者陀螺经纬仪来测定。

(二)磁子午线方向

地表上任一点 P 与地球磁场南北极连线所组成的平面与地球表面的交线称为 P 点的磁子午线,磁子午线在 P 点的切线方向称为 P 点的磁子午线方向。磁子午线方向可以用罗盘仪来测定。

由于地球的两磁极与地球的南北极不重合,所以磁子午线方向与真子午线方向之间存在一个 δ 角,称为磁偏角。磁子午线北端在真子午线以东为东偏,δ 为“+”;以西为西偏,δ 为“-”,如图4-21所示。

(三)坐标纵轴方向

过地表任一点 P 且与其所在的高斯平面直角坐标系或者假定坐标系的坐标纵轴平行的直线称为 P 点的坐标纵轴方向。坐标纵轴方向是工程测量中最常用的一条标准方向。

二、直线方向的表示方法

确定直线与标准方向之间的关系,以方位角或象限角来表示。

(一)方位角

由标准方向的北端起,顺时针方向量到某直线的夹角,称为该直线的方位角,角值为 $0° \leqslant \alpha < 360°$。既然标准方向有真子午线方向、磁子午线方向和坐标纵轴方向,其方位角相应的也有真方位角、磁方位角和坐标方位角之分。其中真方位角用 $A_{真}$ 表示,磁方位角用 $A_{磁}$ 表示,坐标方位角通常用 α 表示。

直线 AB 的坐标方位角用 α_{AB} 表示;直线 BA 的坐标方位角用 α_{BA} 表示,又称为直线 AB 的反坐标方位角。从图4-22中可以看出,正、反坐标方位角有如下关系

$$\alpha_{AB} = \alpha_{BA} \pm 180° \tag{4-18}$$

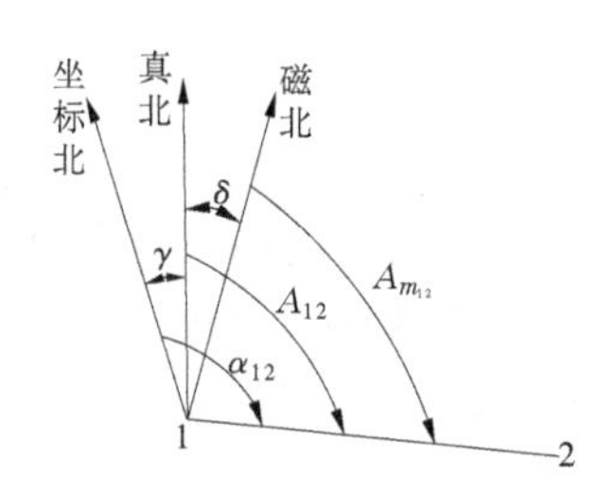

图 4-21　三北方向之间的关系

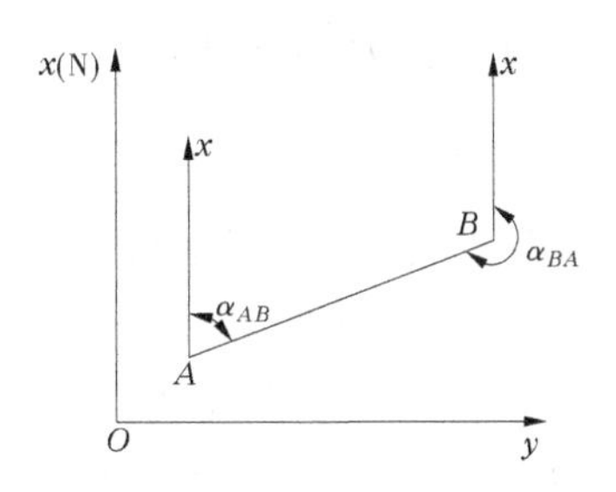

图 4-22　正、反坐标方位角

(二)真方位角、磁方位角、坐标方位角之间的关系

由图 4-22 可知

$$A_{真} = A_{磁} + \delta \tag{4-19}$$

$$A_{真} = \alpha_{AB} + \gamma \tag{4-20}$$

(三)象限角

在实际工作中,有时用锐角表示直线的方位较方便,因此引进象限角。由坐标纵轴的北端或南端起,顺时针或逆时针转至某直线所成的锐角称为象限角,通常用 R 表示,角值 R $(0° \leqslant R \leqslant 90°)$。

表示象限角时必须注意前面应加上方向。如图 4-23 所示,直线 $A1$、$B2$、$C3$、$D4$ 的象限角分别为北东 R_{A1}、南东 R_{B2}、南西 R_{C3}、北西 R_{D4}。

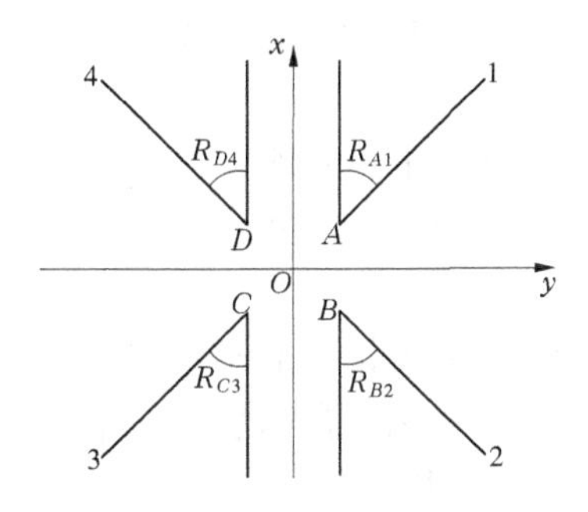

图 4-23　象限角

(四)坐标方位角与象限角的换算

坐标方位角和象限角都能描述直线的方向,两者有一一对应的关系。表 4-6 说明了坐标方位角和象限角的换算关系。

表 4-6　坐标方位角和象限角换算关系

直线所在象限	坐标方位角换算象限角	象限角换算坐标方位角
Ⅰ(北东)	$R = \alpha$	$\alpha = R$
Ⅱ(南东)	$R = 180° - \alpha$	$\alpha = 180° - R$
Ⅲ(南西)	$R = \alpha - 180°$	$\alpha = R + 180°$
Ⅳ(北西)	$R = 360° - \alpha$	$\alpha = 360° - R$

三、罗盘仪的构造和使用

(一)罗盘仪的构造

如图4-24所示,罗盘仪是测量直线磁方位角的仪器。仪器构造简单,使用方便,但精度不高,外界环境对仪器的影响较大,如钢铁建筑和高压电线都会影响其精度。当测区内没有国家控制点可用,需要在小范围内建立假定坐标系的平面控制网时,可用罗盘仪测量磁方位角,作为该控制网起始边的坐标方位角。

罗盘仪的主要部件有磁针、刻度盘、望远镜和基座,如图4-24所示。

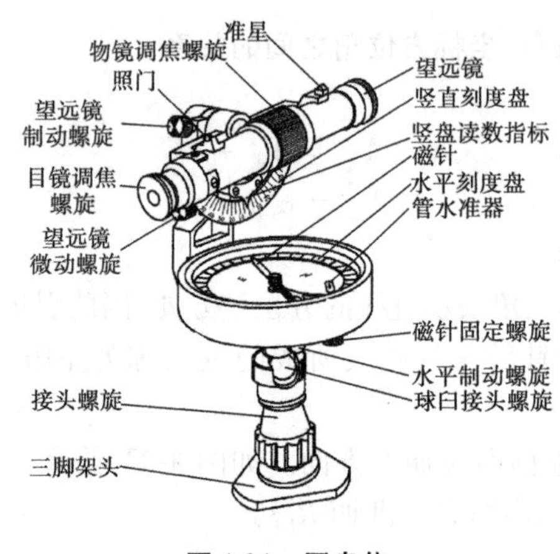

图4-24 罗盘仪

1. 磁针

磁针用人造磁铁制成,磁针在度盘中心的顶针尖上可自由转动。为了减轻顶针尖的磨损,在不用时,可用位于底部的固定螺旋升高杠杆,将磁针固定在玻璃盖上。

2. 刻度盘

度盘是用钢或铝制成的圆环,随望远镜一起转动,每隔10°有一注记,按逆时针方向从0°注记到360°,最小分划为1°或30′。刻度盘内装有一个圆水准器或者两个相互垂直的管水准器,用手控制气泡居中,使罗盘仪水平。

3. 望远镜

与经纬仪望远镜结构基本相似,也有物镜对光螺旋、目镜对光螺旋和十字丝分划板等,其望远镜的视准轴与刻度盘的0°分划线共面。

4. 基座

采用球臼结构,松开球臼接头螺旋,可摆动刻度盘,使水准气泡居中,表盘处于水平位置,然后拧紧接头螺旋。

(二)用罗盘仪测定直线磁方位角的方法

如图4-25(a)所示,欲测直线AB的磁方位角,将罗盘仪安置在直线起点A,用垂球对中,使度盘中心与A点处于同一铅垂线上;松开球臼接头螺旋,用手前、后、左、右转动刻度盘,使水准器气泡居中,拧紧球臼接头螺旋,此时仪器处于对中和整平状态。松开磁针固定螺旋,让它自由转动,然后转动罗盘,用望远镜照准B点标志,待磁针静止后,按磁针北端(一般为黑色一端)所指的度盘分划值读数,即为直线AB的磁方位角角值,如图4-25(b)所示。

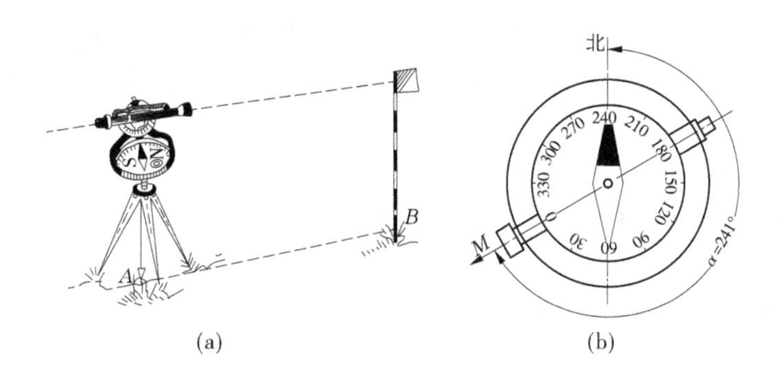

(a)　　(b)

图 4-25　罗盘仪测定直线方向

使用时，要避开高压电线并避免铁质物体接近罗盘，在测量结束后，要旋紧磁针固定螺旋将磁针固定。

四、坐标方位角的推算

实际工作中并不需要直接测定每条直线的坐标方位角，而是通过与已知坐标方位角的直线连测后，实测出各直线的坐标方位角再推算线路左侧的夹角称为左角，可用 $\beta_{左}$ 表示，或实测线路右侧的夹角称为右角，可用 $\beta_{右}$ 表示，来推算出各直线方位角（如图 4-26 所示）。

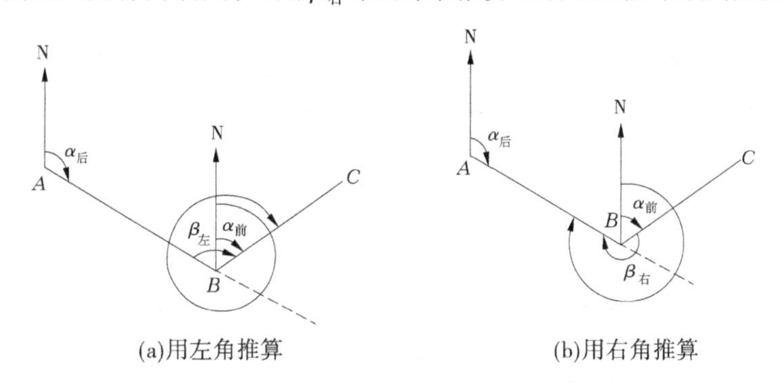

(a)用左角推算　　(b)用右角推算

图 4-26　坐标方位角的推算

由图 4-27 所示，相邻的前后直线有如下关系：

$$\alpha_{前} = \alpha_{后} + \beta_{左} - 180° \tag{4-21}$$

或

$$\alpha_{前} = \alpha_{后} - \beta_{右} + 180° \tag{4-22}$$

【例 4-4】　如图 4-27 所示，已知 12 边的方位角 $\alpha_{12} = 101°30'$，在 2 点测得夹角 $\beta_2 = 142°20'$，在 3 点测得夹角 $\beta_3 = 145°10'$，求 α_{23}、α_{34} 和 α_{43}。

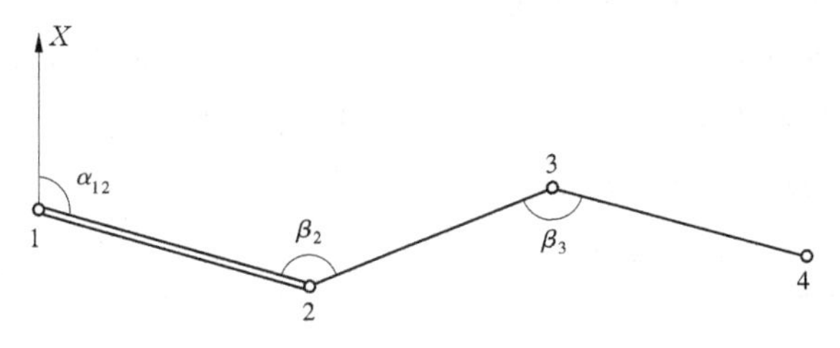

图 4-27　坐标方位角的推算

解:由题意可知,α_{12}、α_{23}和α_{34}是同一方向的方位角,所以可以直接运用推算公式计算;而α_{43}是α_{34}的反方位角,所以可用正、反方位角的关系来计算;再由图4-27知,按1、2、3、4的推算方向,β_2为左角,而β_3为右角。

(1)根据式(4-21),23边方位角为

$$\alpha_{23} = \alpha_{12} + \beta_2 - 180° = 101°30' + 142°20' - 180° = 63°50'$$

(2)根据式(4-22),34边方位角为

$$\alpha_{34} = \alpha_{23} - \beta_3 + 180° = 63°50' - 145°10' + 180° = 98°40'$$

(3)根据正、反坐标方位角的关系,则

$$\alpha_{43} = \alpha_{34} + 180° = 98°40' + 180° = 278°40'$$

项目小结

本项目主要应了解距离测量、视距测量、光电测距的原理及方法;熟悉罗盘仪的构造;掌握罗盘仪测定直线磁方位角和直线定向的方法以及全站仪的使用。

复习与思考题

1. 某工地进行控制测量时,用经检定的钢尺测量A、B两点之间的水平距离。由于距离较远,所以将其划分成三个尺段测量,将各尺段长度相加得到总距离。各尺段的测算结果见表4-7。

表4-7

尺段	A - 1	1 - 2	2 - B	说明
往测(m)	47.520	46.800	42.650	已经进行了改正计算
返测(m)	47.526	46.802	42.646	

问题:

(1)直线定向的方法包括(　　)。

A. 图上定线　　B. 计算定线
C. 目测定线　　D. 经纬仪定线
E. 人工定线

(2)下面关于直线AB水平距离测量结果的叙述,(　　)是正确的。

A. 往测值136.970 m　　B. 返测值136.974 m
C. 往、返测量差为4 mm　　D. 相对误差是±4 mm
E. 水平距离D_{AB}=136.972 m

(3)钢尺精密量距时,需要进行(　　)计算。

A. 比例改正数　　B. 尺长改正数
C. 温度改正数　　D. 气象改正数
E. 倾斜改正数

(4)下面各种关于本例距离测算的叙述,(　　)是正确的。

A. 水平距离 $D_{AB}=136.972$ m　　B. 水平距离 $D_{AB}=136.981$ m

C. 往、返测量差为 4 mm　　D. 相对误差是 1/ 15 200

E. 水平距离 $D_{AB}=136.977$ m

项目五　小区域控制测量

项目概述

本项目内容主要包括小区域控制测量,经纬仪导线测量的内、外业工作,前方交会加密控制点,测角交会,距离交会和三角高程测量,以及四等水准测量的方法和步骤。

学习目标

知识目标

理解图根控制测量的概念,重点掌握经纬仪导线测量的内、外业工作,四等水准测量的方法和步骤;了解前方交会、测角交会、距离交会和三角高程测量。

技能目标

1.能够了解控制测量的几种方法。

2.掌握导线测量的几种形式及内、外业工作。

3.能够掌握交会定点的几种方法。

4.能够掌握高程控制测量的方法。

【学习导入】

图5-1是某建筑物定位测量示意图。该拟建建筑物一角点 P 的设计坐标为 $P(X=560.500\ \mathrm{m}, Y=820.500\ \mathrm{m})$,控制点 B 坐标为 $B(X=520.480\ \mathrm{m}, Y=760.850\ \mathrm{m})$,直线 AB 的坐标方位角为 $\alpha_{AB}=126°45'30''$。那么怎么用极坐标法测设 P 点呢?

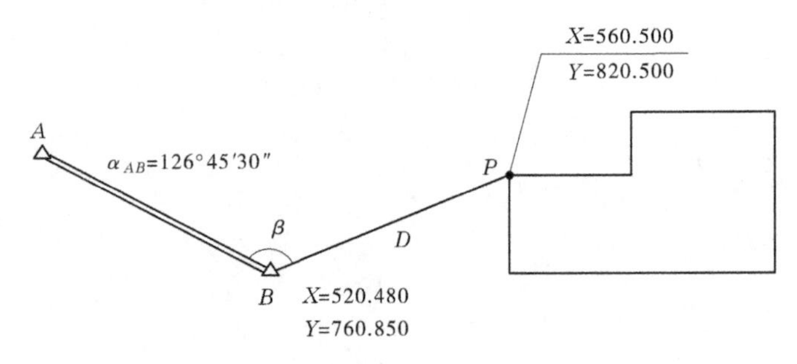

图5-1　某建筑物定位测量示意图

单元一　控制测量概述

在园林工程中,需要一定比例尺的地形图和其他测绘资料,工程施工中也需要进行施工测量。为了防止误差的累积和传播,保证测图和施工的精度及进度,园林测量工作必须遵循测量工作的原则。在进行园林要素测量或园林地形图测绘之前,首先要进行整体的控制测量,即在整个测区范围内测定一定数量的起控制作用的点的精确位置,以统一全测区的测量工作。控制测量分为平面控制测量和高程控制测量。测定控制点平面位置的工作,称为平面控制测量;测量控制点高程的工作,称为高程控制测量。

在全国范围内按统一的方案建立的控制网,称为国家控制网。它是采用精密的测量仪器和方法,依照国家统一的相应的测量规范施测,依其精度可分为一、二、三、四等四个等级。按照由高级到低级逐级加密的原则建立。

在城市范围内,在国家控制网的基础上,为满足城市建设工程的需要而建立的控制网称为城市控制网。为大中型工程建设而建立的控制网称为工程控制网。为满足不同目的的要求,城市控制网和工程控制网也是分级建立。

面积一般在 15 km^2 以下的小范围内建立的控制网称为小区域控制网;直接以测图为目的建立的小区域控制网称为图根控制网。图根控制网应尽可能与附近的国家控制网或城市控制网联测。

一、平面控制测量

建立平面控制网的方法有导线测量、GPS 控制测量和三角测量等。

(一)导线测量

导线测量是将选定的控制点连成一条折线,依次观测各转折角和各边长,然后根据起始点坐标和起始边方位角,推算各导线点的坐标。导线测量具有灵活方便、测算简单的优点,在工程测量中应用广泛。随着光电测距仪和全站仪的应用,量距有更高的精度、速度,也更为方便。

(二)GPS 控制测量

GPS 控制测量是利用多台接收机同时接收多颗定位卫星信号,确定地面点三维坐标的方法。GPS 定位技术以其精度高、速度快、全天候、操作简单而著称,目前已广泛应用于大地控制测量和大部分工程控制测量。

(三)三角测量

三角测量是按要求在地面上选择一系列具有控制作用的点,组成相互联结的三角形,用精密仪器观测所有三角形中的内角,并精确测定起始边的边长和方位角,按三角形的边角关系逐一推算其余边长和方位,最后解算出各控制点的坐标,如图 5-2 所示。

二、高程控制测量

高程控制测量的主要形式是水准测量。此外,也可采用三角高程测量和 GPS 拟合高程测量。城市和工程水准测量精度等级的划分,依次为二、三、四等以及直接用于图根测量的水准测量。在一般情况下,对于小区域高程控制测量可以以国家和城市等级水准点为基础,建立四等水准网或水准路线,用图根水准测量或三角高程测量的方法测定图根点的高程。各等级水准测量主要技术要求见表 5-2。

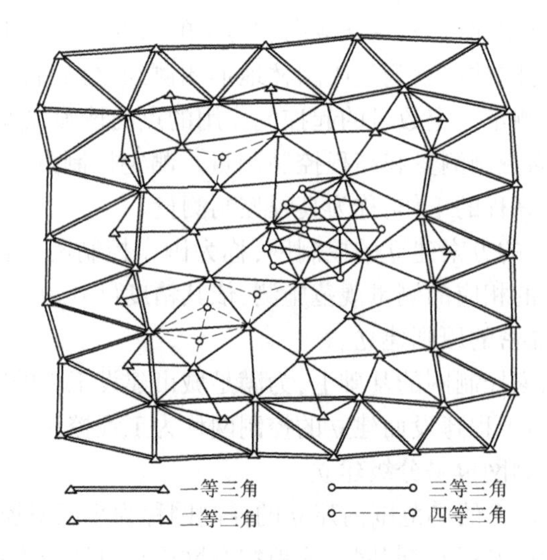

图 5-2　国家平面控制网示意图

表 5-1　各等级水准测量的主要技术指标

等级	每千米高差中数中误差(mm)		附合导线长度(km)	测段往、返测高差不符值(mm)	附合导线或环线闭合差(mm)
	偶然中误差	全中误差			
二等	不超过±1	不超过±2	400	不超过$\pm4\sqrt{R}$	不超过$\pm4\sqrt{L}$
三等	不超过±3	不超过±6	45	不超过$\pm12\sqrt{R}$	不超过$\pm12\sqrt{L}$
四等	不超过±5	不超过±10	15	不超过$\pm20\sqrt{R}$	不超过$\pm20\sqrt{L}$
图根	不超过±10	不超过±20	8		不超过$\pm40\sqrt{L}$

注：R 为测段长度，L 为附合导线或环线的长度，均以 km 为单位。

单元二　导线测量

一、导线测量的布设形式

将地面上相邻控制点用直线连接而形成的折线，称为导线，这些控制点称为导线点，每条直线称为导线边；相邻导线边之间的水平角称为转折角，通过观测导线边的边长和转折角，根据起算数据可计算出各导线点的平面坐标。

用经纬仪测量导线的转折角，用钢尺丈量导线边长的导线，称为经纬仪导线，若用光电测距仪测定导线边长，则称为电磁波测距导线。在小地区施测大比例尺地形图时，平面控制测量常采用导线测量，特别是在建筑物密集的建筑区和平坦而通视条件较差的隐蔽区，布设导线最为适宜。

（一）导线布设形式

根据测区的不同情况和要求，导线可以布设成闭合导线、附合导线和支导线。

1.闭合导线

从一点出发，最后仍回到该点的导线，组成一闭合多边形，称为闭合导线。闭合导线多用在面积较宽阔的独立地区作测图控制。它主要有三种形式：

(1)具有两个已知点的闭合导线，如图5-3所示。

(2)具有一个已知点的闭合导线，如图5-4所示。

(3)无已知点的闭合导线，如图5-5所示。

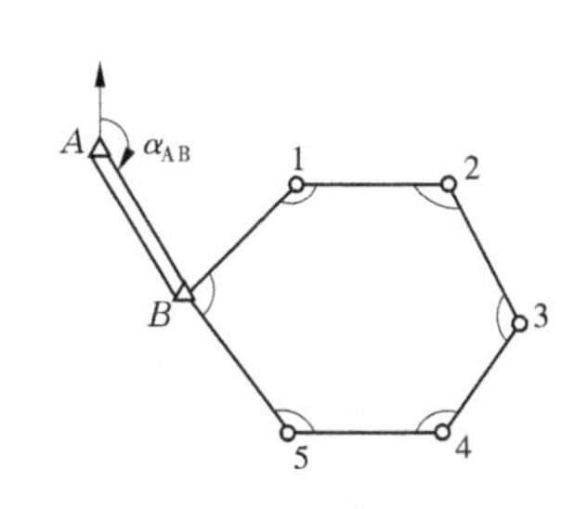

图5-3 具有两个已知点的闭合导线

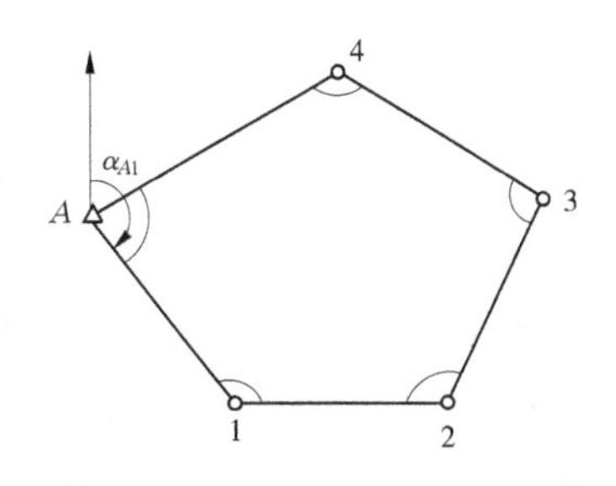

图5-4 具有一个已知点的闭合导线

2.附合导线

附合导线是指从一已知点出发，最后附合到另一已知点上的导线。附合导线多用在带状地区作测图控制。此外，也广泛用于公路、铁路、水利等工程的勘测与施工。它主要有三种形式：

(1)具有两个连接角的附合导线，如图5-6所示。

(2)具有一个连接角的附合导线，如图5-7所示。

(3)无连接角的附合导线，如图5-8所示。

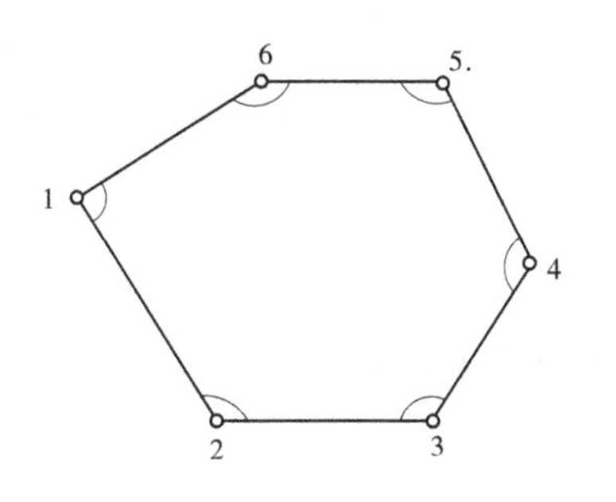

图5-5 无已知点的闭合导线

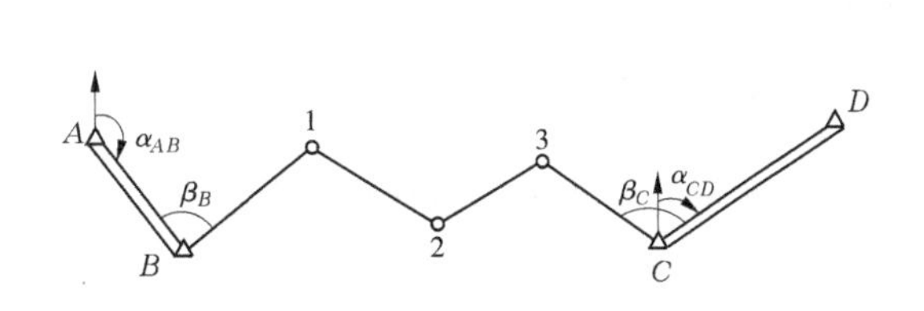

图5-6 具有两个连接角的附合导线

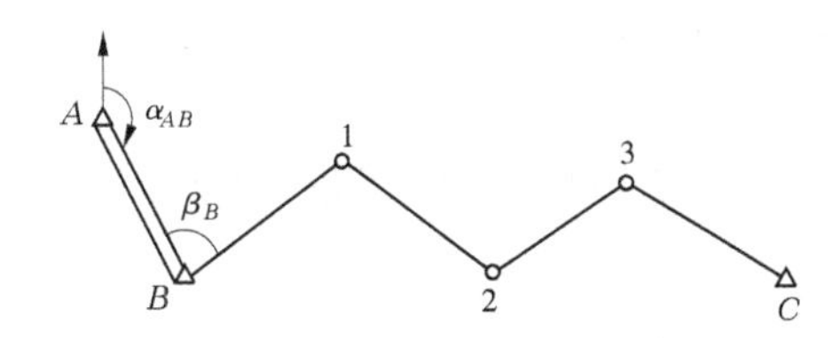

图5-7 具有一个连接角的附合导线

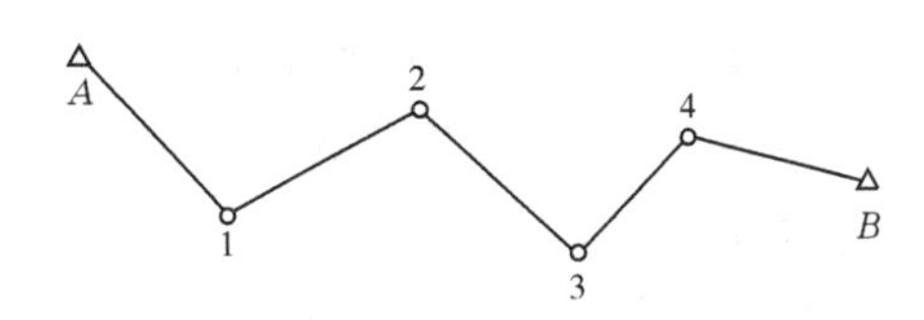

图5-8 无连接角的附合导线

3.支导线

支导线(见图5-9)是指从一控制点出发，既不闭合也不附合于已知控制点上。支导线没有校核条件，差错不易发现，故支导线的点数不宜超过两个，一般仅作补点使用。

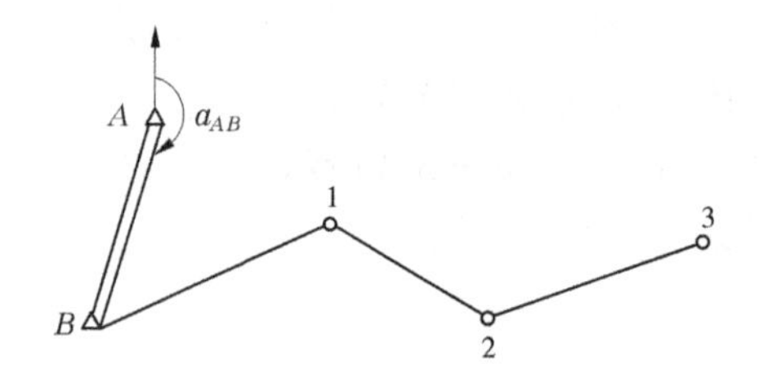

图 5-9　支导线

(二)导线等级

在局部地区的地形测量和一般工程测量中,根据测区范围及精度要求,导线测量分为一级导线、二级导线、三级导线和图根导线四个等级。它们可作为国家四等控制点或国家 E 级 GPS 点的加密,也可以作为独立地区的首级控制。表 5-2 为各级导线测量的主要技术要求参考表。

表 5-2　各级导线测量的技术指标

等级	导线长度(km)	平均边长(km)	测角中误差(″)	测回数		角度闭合差(″)	相对闭合差
				DJ_6	DJ_2		
一级	4	0.5	5	4	2	$\pm10\sqrt{n}$	1/15 000
一级	2.4	0.25	8	3	1	$\pm16\sqrt{n}$	1/10 000
三级	1.2	0.1	12	2	1	$\pm24\sqrt{n}$	1/5 000
图根	≤1.0M	≤1.5 测图最大视距	20	1	—	$\pm40\sqrt{n}$(首级) $\pm60\sqrt{n}$(一般)	1/2 000

注:表中 n 为测站数,M 为测图比例尺的分母。

二、导线测量的外业工作

导线测量的外业工作包括踏勘选点、建立标志、量边、测角和联测。

(一)踏勘选点及建立标志

选点时应满足下列要求:

(1)相邻点间必须通视良好,地势较平坦,便于测角和量距。

(2)点位应选在土质坚实处,便于保存标志和安置仪器。

(3)视野开阔,便于测图或放样。

(4)导线各边的长度应大致相等,除特殊条件外,导线边长一般为 50~350 m,平均边长符合表 5-2 的规定。

(5)导线点应有足够的密度,分布较均匀,便于控制整个测区。

确定导线点位置后,应在地上打入木桩,桩顶钉一小钉作为导线点的标志。如导线点需长期保存,可埋设水泥桩或石桩,桩顶刻凿十字或嵌入锯有十字的钢筋作标志。导线点应按顺序编号,为便于寻找,可根据导线点与周围地物的相对关系绘制导线点点位略图。

(二)量边

(1)导线边长一般用检定过的钢尺进行往、返丈量。丈量的相对误差不应超过规定。

满足要求时,取其平均值作为丈量的结果。

(2)电磁波测距仪(或全站仪)测定导线边长的中误差一般为±1 cm。

(3)如果导线边遇障碍,不能直接丈量,可采用电磁波测距仪(或全站仪)测定。无测距仪时,可采用间接方法测定。如图 5-10 所示,AB 是跨越河流的导线边,在河岸边选定与 A、B 两点通视且便于丈量与 B 点距离的 P_1、P_2 两点,组成两个三角形 AP_1B 和 AP_2B。丈量 BP_1 和 BP_2 的边长,观测 α_1、β_1 和 α_2、β_2,则导线的长度为

$$\left.\begin{aligned} AB &= \frac{BP_1}{\sin\alpha_1}\sin(\alpha_1+\beta_1) \\ AB &= \frac{BP_2}{\sin\alpha_2}\sin(\alpha_2+\beta_2) \end{aligned}\right\} \tag{5-1}$$

两次求得 AB 的长度,其相对误差如不超过规定的限差,取平均值作为结果。选定 P_1、P_2 两点时,应注意 BP_1、BP_2 量距方便,三角形各内角不小于 30°和不大于 150°。

(三)测角

(1)测角即用测定导线两相邻边构成的转折角。转折角一般用 β 表示,导线的转折角有左、右之分,在导线前进方向左侧的称为左角,而向右侧的称为右角(见图 5-11)。

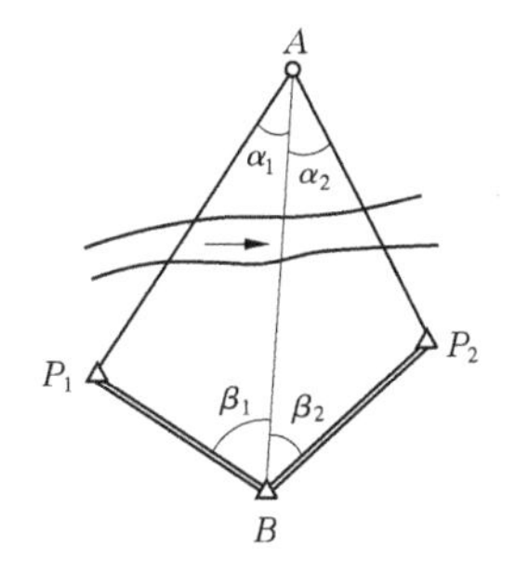

图 5-10　间接测距

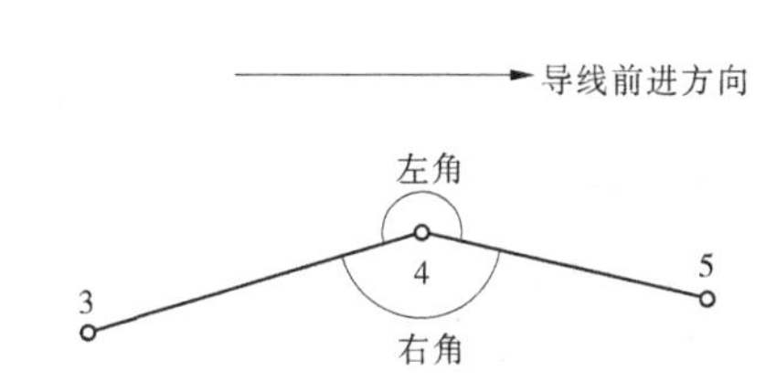

图 5-11　导线左、右角示意图

(2)附合导线应统一观测左角或右角(在公路测量中,一般是观测右角);对于闭合导线,则观测内角(当采用顺时针方向编号时,闭合导线的右角即为内角;采用逆时针方向编号时,则左角为内角)。

(3)导线的转折角通常采用测回法进行观测。

(4)当测角精度要求较高,而导线边长比较短,为了减少对中误差和目标偏心误差,可采用三联脚架法作业。

(四)联测

若所布设的导线附近有高级控制点,应与之联系起来,如图 5-12 所示,A、B、C、D 为已知高级控制点,1、2、3、4、5 为选定的导线点,导线联测必需观测连接角 β_1、β_2 和连接边 D_{B1},起到传递坐标方位角和坐标的作用。若附近无高级控制点,可用罗盘仪观测导线起始边的磁方位角,并假定起始点的坐标作为起算数据。

三、导线测量的内业计算

为了确保测图精度,内业计算前应全面认真检查导线测量的外业记录,检查有无记错、遗漏或算错,是否符合精度要求,在确认外业工作成果合格后,绘出导线略图,在图上标注点号、

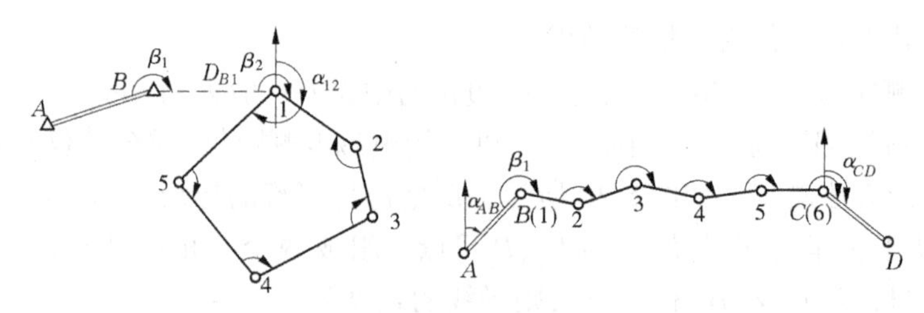

图 5-12　联测

转折角观测值、边长和已知数据,如图 5-13 所示。

闭合导线坐标计算有表算、程序计算,计算时还应绘制导线略图。

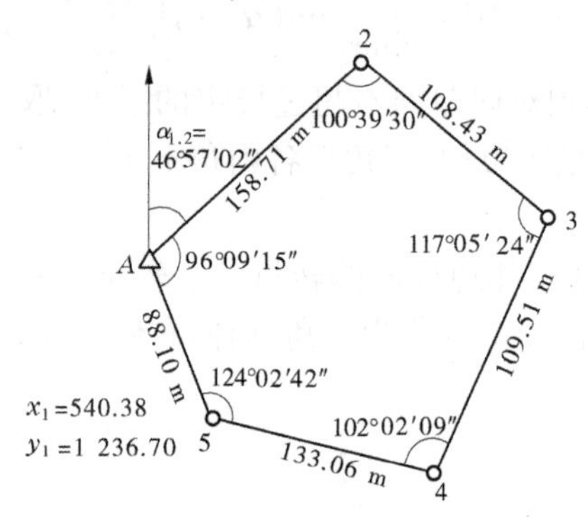

图 5-13　闭合导线略图

(一)坐标计算的基本公式

1.坐标方位角的推算公式

由前面的内容可知,用右角推算方位角的一般公式为

$$\alpha_{前} = \alpha_{后} - \beta_{右} + 180°$$

左角推算方位角的一般公式为

$$\alpha_{前} = \alpha_{后} + \beta_{左} - 180°$$

2.根据已知点坐标、已知边长和坐标方位角计算未知点坐标

设 A 为已知点:坐标为(x_A, y_A);边长为 D_{AB};坐标方位角为 α_{AB}。

B 为未知点,求 B 点的坐标(x_B, y_B),称为坐标正算。

计算纵、横坐标增量 Δx_{AB} 和 Δy_{AB} 为

$$\left.\begin{aligned}\Delta x_{AB} &= D_{AB}\cos\alpha_{AB} \\ \Delta y_{AB} &= D_{AB}\sin\alpha_{AB}\end{aligned}\right\}$$

B 点的坐标(x_B, y_B)为

$$\left.\begin{aligned}x_B &= x_A + D_{AB}\cos\alpha_{AB} \\ y_B &= y_A + D_{AB}\sin\alpha_{AB}\end{aligned}\right\}$$

3.由两个已知点的坐标反算坐标方位角和边长

导线边的坐标方位角可根据两端点的已知坐标反算出,这种计算称为坐标反算。

(1)由两两交点 $JD_i(x_i, y_i)$、$JD_{i+1}(x_{i+1}, y_{i+1})$ 坐标计算间距:

$$L = \sqrt{(x_{i+1} - x_i)^2 + (y_{i+1} - y_i)^2} = \sqrt{\Delta x^2 + \Delta y^2}$$

(2)导线各边的象限角计算。由坐标增量可计算象限角值并判别所属象限。象限角是指子午线北端或南端与直线所夹的锐角,常用 R 表示。在 0°~90°范围内变化。

$$R = \arctan \frac{\Delta y}{\Delta x}$$

(3)导线各边方位角计算。方位角是由子午线北端顺时针方向量测到某一边上的夹角,角值在 0°~360°范围,常用 θ 表示。方位角可由象限角推算出来。

【例 5-1】 已知交点坐标:JD_0(4 282.590,6 617.690)、JD_1(3 825.590,6 823.010)、JD_2(3 365.160,7 786.670),试计算导线各边方位角。

解:(1)坐标增量:$\Delta x_1 = -457.000$,$\Delta y_1 = 205.320$;$\Delta x_2 = -460.430$,$\Delta y_2 = 963.660$

(2)计算间距:$L_1 = \sqrt{\Delta x_1^2 + \Delta y_1^2} = 501.004$;$L_2 = \sqrt{\Delta x_2^2 + \Delta y_2^2} = 1\ 068.006$

(3)计算象限角、方位角:

$$R_1 = \arctan \frac{\Delta y_1}{\Delta x_1} = 24°11'36'' \quad 第Ⅱ象限$$

$$R_2 = \arctan \frac{\Delta y_2}{\Delta x_2} = 64°27'43'' \quad 第Ⅱ象限$$

则 $\theta_1 = 180° - R_1 = 155°48'24''$,$\theta_2 = 180° - R_2 = 115°32'17''$。

(二)闭合导线坐标计算

现以闭合五边形导线(见图 5-13)为例,计算前,首先将导线略图中的点号、转折角观测值、起始边方位角及边长的数据填入"闭合导线坐标计算表"第 1、2、5、6 栏中,如表 5-3 所示,然后按以下步骤进行计算。

1.角度闭合差的计算与调整

1)检核

闭合导线组成一个闭合多边形,从平面几何学可知,n 边形闭合导线(n 个内角)角度闭合差:

$$f_\beta = \sum \beta_{测} - \sum \beta_{理} = \sum \beta_{测} - (n-2) \times 180° \tag{5-2}$$

角度闭合差 f_β 的大小说明测角精度。使用 DJ_6 型光学经纬仪,图根导线闭合差的容许值为

$$f_{\beta容} = \pm 40'' \sqrt{n} \tag{5-3}$$

式中　n——转折角(内角)的个数。

若 $f_\beta \leqslant f_{\beta容}$,则可进行角度闭合差的调整,否则应分析情况进行重测。

2)调整

将 f_β 以相反的符合平均分配到各观测角中,即各角的改正数为

$$v_\beta = -f_\beta / n \tag{5-4}$$

(注意:计算时,根据角度取位的要求,改正数可凑整到 1″、6″或 10″。若不能均分,一般情况下,给短边的夹角多分配一点,使各角改正数的总和与反号的闭合差相等,即 $\sum v_\beta = -f_\beta$。$f_\beta = -1'$,因取位至 6″,故其中两个角分配+12″,其余两个角分配+18″)。

校核

$$\sum v_{\beta i} = -f_\beta \tag{5-5}$$

表 5-3　闭合导线坐标计算

点号	转折角			方位角 α (° ′ ″)	边长 D (m)	纵坐标增量 Δx			横坐标增量 Δy			纵坐标 x(m)	横坐标 y(m)
	观测值 (° ′ ″)	改正数 (″)	改正后值 (° ′ ″)			计算值 (m)	改正数 (mm)	改正后的值 (m)	计算值 (m)	改正数 (mm)	改正后的值 (m)		
1	2	3	4	5	6	7	8	9	10	11	12	13	14
1												540.38	1 236.70
				46 57 02	158.71	+108.34	+2	+108.36	+115.98	−2	+115.96		
2	100 39 30	+12	100 39 42									648.74	1 352.66
				126 17 20	108.43	−64.18	+1	−64.17	+87.40	−2	+87.38		
3	117 05 24	+12	117 05 36									584.57	1 440.04
				189 11 44	109.51	−108.10	+2	−108.08	−17.50	−2	−17.52		
4	102 02 09	+12	102 02 21									476.49	1 422.52
				267 00 23	133.06	−6.60	+2	−6.58	−132.90	−2	−132.92		
5	124 02 42	+12	124 02 54									469.91	1 289.60
				323 06 29	88.10	+70.46	+1	+70.47	−52.89	−1	−52.90		
1	96 09 15	+12	96 09 27									540.38	1 236.70
				46 57 02									
2													
Σ	539 59 00	+60	540 00 00		597.81	−0.08	+8	0.00	+0.09	−9	0.00		
辅助计算	$\sum\beta_{理}=(5-2)\times180°=540°$ $f_\beta=\sum\beta_{测}-\sum\beta_{理}=-60''$ $f_{\beta容}=\pm60''\sqrt{n}=\pm134''$ $\lvert f_\beta\rvert<\lvert f_{\beta容}\rvert$，说明符合要求 $f_x=\sum\Delta x_{计}=-0.08$ m $f_y=\sum\Delta y_{计}=+0.09$ m			$f_D=\sqrt{f_x^2+f_y^2}=0.12$ m $K=f_D/\sum D=1/4\ 982$ $K_{容}=1/2\ 000$ $K<K_{容}$，说明符合要求				略图见图 5-13					

则改正后角值($\beta_{i改}$)等于观测值加上改正数,即

$$\beta_{i改}=\beta_i+v_{\beta i} \tag{5-6}$$

校核

$$\sum\beta_{i改}=\sum\beta_{理} \tag{5-7}$$

以上计算在表5-3的第2、3、4栏及表下方进行。

2.坐标方位角的计算

根据已知的起始边坐标方位角和改正后的转折角,逐次推算每一条边的坐标方位角。

如图5-14所示,已知1—2边的坐标方位角$\alpha_{12已知}$和各个改正后的内角$\beta_{i改}$($i=1、2、\cdots、5$)。

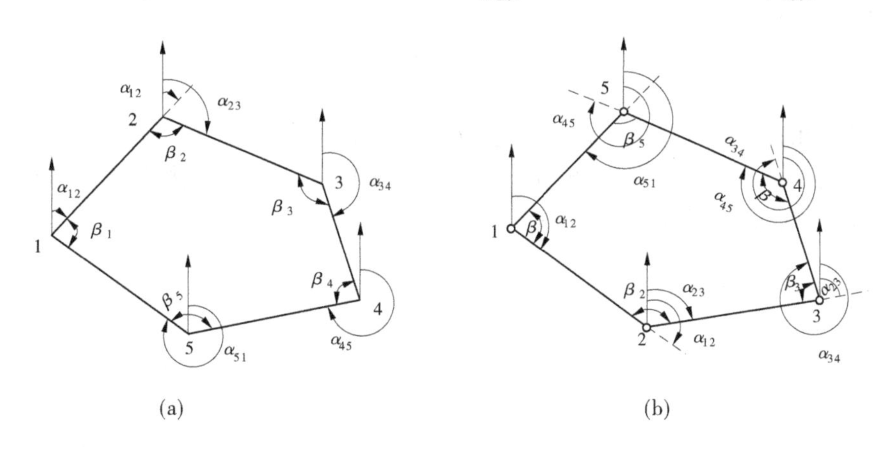

图5-14　推算导线各边方位角

图5-14(a)中,导线点是按顺时针编号的,其内角为右角,可以看出

$$\alpha_{23}=\alpha_{12已知}-(180^\circ-\beta_{2改})$$

同理可得

$$\alpha_{34}=\alpha_{23}-(180^\circ-\beta_{3改})$$

$$\alpha_{45}=\alpha_{34}-(180^\circ-\beta_{4改})$$

$$\vdots$$

$$\alpha_{12}=\alpha_{51}-(180^\circ-\beta_{1改})$$

校核

$$\alpha_{12}=\alpha_{12已知}$$

由此可以归纳出按后面一边的已知方位角$\alpha_{后}$和导线右角$\beta_{右}$,推算前进方向一边的方位角$\alpha_{前}$的一般公式

$$\alpha_{前}=\alpha_{后}-\beta_{右}+180^\circ \tag{5-8}$$

图5-14(b)中,导线点是按逆时针编号的,其内角为左角,可以看出:

$$\alpha_{23}=\alpha_{12已知}-(180^\circ-\beta_{2改})$$

同理可得

$$\alpha_{34}=\alpha_{23}-(180^\circ-\beta_{3改})$$

$$\alpha_{45}=\alpha_{34}-(180^\circ-\beta_{4改})$$

$$\vdots$$

$$\alpha_{12}=\alpha_{51}-(180^\circ-\beta_{1改})$$

校核

$$\alpha_{12}=\alpha_{12已知}$$

由此,可归纳出按后面一边的已知方位角$\alpha_{后}$和导线左角$\beta_{左}$,推算前进方向一边的方位角$\alpha_{前}$的一般公式:

$$\alpha_{前} = \alpha_{后} + \beta_{左} - 180° \quad (5\text{-}9)$$

因为方位角的取值范围是 0°~360°,因此若使用式(5-8)或式(5-9)推算出来的 $\alpha_{前}>360°$ 或 $\alpha_{前}<0°$ 时,则应对其减去 360°或加上 360°。

导线坐标方位角的计算在表 5-3 的第 5 栏中进行。

3.坐标增量的计算

坐标增量是指导线边的终点和始点的坐标差,以 Δx 和 Δy 分别表示纵坐标增量和横坐标增量。从图 5-15 中可知,当知道导线的长度 D 和坐标方位角 α 后,可按下面公式计算坐标增量,称为坐标正算。即

$$\left.\begin{aligned}\Delta x = D\cos\alpha \\ \Delta y = D\sin\alpha\end{aligned}\right\} \quad (5\text{-}10)$$

式中,坐标增量的正、负号与坐标方位角的余弦、正弦函数值的符号相一致。

根据两已知点的坐标计算两点间的坐标方位角和距离,称为坐标反算。如图 5-16 所示,A、B 为已知点,其坐标分别为(x_A, y_A)和(x_B, y_B),则

$$\Delta x_{AB} = x_B - x_A, \Delta y_{AB} = y_B - y_A, \tan\alpha_{AB} = \frac{\Delta y_{AB}}{\Delta x_{AB}}$$

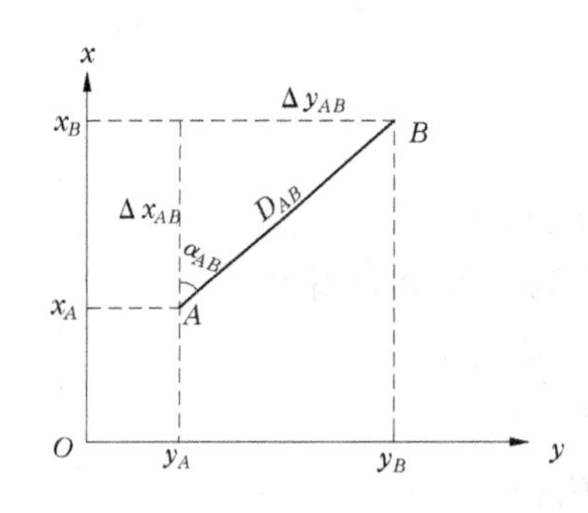

图 5-15　坐标正算

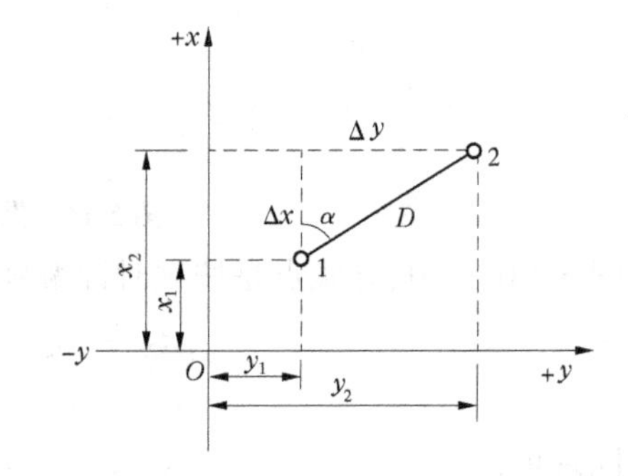

图 5-16　坐标反算

故
$$\alpha_{AB} = \arctan\frac{\Delta y_{AB}}{\Delta x_{AB}} \quad (5\text{-}11)$$

因 Δx_{AB}、Δy_{AB} 有正、负号,因此在计算时应注意其所在的象限。

利用勾股定理可求出两点间的距离,即

$$D_{AB} = \sqrt{\Delta x_{AB}^2 + \Delta y_{AB}^2} \quad (5\text{-}12)$$

坐标增量具体的计算在表 5-3 中第 7、10 栏中进行。

4.坐标增量闭合差的计算与调整

闭合导线各边纵、横坐标增量的代数和的理论值分别等于零,如图 5-17(a)所示,即

$$\left.\begin{aligned}\sum \Delta y_{理} = 0 \\ \sum \Delta x_{理} = 0\end{aligned}\right\} \quad (5\text{-}13)$$

由于测量的导线边长存在误差,坐标方位角虽然由改正后的转折角推算得到,但转折角的改正不可能完全消除误差,所以坐标方位角中仍存在误差,从而导致坐标增量带有误差,因此坐标增量的计算值之和 $\sum \Delta x_{计}$ 和 $\sum \Delta y_{计}$ 一般不等于零,这就是坐标增量闭合差,如

图 5-17(b)中所示。纵、横坐标增量闭合差分别以f_x和f_y表示,即

$$\left.\begin{aligned} f_x &= \sum \Delta x_{计} \\ f_y &= \sum \Delta y_{计} \end{aligned}\right\} \tag{5-14}$$

由于纵、横坐标闭合差的存在,根据计算结果绘制出来的闭合导线图形不能闭合,如图 5-17(b)所示,1′点与 1 点不重合,线段 1′1 叫作导线全长闭合差,以f_D表示。由图 5-17 可知:

$$f_D = \sqrt{f_x^{\ 2} + f_y^{\ 2}} \tag{5-15}$$

导线全长闭合差的大小与导线长度成正比。因此,导线测量的精度是用导线全长相对

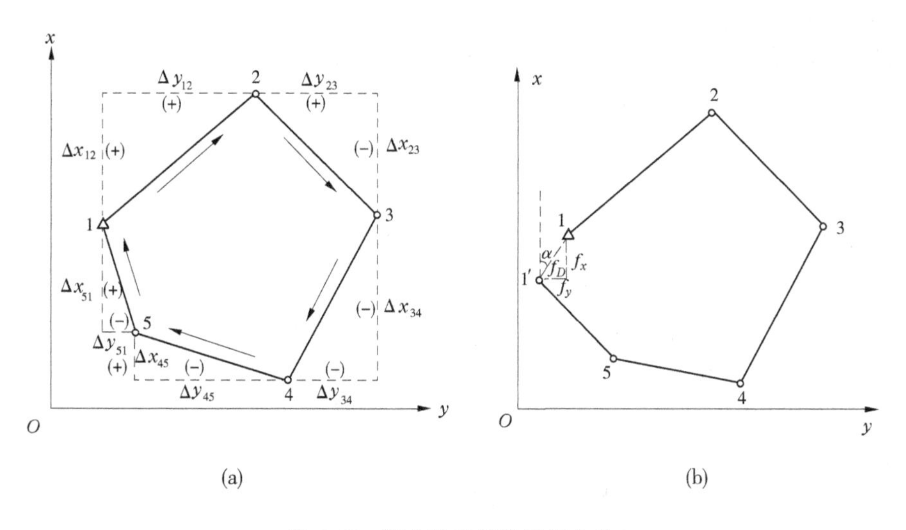

图 5-17　闭合导线增量及闭合差

闭合差 K(即导线全长闭合差f_D与导线全长$\sum D$的比值)来衡量的,即

$$K = \frac{f_D}{\sum D} = \frac{1}{\sum D / f_D} \tag{5-16}$$

不同等级的导线全长相对闭合差的容许值$K_{容}$不一样,对于图根钢尺量距导线,$K_{容}$ = 1/2 000。

若 $K>K_{容}$,则说明导线测量结果不满足精度要求,应首先检查内业计算有无错误,若有错误,重新计算;若无错误,再检查外业观测数据,对错误或可疑数据重新观测。

若 $K \leqslant K_{容}$,则说明导线测量结果满足精度要求,可进行坐标增量闭合差调整。坐标增量闭合差的调整方法是:将坐标增量闭合差f_x和f_y分别以相反的符号,按与边长成正比例地分配到各坐标增量上,则各纵、横坐标增量的改正数 $v_{\Delta xi}$、$v_{\Delta yi}$分别为

$$\left.\begin{aligned} v_{\Delta xi} &= -\frac{D_i}{\sum D} f_x \\ v_{\Delta yi} &= -\frac{D_i}{\sum D} f_y \end{aligned}\right\} \tag{5-17}$$

$$\text{校核} \quad \left.\begin{aligned} \sum v_{\Delta xi} &= -f_x \\ \sum v_{\Delta yi} &= -f_y \end{aligned}\right\} \tag{5-18}$$

由于凑整的原因,可能存在微小的不符值,此时应在适当的坐标增量上增加或减少一点,以满足式(5-18)的要求。

则改正后的坐标增量 $\Delta x_{i改}$ 和 $\Delta y_{i改}$ 等于坐标增量计算值加上改正数,即

$$\left.\begin{aligned} \Delta x_{i改} &= \Delta x_i + v_{\Delta xi} \\ \Delta y_{i改} &= \Delta y_i + v_{\Delta yi} \end{aligned}\right\} \tag{5-19}$$

以上具体计算在表5-3的第8、9、11、12栏及表格下方进行。

5.导线点坐标的计算

根据导线起始点的已知坐标及改正后的坐标增量,依次推算各导线点的坐标。

$$\left.\begin{aligned} & x_2 = x_{1已知} + \Delta x_{12} && y_2 = y_{1已知} + \Delta y_{12} \\ & x_3 = x_2 + \Delta x_{23} && y_3 = y_2 + \Delta y_{23} \\ & \quad \vdots && \quad \vdots \\ & x_n = x_{n-1} + \Delta x_{(n-1)n} && y_n = y_{n-1} + \Delta y_{(n-1)n} \\ & x_1 = x_n + \Delta x_{n-1} && y_1 = y_n + \Delta y_{n-1} \\ & \text{校核 } x_1 = x_{1已知} && \text{校核 } y_1 = y_{1已知} \end{aligned}\right\} \tag{5-20}$$

以上计算在表5-3第13、14栏中进行。

(三)附合导线坐标计算

附合导线的坐标计算与闭合导线的坐标计算基本上相同,但由于附合导线两端与已知点相连,所以在计算角度闭合差和坐标增量闭合差上不同。

1.具有两个连接角的附合导线的计算

此种附合导线的计算步骤和闭合导线的计算步骤基本相同,只是在角度闭合差及坐标增量闭合差的计算方法上有所不同。下面仅介绍不同之处。

1)角度闭合差的计算

如图5-18所示,已知数据及观测值均标注在导线略图上,根据起始边方位角及导线左角,按式(5-9)计算各边坐标方位角。

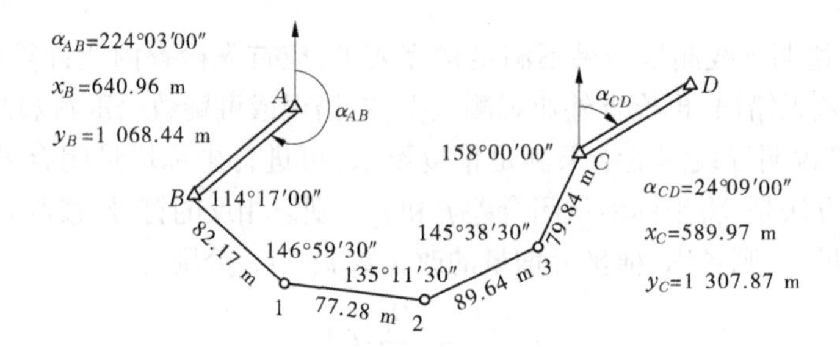

图5-18 附合导线略图

$$\alpha_{B1} = \alpha_{AB} - 180° + \beta_B$$
$$\alpha_{12} = \alpha_{B1} - 180° + \beta_1$$
$$\vdots$$
$$\alpha'_{CD} = \alpha_{BC} - 180° + \beta_C$$

将以上各式相加，得到

$$\alpha'_{CD} = \alpha_{AB} - n \times 180° + \sum \beta_i$$

由于转折角及连接角观测中存在误差，故算出的 α'_{CD} 与已知 α_{CD} 不相等，即产生角度闭合差 f_β，则

$$f_\beta = \alpha'_{CD} - \alpha_{CD} = \alpha_{AB} - \alpha_{CD} - n \times 180° + \sum \beta_{左}$$

写成一般表达式为

$$f_\beta = \alpha_{始} - \alpha_{终} - n \times 180° + \sum \beta_{左} \tag{5-21}$$

若转折角为右角，则

$$f_\beta = \alpha_{始} - \alpha_{终} + n \times 180° - \sum \beta_{右} \tag{5-22}$$

附合导线角度闭合差的容许值及调整方法同闭合导线，当观测角为右角时，改正数的符号与 f_β 的符号相同。

2）坐标增量闭合差的计算

附合导线纵、横坐标增量的代数和的理论值分别等于终点与始点的已知纵、横坐标差，即

$$\left.\begin{aligned} \sum \Delta x_{理} &= x_{终} - x_{始} \\ \sum \Delta y_{理} &= y_{终} - y_{始} \end{aligned}\right\} \tag{5-23}$$

故

$$\left.\begin{aligned} f_x &= \sum \Delta x_{计} - (x_{终} - x_{始}) \\ f_y &= \sum \Delta y_{计} - (y_{终} - y_{始}) \end{aligned}\right\} \tag{5-24}$$

具有两个连接角的附合导线具体计算过程的算例见表 5-4。

2.仅有一个连接角的附合导线的计算

这种附合导线的计算与具有两个连接角的附合导线的计算不同之处在于它不进行角度闭合差的计算与调整，其余计算步骤和方法均相同。

3.无连接角的附合导线的计算

1）假定坐标方位角的计算

如图 5-19 所示，起始边坐标方位角假定为 90°00′00″（可以是任意角度），即 $\alpha'_{A1} = 90°00'00''$。

根据测定的转折角采用式（5-8）推算各边的假定坐标方位角 α'。

表 5-4　附合导线坐标计算表

点号	转折角			方位角 α (° ′ ″)	边长 D (m)	纵坐标增量 Δx			横坐标增量 Δy			纵坐标 x(m)	横坐标 y(m)
	观测值 (° ′ ″)	改正数 (″)	改正后值 (° ′ ″)			计算值 (m)	改正数 (mm)	改正后的值 (m)	计算值 (m)	改正数 (mm)	改正后的值 (m)		
1	2	3	4	5	6	7	8	9	10	11	12	13	14
A													
				224 03 00									
B	114 17 00	−6	114 16 54									640.93	1 068.44
				158 19 54	82.17	−76.36		−76.36	+30.34	+1	+30.35		
1	146 59 30	−6	146 59 24									564.57	1 098.79
				125 19 18	77.28	−44.68		−44.68	+63.05	+1	+63.06		
2	135 11 30	−6	135 11 24									519.89	1 161.85
				80 30 42	89.64	+14.78	−1	+14.77	+88.41	+2	+88.43		
3	145 38 30	−6	145 38 24									534.66	1 250.28
				46 09 06	79.84	+55.31		+55.31	+57.58	+1	+57.59		
C	158 00 00	−6	157 59 54									589.97	1 307.87
				24 09 00									
D													
Σ	700 06 30	−30	700 06 00		328.93	−50.95	−1	−50.96	+239.38	+5	239.43		

辅助计算：

$f_\beta=\alpha_{始}-\alpha_{终}-n\times180°+\sum\beta_{左}=+30''$

$f_{\beta容}=\pm60''\sqrt{n}=\pm134''$

$|f_\beta|<|f_{\beta容}|$，说明符合要求

$f_x=\sum\Delta x_{计}-(x_C-x_B)=+0.01$ m

$f_y=\sum\Delta y_{计}-(y_C-y_B)=-0.05$ m

$f_D=\sqrt{f_x^2+f_y^2}=0.05$ m

$K=f_D/\sum D=1/6\ 579$

$K_{容}=1/2\ 000$

$K<K_{容}$，说明符合要求

略图见图 5-18

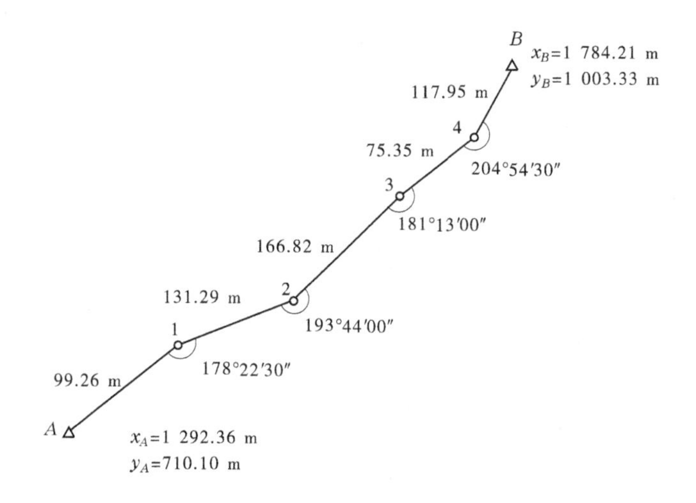

图 5-19　无连接角的附合导线

2)假定坐标增量的计算

根据各边假定坐标方位角和边长,采用式(5-10)推算假定坐标增量 $\Delta x'$和 $\Delta y'$。

3)计算旋转角

首先计算起点与终点的坐标方位角和假定坐标方位角。

$$\alpha_{AB} = \arctan\frac{\Delta y_{AB}}{\Delta x_{AB}} = \arctan\frac{y_B - y_A}{x_B - x_A}$$

$$\alpha'_{AB} = \arctan\frac{\Delta y'_{AB}}{\Delta x'_{AB}} = \arctan\frac{\sum \Delta y'}{\sum \Delta x'}$$

如图 5-20 所示,因为假设了导线的起始边方位角,从而使导线围绕起点旋转了一个角度 θ。则

$$\theta = \alpha'_{AB} - \alpha_{AB}$$

4.坐标方位角的计算

将各边假定坐标方位角减去转折角 θ,即得各边坐标方位角 $\alpha = \alpha' - \theta$ 。

5.坐标增量的计算

根据各边的坐标方位角和边长计算坐标增量,然后计算坐标增量闭合差并进行调整,最后根据起点坐标和改正后坐标增量计算各点坐标。此部分计算与两个连接角的附合导线相同。

无连接角的附合导线具体计算过程的算例见表 5-5。

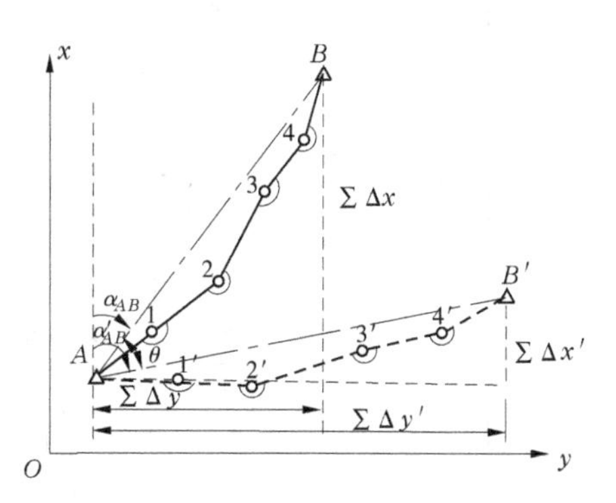

图 5-20　旋转角

表 5-5　无连接角的附合导线计算

点号	转折角 (° ′ ″)	假定方位角 (° ′ ″)	边长 (m)	假定坐标增量		改正后方位角(° ′ ″)	坐标增量计算值		改正后坐标增量		坐标	
				$\Delta x'$(m)	$\Delta y'$(m)		$\Delta x_{计}$(m)	$\Delta y_{计}$(m)	Δx(m)	Δy(m)	x(m)	y(m)
1	2	3	4	5	6	7	8	9	10	11	12	13
A											1 292.36	710.10
1	178 22 30	90 00 00	99.26	0.00	+99.26	43 03 59	+72.52	+67.78	+72.52	+67.78	1 364.88	777.88
2	193 44 00	91 37 30	131.29	−3.72	+131.24	44 41 29	+93.33	+92.33	+93.33	+92.33	1 458.21	870.21
3	181 03 00	77 53 30	166.82	+34.99	+163.11	30 57 29	−0.01 +143.06	−0.01 +85.81	+143.05	+85.80	1 601.26	956.01
4	204 54 30	76 40 30	75.35	+17.37	+73.32	29 44 29	+65.42	+37.38	+65.42	+37.38	1 666.68	993.39
B		51 46 00	117.95	+73.00	+92.65	4 49 59	+117.53	+9.94	+117.53	+9.94	1 784.21	1 003.33
Σ			590.67	+121.64	+559.58		+491.86	+293.24	+491.85	+293.23		

辅助计算

$\alpha'_{AB}=\arctan(\sum\Delta y'/\sum\Delta x')=77°44'10''$

$\alpha_{AB}=\arctan(\sum\Delta y/\sum\Delta x)=30°48'09''$

$\theta=\alpha'_{AB}-\alpha_{AB}=46°56'01''$

$\alpha=\alpha'-\theta$

$f_x=\sum\Delta x_{计}-(x_B-x_A)=+0.01\ \text{m}$

$f_y=\sum\Delta y_{计}-(y_B-y_A)=+0.01\ \text{m}$

$f_D=\sqrt{f_x^2+f_y^2}=0.01\ \text{m}$

$K=f_D/\sum D=1/59\ 067$

$K_{容}=1/2\ 000$

$K<K_{容}$，说明符合要求

略图见图 5-19

(四)支导线计算

由于电磁波测距仪和全站仪的发展和普及,测距和测角的精度大大提高,在测区内已有控制点的数量不能满足测图或施工放样的需要时,可用支导线的方法来代替交会法来加密控制点。

由于支导线既不回到原起始点上,又不附合到另一个已知点上,故支导线没有检核限制条件,也就不需要计算角度闭合差和坐标增量闭合差,只要根据已知边的坐标方位角和已知点的坐标,由外业测定的转折角和转折边长,直接计算出各边方位角及各边坐标增量,最后推算出选定导线点的坐标。

支导线的内业计算与闭合导线、附合导线相比,不进行角度闭合差及坐标增量闭合差的计算与调整。计算步骤如下:

(1)根据观测的转折角采用式(5-8)或式(5-9)推算各边的方位角。

(2)根据各边的方位角和边长采用式(5-10)计算坐标增量。

(3)根据起点的已知坐标和各边的坐标增量计算各点的坐标。

【例5-2】 施工现场已知高程点不多时,测量待求点的高程往往采用支线法。由于支线法缺乏线路检测条件,必须独立进行两次测量。某工地从水准点 BM_A 出发,采用支线水准路线测量1号点的高程,往、返均测量了5站。往测值 $h_{A1}'=2.368$ m,返测值 $h_{1A}''=-2.377$ m。$H_{BMA}=312.525$ m,$f_{h允}=\pm12\sqrt{n}$(mm)。

解:(1)单一水准路线包括(　　)。

A.水准网　　B.闭合水准路线

C.附合水准路线　　D.支线水准路线

E.城市导线

(2)关于本次测量的测算叙述,(　　)是正确的。

A.水准点 BM_A 到1点的高差是2.372 m

B.水准点 BM_A 到1点的高差是-2.372 m

C.水准点 BM_A 到1点的高差是2.373 m

D.点1的高程是314.894 m

E.允许误差应是±26.8 mm

【案例提示】

(1)BCD　(2) ADE

单元三　交会定点

在进行图根平面控制测量时,如果图根点的密度不能满足地形测量或工程测量的需要,而需要加密且点数不多时,则可采用测角交会加密图根点。测角交会分为前方交会、侧方交会和后方交会三种。前方交会是交会定点的一种常用方法。

一、前方交会

如图5-21所示,前方交会是分别在两个已知点 A 和 B 上安置经纬仪测出水平角 α 和 β,根据已知点的坐标求算未知点 P 的坐标的方法。

因为 $x_P - x_A = D_{AP}\cos\alpha_{AP}$

$y_P - y_A = D_{AP}\sin\alpha_{AP}$

故
$$x_P - x_A = \frac{(x_B - x_A)\cot\alpha + (y_B - y_A)}{\cot\alpha + \cot\beta}$$

$$y_P - y_A = \frac{(y_B - y_A)\cot\alpha + (x_B - x_A)}{\cot\alpha + \cot\beta}$$

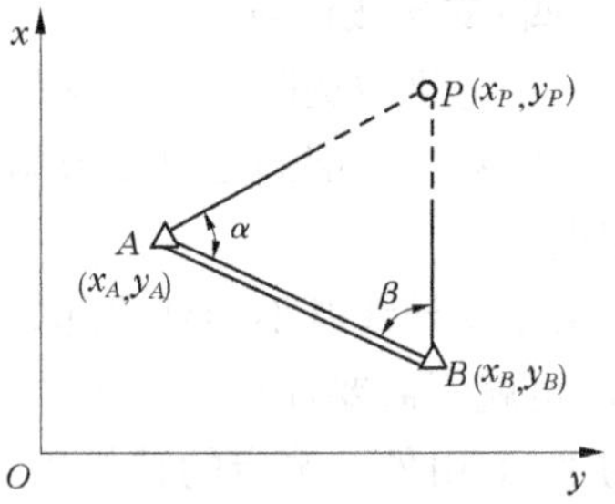

移项化简得:

$$x_P = \frac{x_A\cot\beta + x_B\cot\alpha - y_A + y_B}{\cot\alpha + \cot\beta}$$

$$y_P = \frac{y_A\cot\beta + y_B\cot\alpha + x_A - x_B}{\cot\alpha + \cot\beta} \tag{5-25}$$

图 5-21　前方交会

使用式(5-25)时,注意 A、B、P 三点的次序应逆时针排列。

前方交会的算例见表 5-6。

表 5-6　前方交会计算表

点名		观测角		坐标				略图
				x(m)		y(m)		
A	张村	α_1	40°48′50″	x_A	1 653.55	y_A	1 314.70	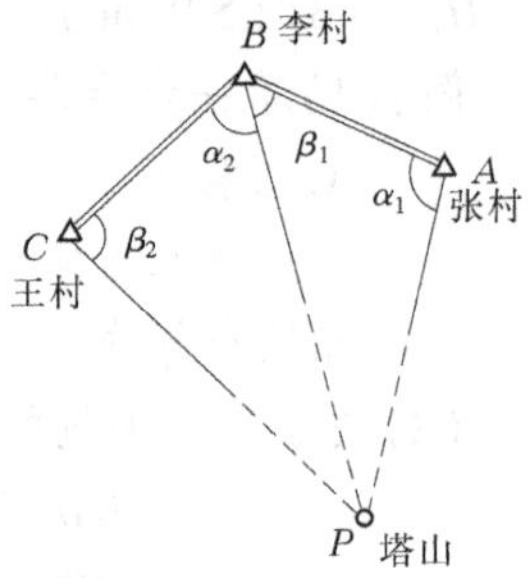
B	李村	β_1	67°49′40″	x_B	1 357.90	y_B	633.92	
P	塔山			x_P	999.99	y_P	1 000.00	
B	李村	α_2	39°20′34″	x_B	1 357.90	y_B	633.92	
C	王村	β_2	66°59′38″	x_C	827.38	y_C	692.53	
P	塔山			x_P	1 000.00	y_P	1 000.00	
				中数 x_P	1 000.00	中数 y_P	1 000.00	

二、侧方交会

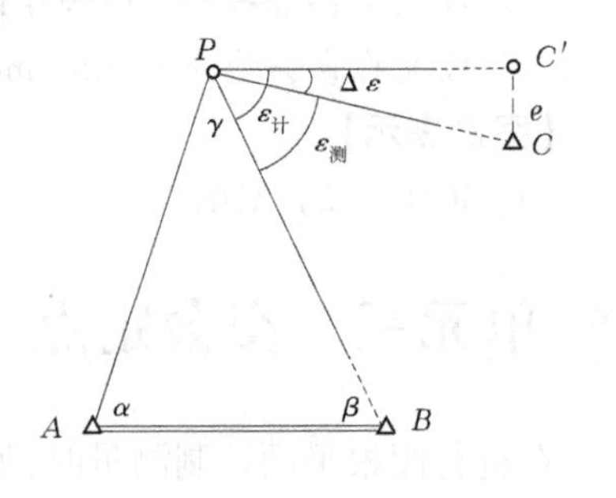

图 5-22　侧方交会

如图 5-22 所示,侧方交会是在一个已知点不便于安置仪器的情况下,分别在一个已知点 A(或 B)和未知点 P 上安置经纬仪测出水平角 α(或 β)和 γ,根据已知点的坐标求算未知点 P 的坐标的方法。

计算 P 点坐标时,在 $\triangle ABP$ 中,已知 A、B 两点坐标及 α(或 β)、γ 角,则由 $\beta = 180° - (\alpha + \gamma)$ 或 $\alpha = 180° - (\beta + \gamma)$,求 β(或 α),这样就可采用前方交会的计算公式进行计算。

侧方交会测定 P 点时,一般采用检查角(ε)方法进行检查观测成果的正确性,即在 P 点向另一已知点 C 观测检查角 $\varepsilon_{测}$,检查方法如下。

计算出 P 点坐标后,根据 B、C、P 三点的坐标即可反算出 PB、PC 的坐标方位角 α_{PB}、α_{PC}

及边长 D_{PC}。

即
$$\alpha_{PB}=\arctan\frac{y_B-y_P}{x_B-x_P}$$

$$\alpha_{PC}=\arctan\frac{y_C-y_P}{x_C-y_P}$$

$$D_{PC}=\sqrt{(x_C-x_P)^2+(y_C-y_P)^2}$$

则
$$\varepsilon_{计}=\alpha_{PB}-\alpha_{PC}$$

由于误差的存在，使得 ε 的计算值 $\varepsilon_{计}$ 与观测值 $\varepsilon_{测}$ 不相等而产生较差 $\Delta\varepsilon$，即

$$\Delta\varepsilon=\alpha_{PB}-\alpha_{PC} \tag{5-26}$$

$\Delta\varepsilon$ 反映了 P 点的横向位移 e，即

$$e=\frac{D_{PC}\Delta\varepsilon}{\rho} \tag{5-27}$$

一般测量规范中，对于地形控制规定最大的横向位移 e 不大于比例尺精度的两倍，即

$$e\leqslant 2\times0.1M$$

故
$$\Delta\varepsilon\leqslant\frac{0.2M}{D_{PC}}\rho \tag{5-28}$$

式中　D_{PC}——边长，mm，

M——比例尺分母。

侧方交会的算例见表 5-7。

表 5-7　侧方交会计算表

点名		起算数据				观测数据	
		x(m)		y(m)			
A	确山	6 244.73		28 117.81		α	47°59′42″
B	玉山	5 551.32		28 413.70		β	(63°33′46″)
C	北山	5 182.27		28 894.74			
P	N_9	计算结果				γ	68°26′32″
		$x(P)$	6 009.66	$y(P)$	28 804.53		
检核计算		α_{PB}	220°27′16″	$\Delta\varepsilon_{测}$	9″		
		α_{PC}	173°46′40″	D_{PC}	832.29 m		
		$\varepsilon_{计}$	46°40′36″	$\Delta\varepsilon_{容}$	496″		
		$\varepsilon_{测}$	46°40′45″	比例尺	1:10 000		

三、后方交会

如图 5-23 所示，后方交会是仅在未知点 P 观测出 α、β 角，根据已知点 A、B、C 的坐标求算未知点 P 的坐标的方法。

后方交会求算未知点的公式很多，下面仅介绍一种简明易记、计算方便的仿权公式，即

$$
\left.\begin{aligned}
x_P &= \frac{P_A x_A + P_B x_B + P_C x_C}{P_A + P_B + P_C} \\
y_P &= \frac{P_A y_A + P_B y_B + P_C y_C}{P_A + P_B + P_C}
\end{aligned}\right\} \tag{5-29}
$$

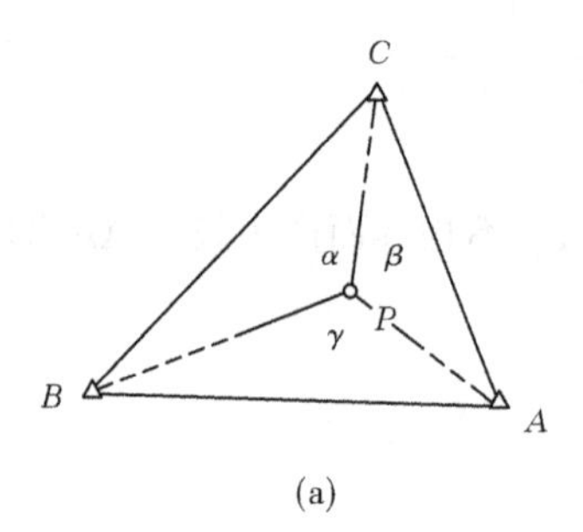

(a)

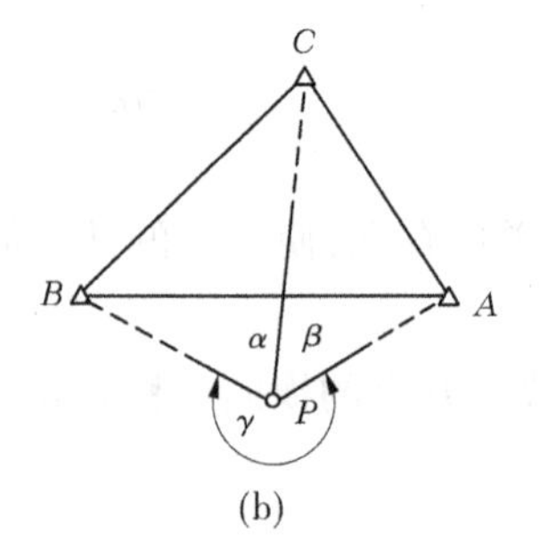

(b)

图 5-23　后方交会

式中

$$P_A = \frac{1}{\cot\angle A - \cot\alpha}$$

$$P_B = \frac{1}{\cot\angle B - \cot\beta}$$

$$P_C = \frac{1}{\cot\angle C - \cot\gamma}$$

后方交会的算例见表 5-8。

表 5-8　后方交会计算表

点号	坐标		固定角	观测角	
	x(m)	y(m)			
A	2 858.06	6 860.08	7°43′33″	α	118°58′18″
B	4 374.87	6 564.14	159°02′51″	β	204°37′22″
C	5 144.96	6 083.07	13°13′36″	γ	(36°24′20″)
P	4 657.78	6 074.23			
$P_A=0.126\ 186$ $P_B=-0.208\ 618$ $P_C=0.345\ 003$ $P_A+P_B+P_C=0.262\ 571$			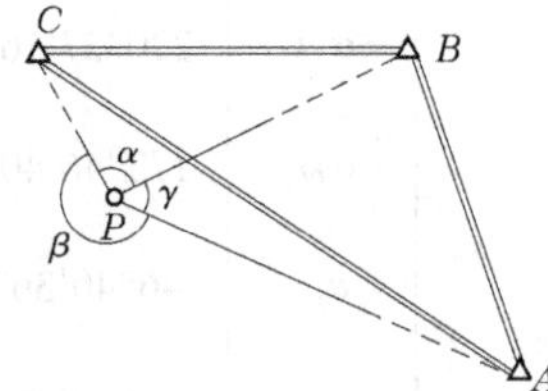		

【例 5-3】 图 5-24 是某建筑物定位测量示意图。该拟建建筑物一角点 P 的设计坐标为：$P(X=560.500\ \text{m}, Y=820.500\ \text{m})$，控制点 B 坐标为 $B(X=520.480\ \text{m}, Y=760.850\ \text{m})$，直线 AB 的坐标方位角 $\alpha_{AB}=126°45'30''$。现拟用极坐标法测设 P 点。

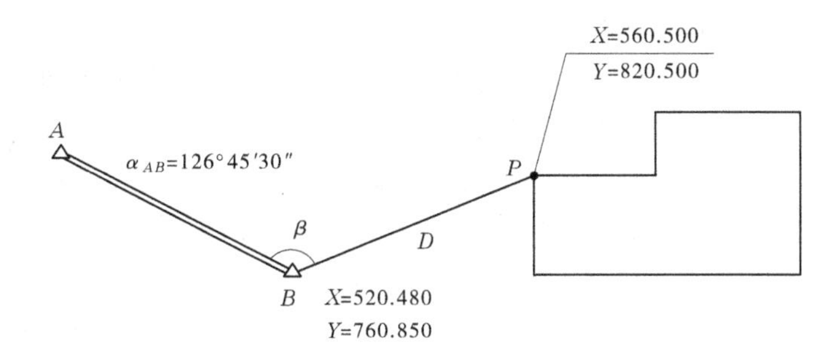

图 5-24　某建筑物定位测量示意图

问题:

(1)测设地面点平面位置的方法包括下列中的(　　)。

A.直角坐标法　　B.极坐标法

C.水准测量法　　D.角度交会法

E.距离交会法

(2)关于本例测设 P 点的说法,(　　)是正确的。

A.本次测量采用的是极坐标法

B.采用极坐标法测设地面点位,需要水平角 β 和水平距离 D

C.$\alpha_{BP}=56°08'30''$

D.水平角 $\beta=109°23'00''$

E.水平距离 $D_{BP}=59.650$ m

(3)下列说法中的(　　)是正确的。

A.直角坐标法一般用于已建立相互垂直的主轴线或建筑方格网的场地

B.极坐标法适用于控制点和测设点之间便于测量距离的情况

C.角度交会出现误差三角形时,此次测设失败

D.采用距离交会法,应有第三个已知点作为检核

E.全站仪测设点位实际上是极坐标法的应用

(4)有关本例测设数据,(　　)是错误的。

A.BP 的 X 坐标增量是-40.020 m

B.BP 的 X 坐标增量是 59.650 m

C.水平距离 $D_{BP}=71.830$ m

D.$\alpha_{PP}=56°08'30''$

E.$R_{BP}=\text{N}56°08'30''\text{E}$

【案例提示】

(1)ABDE　(2)ABCD　(3)ABDE　(4)ADE

单元四　小区域高程控制测量

一、四等水准测量

小区域的首级控制网和工程施工高程控制测量,一般先布设三等或四等水准网,再用图

根水准测量和三角高程测量加密。

四等水准测量与普通水准测量进行的工作大体相同,都需要拟订水准路线,选点、埋石和观测等步骤,所不同的是四等水准测量必须使用双面尺观测,记录计算、观测顺序、精度要求不同等。三、四等及普通水准观测的主要技术要求见表5-9,仪器等级采用 DS_3 级水准仪,水准尺不同于普通水准尺,它是双面水准尺,每次观测使用两把尺子,称为一对,每根水准尺一面为红色,另一面为黑色。一对水准尺的黑面尺底刻划均为零,而红面尺一根尺底刻划为4.687 m,另一根尺底刻划为4.787 m,这一数值用 K 表示,称为同一水准尺红、黑面常数差。下面以四等水准测量为例,介绍用双面水准尺法在一个测站的观测程序、记录与计算。

表5-9 三、四等及普通水准测量技术要求

技术项目	三等	四等	普通水准
1.仪器	DS_3 型水准仪 双面水准尺	DS_3 型水准仪 双面水准尺	DS_3 型水准仪 双面或单面水准尺
2.测站观测程序	后—前—前—后	后—后—前—前	后—后—前—前
3.视线最低高度	三丝能读数	三丝能读数	中丝读数>0.3 m
4.最大视线长度	75 m	100 m	150 m
5.前后视距差	不超过±2.0 m	不超过±3.0 m	不超过±20 m
6.视距读数法	三丝读数(下-上)	直读视距	直读视距
7.K+黑-红	不超过±2.0 mm	不超过±3.0 mm	不超过±4.0 mm
8.黑、红面高差之差	不超过±3.0 mm	不超过±5.0 mm	不超过±6.0 mm
9.前后视距累计差	不超过±5.0 m	不超过±10.0 m	不超过±100 mm
10.高差闭合差	不超过$\pm12\sqrt{L}$ mm	不超过$\pm20\sqrt{L}$ mm	不超过$\pm40\sqrt{L}$ mm
11.其他			

注:L 为水准路线长度。

(一)观测方法与记录

四等水准测量一般采用双面水准标尺和中丝测高法进行观测,而且每站按后—后—前—前和黑—红—黑—红的顺序进行观测。每站的记簿格式如表5-10所示,括号中数字1~8号代表观测记录顺序,9~18号为计算的顺序与记录位置。具体操作步骤如下:

(1)照准后视水准尺黑面,读取下、上、中三丝读数,填入编号(1)、(2)、(3)栏中。

(2)将水准尺翻转为红面,后视水准尺红面,读取中丝读数,填入编号(4)栏中。

(3)前视水准尺的黑面,读取下、上、中三丝读数,填入(5)、(6)、(7)栏中。

(4)将水准尺翻转为红面,前视水准尺红面,读取中丝读数(8)栏。

这样的观测顺序简称为"后—后—前—前"。三等水准测量的顺序为"后—前—前—后",观测顺序有所改变。

(二)计算与检核

1.测站上的计算与检核

(1)视距计算。

根据视线水平时的视距原理(下丝-上丝)×100 计算前、后视距离。

后视距离(9)=(1)-(2)

前视距离(10)=(5)-(6)

表 5-10　四等水准测量记录计算表

测站编号	后尺 下丝 / 上丝	前尺 下丝 / 上丝	方向及尺号	标尺读数		K+黑-红	高差中数	备注
	后视	前视		黑面	红面			
	视距差 d(m)	$\sum d$(m)						
	(1)	(5)	后	(3)	(4)	(13)		
	(2)	(6)	前	(7)	(8)	(14)		
	(9)	(10)	后-前	(15)	(16)	(17)	(18)	
	(11)	(12)						
1	1571	0739	后 K_8	1384	6171	0		$K_8=4787$
	1197	0363	前 K_7	0551	5239	1		
	37.4	37.6	后-前	+0833	+0932	-1	0.8325	
	-0.2	-0.2						
2	2121	2196	后 K_8	1934	6621	0		$K_7=4687$
	1747	1821	前 K_7	2008	6796	-1		
	37.4	37.5	后-前	-0074	-0175	+1	-0.0745	
	-0.1	-0.3						
3	1914	2055	后 K_8	1726	6513	0		
	1539	1678	前 K_7	1866	6554	-1		
	37.5	37.7	后-前	-0140	-0041	+1	-0.1405	
	-0.2	-0.5						

前后视距差(11)=(9)-(10),前后视距差不超过 3 m。

前后视距累计差 (12)=上一个测站(12)+本测站(11),前后视距累计差不超过 10 m。

(2)同一水准尺黑、红面读数差计算($K_7=4687$、$K_8=4787$)。

$$(13)=(3)+K-(4)$$

$$(14)=(7)+K-(8)$$

同一水准尺黑、红面读数差不超过 3 mm。

(3)高差计算与检核。

黑面尺读数的高差　　(15)=(3)-(7)

红面尺读数的高差　　(16)=(4)-(8)

黑、红面所得高差之差检核计算

$$(17)=(15)-(16)\pm 0.100=(13)-(14)$$

式中,±0.100 为两水准尺常数 K 之差。

黑、红面所得高差之差不超过 5 mm。

(4)计算平均高差。

$$(18)=\frac{1}{2}\times[(15)+(16)\pm 0.100]$$

2.每页的计算和检核

(1)总视距计算与检核。

本页末站(12)= Σ(9)-Σ(10);

本页总视距= Σ(9)+Σ(10)。

(2)总高差的计算和检核。

当测站数为偶数时

$$总高差=\sum(18)=\frac{1}{2}\times[\sum(15)+\sum(16)]=\frac{1}{2}\times\{\sum[(3)+(4)]-\sum[(7)+(8)]\}$$

当测站为奇数时

$$总高差=\sum(18)=\frac{1}{2}\times[\sum(15)+\sum(16)\pm 0.100]$$

二、三角高程测量

在山区或丘陵地区,由于地面高差较大,水准测量比较困难,可以采用三角高程测量的方法测定地面点的高程,这种方法速度快、效率高,特别适用于地形起伏大的山区。但是,三角高程测量的精度较水准测量的精度低,一般用于较低等级的高程控制中。

(一)三角高程测量的原理

三角高程测量是根据地面上两点间的水平距离和观测的竖直角来计算两点间的高差,然后根据其中已知点的高程推算未知点的高程。

如图 5-25 所示,已知 A 点高程为 H_A,欲求算 B 点的高程,必先测定 A、B 两点间的高差 h_{AB}。在 A 点安置仪器,量取仪器高 i,在 B 点立觇标,量取其高度 l,用望远镜的十字丝交点瞄准觇标顶端,测出竖角 α。

若用经纬仪量出 A、B 两点间的水平距离 D_{AB},则可求得 A、B 两点间的高差 h_{AB},此为经纬仪三角高程测量,即

$$h_{AB}=D\tan\alpha+i-l \qquad (5\text{-}30)$$

如果用电磁波测距仪测定两点间的斜距 D'_{AB},则也可求得 A、B 两点间的高差 h_{AB},此为电磁波测距三角高程测量,即

$$h_{AB}=D'_{AB}\sin\alpha+i-l \qquad (5\text{-}31)$$

则由公式 $H_B=H_A+h_{AB}$ 可求得 B 的高程 H_B。

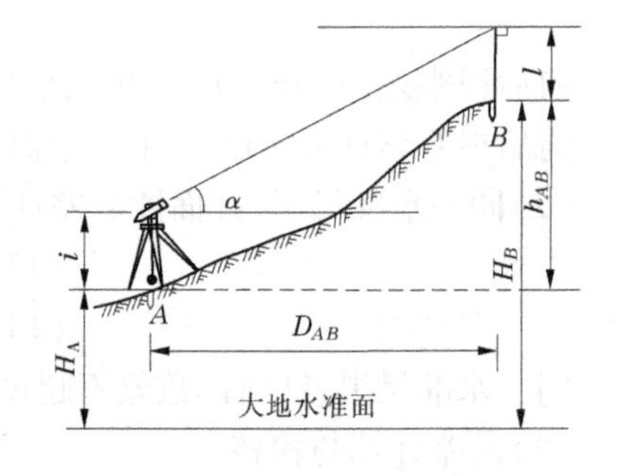

图 5-25　三角高程测量

三角高程测量一般采取对向(往返)观测(又称直反觇观测),即先在已知高程点 A 安置仪器,在未知高程点 B 立觇杆,测得高差 h_{AB},称为直觇,然后在未知高程点 B 安置仪器,在已知高程点 A 立觇标,测得高差 h_{BA},称为反觇。若直觇高差和反觇高差的较差不超过容许值,则取两者的平均值作为最后结果。

(二)三角高程测量外业和内业工作

1.三角高程测量的外业工作

(1)安置仪器于测站上,量取仪器高 i,读至 mm。

(2)立觇标于测点上,量出觇标高 l,读至 mm。

(3)经纬仪观测竖角 α,进行一个测回,较差在 25″内取平均值作为最后结果。

(4)采用对向观测,方法同上。若使用测距仪,测出斜距 D'。

2.三角高程测量的内业工作

三角高程测量内业工作的目的是计算出未知点的高程。计算前,首先整理、检查外业观测数据,确认合格后方可进行计算。

1)高差的计算

根据公式计算直觇、反觇的高差,然后计算两者较差,若不超出容许值,则取平均值,符号同直觇高差符号,见表 5-11。

表 5-11　三角高程测量高差计算表

已知点	A	
未知点	B	
觇法	直	反
水平距离 D_{AB}(m)	488.01	488.01
竖直角 α	+6°52′07″	−6°34′38″
$D\tan\alpha$	+58.78	−56.27
仪器高(m)	1.49	1.50
觇标高(m)	3.00	2.50
两标改正(m)	0.02	0.02
高差(m)	+57.29	−57.25
平均高差(m)	+57.27	

2)高程的计算

首先计算高差闭合差:

$$f_h = \sum h - (H_B - H_A)$$

若 $|f_h| \leq |f_{h允许}|$,说明精度达到要求,可按距离成正比例进行高差闭合差的调整,求得改正后高差,就可根据已知的起点高程逐点推算未知点的高程。

【例 5-4】 某新建小区开工建设前,为了建立施工场地高程控制网,建筑公司的专业测量队伍在施工场地内选择、埋设能为全场提供高程控制的水准点,并进行较高精度的水准测量来确定其高程,作为施工测量的高程依据。

解:

(1)进行水准测量所经过的路线称为水准路线。单一的水准路线包括(　　)。

A.闭合水准路线　　B.三角水准路线

C.附合水准路线　　D.精密水准路线

E.支线水准路线

(2)水准测量误差的来源大致可分为(　　)。

A.仪器误差　　B.三脚架误差

C.读数误差　　D.观测误差

E.外界条件的影响

【案例提示】

(1)ACE　(2)ADE

项目小结

本项目的主要任务是了解什么是控制测量,并学会经纬仪导线测量内、外业的工作和图根点的展绘方法及坐标反算,学会交会法加密控制点、高程控制点的测量及计算。

复习与思考题

一、名词解释

控制测量、经纬仪导线测量、图根点、闭合导线、附合导线、导线全长相对闭合差。

二、简答题

1.图根控制测量中,导线布设的形式有哪几种?各在什么情况下使用?

2.经纬仪导线测量外业工作有哪几项?

三、计算题

1.如图5-25所示的闭合导线,已知1—2边的坐标方位角$\alpha_{12已知}=43°54'31''$,1点的坐标为$x_1=1\ 000.00$ m,$y_1=1\ 000.00$ m,转折角观测值和边长在图中标出,计算闭合导线各点的坐标。

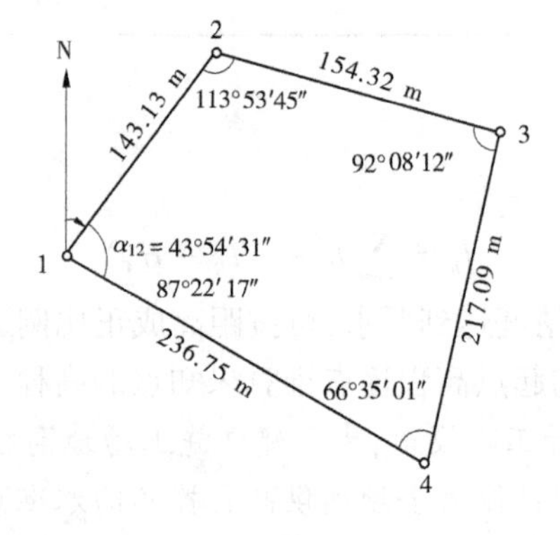

图 5-25

2.如图 5-26 所示的附合导线，已知起始边、终边的坐标方位角 $\alpha_{AB}=41°29'20''$，$\alpha_{CD}=215°36'45''$，B、C 两点的坐标分别为 $x_B=513.26$ m，$y_B=258.17$ m，$x_C=510.99$ m，$y_C=923.28$ m。转折角观测值和边长在图中标出，计算附合导线 1、2、3 点的坐标。

3.采用三角高程测量的方法，从 A 点观测 B 点，测得竖角 $\alpha=+14°06'30''$，A 站仪器高 $i=1.31$ m，B 点目标高 $v=3.80$ m；从 B 点观测 A 点，测得 $\alpha=-13°19'00''$，B 站仪器高 $i=1.47$ m，A 点目标高 $v=4.03$ m，已知 AB 的水平距离 $D=341.23$ m。求 A、B 两点的平均高差。

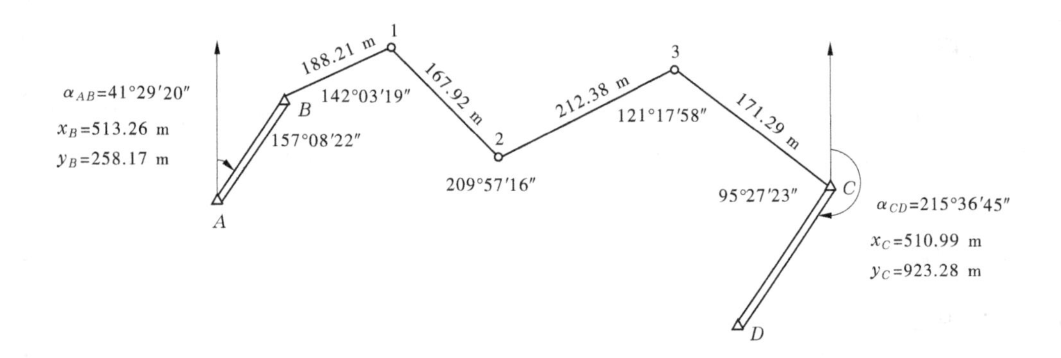

图 5-26

项目六　地形图的基本知识

项目概述

本项目主要介绍地形图的基本知识点，重点介绍地形图的图式和作用，以及地形图的比例尺。学习地形图的分类、分幅和编号方法，学习地形图的注记方法、等高线的基本概念与特性。

学习目标

知识目标

1.了解国家基本地形图的分类。

2.了解国家基本地形图分幅与编号标准、方法。

3.熟悉地形图的图外注记和作用。

4.了解等高线的由来及等高线特性。

5.熟悉地形图图式。

6.掌握地形图比例尺。

技能目标

1.能计算比例尺精度。

2.熟悉地形图图式的常用符号表示方法。

3.能够了解并熟悉地形图分幅和编号方法。

【学习导入】

一幅完整的地形图离不开比例尺，为了完整表达地形图里面的内容，需要了解地形图图式，在地形图测绘过程中涉及地形图分幅和编号，本项目主要讲述地形图比例尺、地形图图式及地形图分幅和编号。

单元一　地形图的比例尺

地面上有各种各样的天然的或人工的固定物体，通常我们称之为地物，如房屋、农田、道路等。地表面的高低起伏形态，如高山、丘陵、盆地等称为地貌。地物和地貌总称为地形。通过野外实地测绘，可将地面上的各种地物、地貌按铅垂方向投影到同一水平面上，再按一定的比例缩小绘制成图。若在图上仅表示地物平面位置的图，称为平面图；既表示地物的平面位置，又表示地貌的起伏形态的图，称为地形图。如图6-1是某城区居民地1∶500地形图,图 6-2 是某地区 1 : 5 000 地形图。

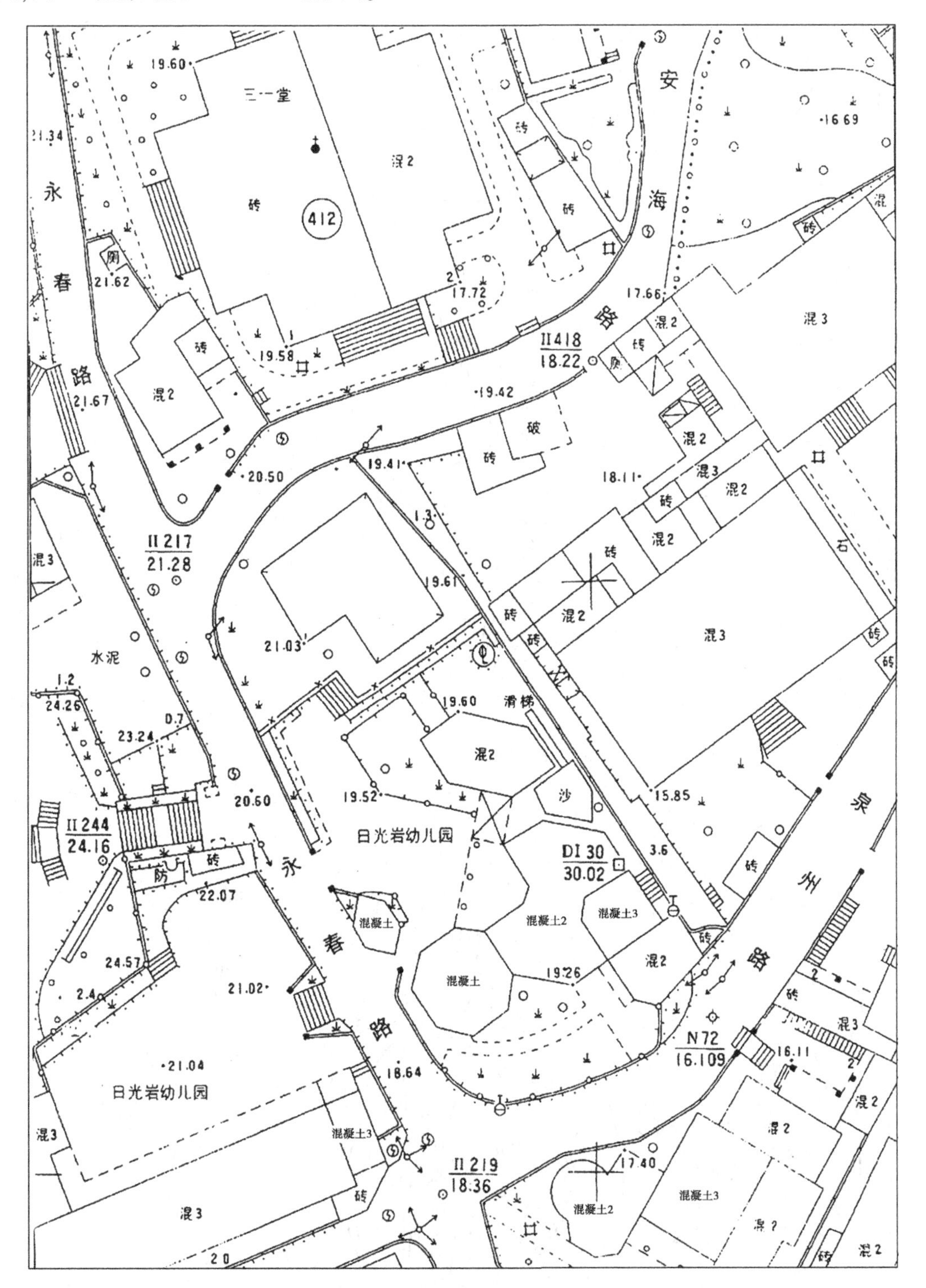

图 6-1 某城区居民地 1 : 500 地形图

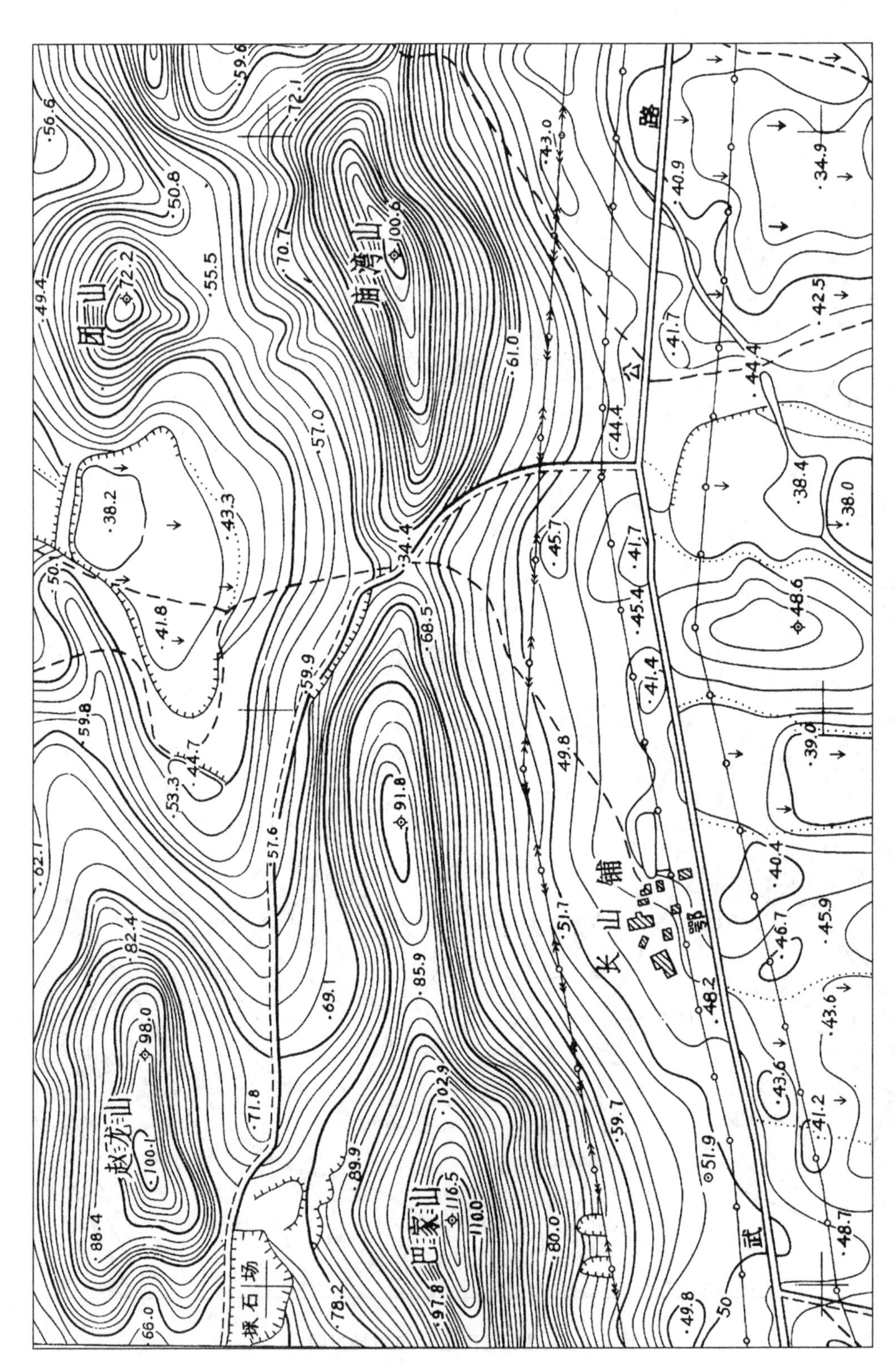

图 6-2 某地区 1：5 000 地形图

为了测绘、管理和使用上的方便,地形图必须按照国家统一规定的图幅、编号、图式,并按一定的比例尺进行绘制。本项目主要介绍地形图的基本知识。

一、比例尺

地形图上一段直线的长度与地面上相应线段的实际水平距离之比,称为地形图的比例尺。比例尺有数字比例尺和图示比例尺两类。

(一)数字比例尺

数字比例尺用分子为1的分数表达,分母为整数。设图中某一线段长度为d,相应实地的水平距离为D,则图的比例尺为

$$\frac{d}{D}=\frac{1}{\frac{D}{d}}=\frac{1}{M}=1:M \tag{6-1}$$

比例尺分母M值愈大,比值愈小,比例尺就愈小。

通常称1:100万、1:50万和1:25万比例尺为小比例尺;1:10万、1:5万、1:2.5万在建筑和工程部门,比例尺为中比例尺;1:1万、1:5 000、1:2 000、1:1 000和1:500比例尺为大比例尺。1:100万、1:50万、1:25万、1:10万、1:5万、1:2.5万、1:1万7种比例尺的地形图为国家基本比例尺地形图。大比例尺地形图通常是直接为满足各种工程设计、施工而测绘的。不同比例尺的地形图一般有不同的用途。如1:1万和1:5 000地形图为基本比例尺地形图,是国民经济建设部门进行总体规划、设计的一项重要依据,也是编制其他更小比例尺地形图的基础。1:2 000比例尺地形图常用于城市详细规划及工程项目初步设计。1:1 000和1:500比例尺地形图主要供各种工程建设的技术设计、施工设计和工业企业的详细规划使用等。

(二)图示比例尺

为了便于应用,以及减小由图纸伸缩而引起的使用中的误差,通常在地形图上绘制图示比例尺。图6-3为1:1 000的图示比例尺,以2 cm为基本单位,最左端的一个基本单位分成10等份。从图示比例尺上可直接读得基本单位为1/10,估读到1/100。

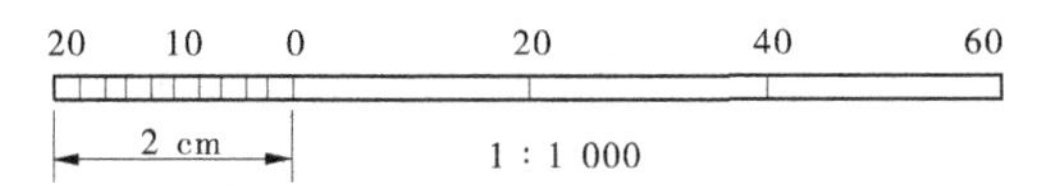

图6-3　1:1 000图示比例尺

二、比例尺精度

人们用肉眼在图上能分辨的最小距离一般为0.1 mm,因此在图上量度或者实地测图描绘时,就只能达到图上0.1 mm的精确性。所以,我们把图上0.1 mm所表示的实地水平距离称为精度。各种比例尺的精度可表达为

$$\delta=0.1\ \text{mm}\times M \tag{6-2}$$

式中　δ——比例尺精度;

M——比例尺分母。

比例尺越大,其比例尺精度也越高。工程上常用的几种大比例尺地形图的比例尺精度

如表6-1所示。

表6-1　比例尺精度

比例尺	1∶500	1∶1 000	1∶2 000	1∶5 000
比例尺精度(m)	0.05	0.1	0.2	0.5

比例尺精度的概念,对测图和设计都有重要的意义。根据比例尺的精度,可以确定在测图时量距应准确到什么程度。例如测1∶1 000图时,实地量距只需取到10 cm,因为即使量得再精细,在图上也无法表示出来。同时,若设计规定需在地图上能量出的实地最短长度,就可以根据比例尺精度定出测图比例尺。如一项工程设计用图,要求图上能反映0.2 m的精度,则所选图的比例尺就不能小于1∶2 000。图的比例尺越大,其表示的地物、地貌就越详细,精度也越高。但比例尺愈大,测图所耗费的人力、财力和时间也愈多。因此,在各类工程中,究竟选用何种比例尺测图,应从实际情况出发,合理选择,而不要盲目追求大比例尺的地形图。

单元二　地形图的图式

地物的种类繁多,形态复杂,一般可分为两类,一类是自然地物,如河流、湖泊等;另一类为人工地物,如房屋、道路、管线等。地物的类别、大小、形状及其在图上的位置,都是按规定的地物符号和要求表示的。原国家测绘地理信息局颁发的《1∶500,1∶1 000,1∶2 000地形图图式》(GB/T 20257.1—2017)统一规定了地形图的规格要求、地物、地貌符号和注记,供测图和识图时使用。

一、地物符号

表6-2是《1∶500,1∶1 000,1∶2 000地形图图式》(GB/T 20257.1—2017)所规定的部分地物符号,根据地物的大小和描绘的方法可分为四种类型。

表6-2　地形图图式摘录

编号	符号名称	图例		编号	符号名称	图例	
		1∶500 1∶1 000	1∶2 000			1∶500 1∶1 000	1∶2 000
1	图根点 1.埋石的 2.不埋石的	2.0 ⊡ 12/275.46 2.0 ⊡ 19/84.47		9	菜地	1.5 0.8 10.0 10.0	
2	水准点 Ⅱ京石5-点名 32.804-高层	2.0 ⊗ Ⅱ 京石5/32.804		10	篱笆	1.0 10.0	

续表 6-2

编号	符号名称	图例		编号	符号名称	图例	
		1∶500 1∶1 000	1∶2 000			1∶500 1∶1 000	1∶2 000
3	卫星定位等级点(B:等级,14:点号,495.263:高程)	3.0 B14/495.263		11	小路	0.3 4.0 1.0	
4	坚固房屋 4-房屋层数	坚4	1.5	12	独立树 1.阔叶 2.针叶 3.果树	1.5 3.0 0.7 3.0 0.7 3.0 0.7	
5	建筑物间的悬空建筑			13	路灯	3.5 1.0	
6	台阶	0.5 0.5 0.5		14	灌木丛(大面积的)	0.5 1.0	
7	花圃	1.5 1.5 10.0 10.0		15	草地	2.0 2.0 10.0 10.0	
8	水稻田	0.2 2.0 10.0 10.0		16	栅栏、栏杆	1.0 10.0	

(一)依比例尺符号

地物的轮廓较大,能按比例尺将地物的形状、大小和位置缩小绘在图上以表达轮廓性的符号。这类符号一般是用实线或点线表示其外围轮廓,如房屋、湖泊、森林、农田等。

(二)不依比例尺符号

一些具有特殊意义的地物,轮廓较小,无法按比例尺缩小绘在图上时,就采用统一尺寸,用规定的符号来表示,如三角点、水准点、烟囱、消火栓等。这类符号在图上只能表示地物的中心位置,不能表示其形状和大小。

(三)半依比例尺符号

一些呈线状延伸的地物,其长度能按比例缩绘,而宽度不能按比例缩绘,需用一定的符号表示的称为半依比例符号,也称线状符号,如铁路、公路、围墙、通信线等。半依比例尺符

号只能表示地物的位置(符号的中心线)和长度,不能表示宽度。

(四)地物注记

地形图上对一些地物的性质、名称等加以注记和说明的文字、数字或特定的符号,称为地物注记,例如房屋的层数,河流的名称、流向、深度,工厂、村庄的名称,控制点的点号、高程,地面的植被种类等。

依比例尺符号与半依比例尺符号的使用界限并不是绝对的。如公路、铁路等地物,在1∶2 000~1∶500比例尺地形图上是用比例符号绘出的,但在1∶5 000比例尺以上的地形图上是按半依比例符号绘出的。比例符号与非比例符号之间也是同样的情况。一般来说,测图比例尺越大,用比例符号描绘的地物越多;比例尺越小,用非比例符号表示的地物越多。

二、地貌符号

地貌形态多种多样,可按其起伏的变化程度分为平地、丘陵地、山地、高山地,见表6-3。

表6-3　地貌分类

地貌形态	地面坡度
平地	2°以下
丘陵地	2°~6°
山地	6°~25°
高山地	25°以上

图上表示地貌的方法有多种,对于大、中比例尺主要采用等高线法,对于特殊地貌则采用特殊符号表示。

(一)等高线的定义

等高线是地面上高程相等的相邻点连成的闭合曲线。如图6-4所示,设想有一座高出平静水面的小山头,山顶被水淹没时的水面高程为100 m,山头与水面相交形成的水涯线为一闭合曲线,曲线的形状随山头与水面相交的位置而定,曲线上各点的高程相等。例如,当水面高为95 m时,曲线上任一点的高程均为95 m;若水位继续降低至90 m、85 m,则水涯线的高程分别为90 m、85 m。将这些水涯线垂直投影到水平面H上,并按一定的比例尺缩绘在图纸上,就将山头用等高线表示在地形图上。这些等高线的形状和高程,客观地显示了山头的空间形态。

(二)等高距与等高线平距

相邻两高程不同的等高线之间的高差称为等高距,常以h表示。如图6-4中的等高距是5 m。在同一幅地形图上,等高距是相同的。

相邻两高程不同的等高线之间的水平距离称为等高线平距,常以d表示。等高线平距d的大小与地面坡度有关。等高线平距越小,地面坡度越大;等高线平距越大,地面坡度越小;地面坡度相等,等高线平距相等。因此,可根据地形图上等高线的疏、密判定地面坡度的缓、陡,如图6-5所示。

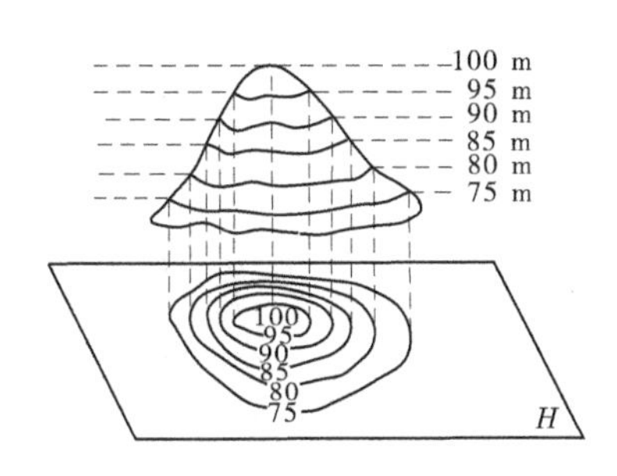

图 6-4　用等高线表示地貌的方法

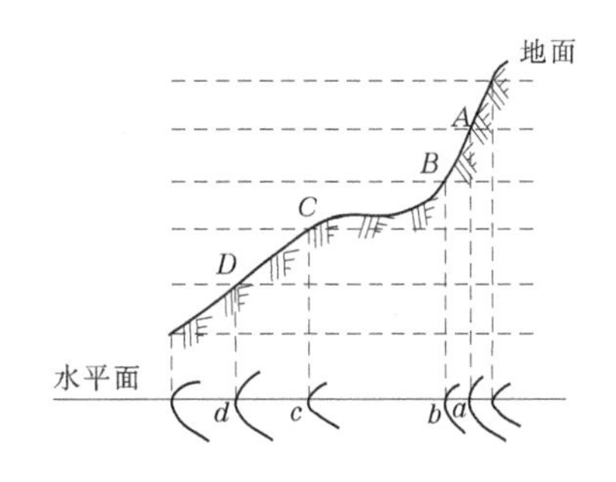

图 6-5　等高线平距

等高距选择过小，会成倍地增加测绘工作量。对于山区，有时会因等高线过密而影响地形图清晰。等高距的选择应该根据地形类型和比例尺大小，并按照相应的规范执行。表 6-4是大比例尺地形图的基本等高距参考值。

表 6-4　大比例尺地形图的基本等高距参考值　（单位：m）

地貌类别	比例尺			
	1：500	1：1 000	1：2 000	1：5 000
平坦地	0.5	0.5	1	2
丘陵地	0.5	1	2	5
山地	1	1	2	5
高山地	1	2	2	5

（三）等高线的分类

等高线可分为首曲线、计曲线、间曲线和助曲线。首曲线也称基本等高线，是指从高程基准面起算，按规定的基本等高距描绘的等高线，用宽度为 0.1 mm 的细实线表示，如图 6-6（a）中的 102 m、104 m、106 m、108 m 等各条等高线，如图 6-6（b）中的 42 m、44 m、46 m、48 m 等高线。

计曲线是指从高程基准面起算，每隔四条基本等高线有一条加粗的等高线。为了读图方便，计曲线上也注出高程。如图 6-6（a）中的 100 m 等高线，如图 6-6（b）中的 30 m、40 m、50 m 等高线。

间曲线是当基本等高线不足以显示局部地貌特征时，按 1/2 基本等高距加绘的等高线，用长虚线表示。如图 6-6（a）中的 101 m、107 m 等高线。按 1/4 基本等高距加绘的等高线，称为助曲线，用短虚线表示，如图 6-6（a）中的 107.5 m 等高线。间曲线和助曲线描绘时可以不闭合。

（四）典型地貌的等高线

地貌的形态虽然纷繁复杂，但通过仔细研究和分析就会发现它们是由几种典型的地貌综合而成的。了解和熟悉典型地貌的等高线特性，对于提高我们识读、应用和测绘地形图的能力很有帮助。

（1）山头和洼地。山头的等高线特征如图 6-7 所示，洼地的等高线特征如图 6-8 所示。山头和洼地的等高线都是一组闭合曲线，但它们的高程注记不同。内圈等高线的高程注记

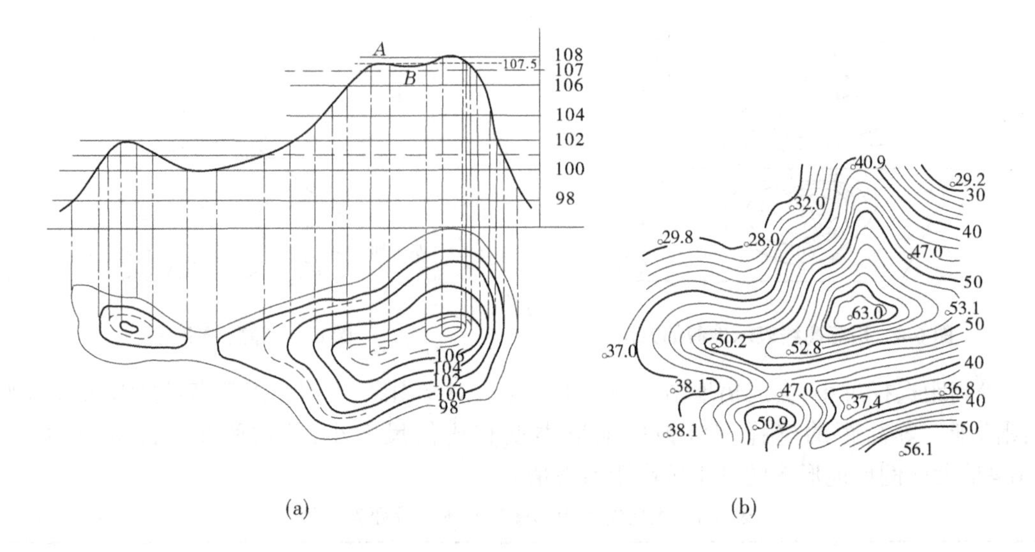

(a)　(b)

图 6-6　等高线的分类

大于外圈者为山头;小于外圈者为洼地。也可以用示坡线表示山头或洼地。示坡线是垂直于等高线的短线,用以指示坡度下降的方向,如图 6-7、图 6-8 所示。

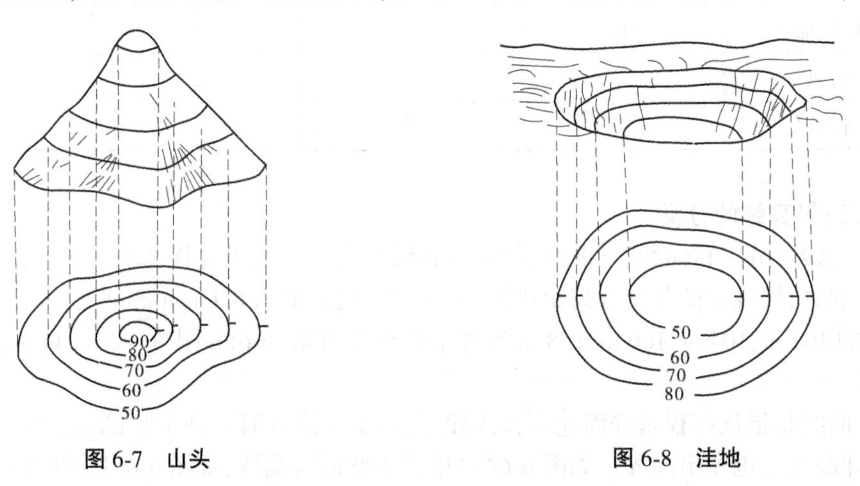

图 6-7　山头　　图 6-8　洼地

(2)山脊和山谷。山的最高部分为山顶,从山顶向某个方向延伸的高地称为山脊。山脊的最高点连线称为山脊线。山脊等高线的特征表现为一组凸向低处的曲线,如图 6-9 所示。相邻山脊之间的凹部称为山谷,它是沿着某个方向延伸的洼地。山谷中最低点的连线称为山谷线,如图 6-10 所示,山谷等高线的特征表现为一组凸向高处的曲线。因山脊上的雨水会以山脊线为分界线而流出山脊的两侧,所以山脊线又称为分水线。在山谷中的雨水由两侧山坡汇集到谷底,然后沿山谷线流出,所以山谷线又称集水线。山脊线和山谷线合称为地性线。

(3)鞍部。鞍部是相邻两山头之间呈马鞍形的低凹部位(如图 6-11 中的 S)。鞍部等高线的特征是对称的两组山脊线和两组山谷线,即在一圈大的闭合曲线内套有两组小的闭合曲线。

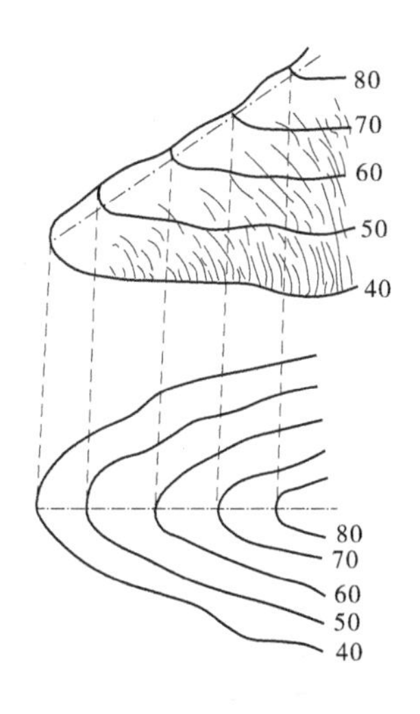

图 6-9 山脊等高线

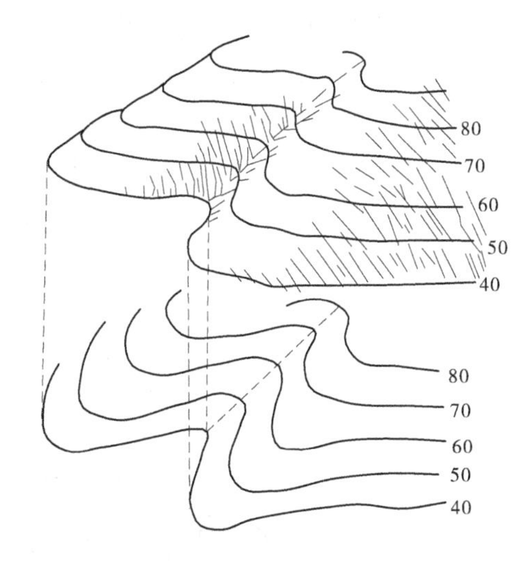

图 6-10 山谷等高线

(4)陡崖和悬崖。陡崖是坡度在 70°以上或为 90°的陡峭崖壁,因用等高线表示将非常密集或重合为一条线,故采用陡崖符号来表示。如图 6-12(a)、(b)所示。悬崖是上部突出、下部凹进的陡崖。上部的等高线投影到水平面时,与下部的等高线相交,下部凹进的等高线用虚线表示,如图 6-12(c)所示。

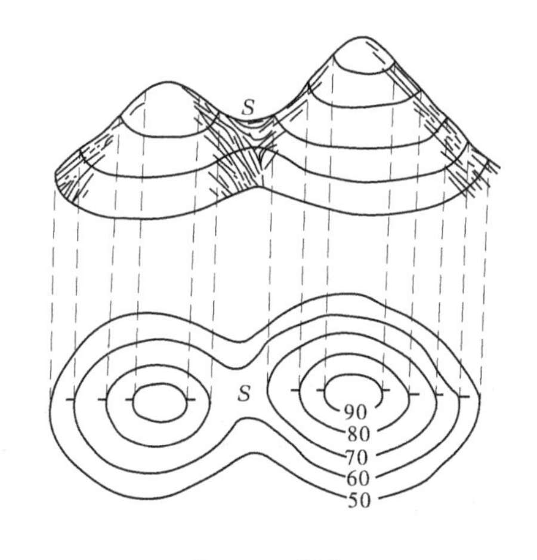

图 6-11 鞍部

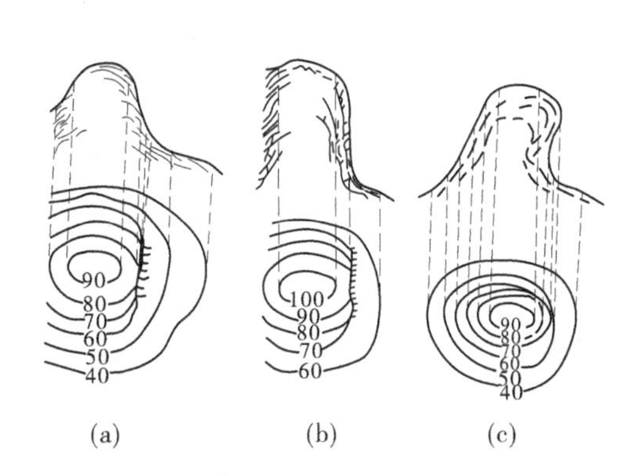

图 6-12 陡崖和悬崖

认识了典型地貌的等高线特征以后,进而就能够认识地形图上用等高线表示的各种复杂地貌。图 6-13 为某一地区综合地貌。

(五)等高线的特性

(1)同一条等高线上各点的高程相等。

(2)等高线是闭合曲线,不能中断,如果不在同一幅图内闭合,则必定在相邻的其他图幅内闭合。

(3)等高线只有在峭壁或悬崖处才会重合或相交。

(4)同一幅地形图上等高距相等。等高线平距小,表示坡度陡;等高线平距大,则坡度缓;等高线平距相等,则坡度相同。

(5)等高线与山脊线、山谷线正交。

图 6-13　综合地貌等高线

【例 6-1】　在建设工程的规划、勘察、设计、施工、使用等各阶段,地形图都是不可缺少的。地形图不仅仅表达了地物的平面位置,也表达了地貌的形态。测量人员看懂地形图,并能从地形图上获取工程需要的信息资料,用以指导施工。图 6-14 是某地的地形图,请仔细阅读。

(1)下列关于地形图的说法中,(　　)是正确的。

A.地形图的比例尺越大,精度就越高

B.地物是指地球表面上相对固定的物体

C.目前主要以等高线来表示地貌

D.地形图通常用等高线来表示地物

E.地形图只能表示地物的平面位置,不能表示其平面位置

(2)下列关于等高线的叙述,(　　)是错误的。

A.等高线是地面上高程相等的相邻点所连成的闭合曲线

B.等高线在地形图上一定是封闭的形状

C.等高距越大,则等高线越稀疏,表明地势越平缓

D.相邻两条等高线,外圈的高程一定大于内圈的高程

E.在同一张地形图上,等高线平距是相等的

(3)下面与本案例地形图有关的叙述,(　　)是错误的。

A.本案例地形图的等高线平距为 1 m

B.本案例地形图中计曲线注写标高是 310 m

C.点 D 位于标高为 312 m 的等高线上

D.点 A 的高程大于点 B 的高程

E.本例地形图的等高距为 2 m

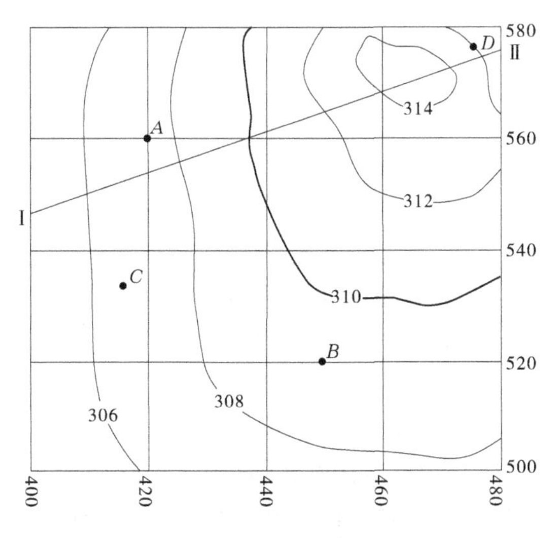

图 6-14　某地的地形图

【案例提示】

(1)ABC　(2)BCDE　(3)AD

单元三　地形图图外注记

为了图纸管理和使用的方便,在地形图的图框外有许多注记,如图号、图名、接图表、图廓、坐标格网、三北方向线和坡度尺等。

一、图名和图号

图名就是本幅图的名称,常用本图幅内最著名的地名、最大的村庄或厂矿企业的名称来命名。图号即图的编号。图名和图号标在北图廓上方的中央,如图 6-15 所示。

二、接图表

说明本图幅与相邻图幅的关系,供索取相邻图幅时使用。通常是中间一格画有斜线的代表本图幅,四邻分别注明相应的图号或图名,并绘注在北图廓的左上方,如图 6-15 所示。

三、图廓和坐标格网线

图廓是图幅四周的范围线。矩形图幅有内图廓和外图廓之分。内图廓是地形图分幅时

的坐标格网线,也是图幅的边界线。外图廓是距内图廓以外一定距离绘制的加粗平行线,仅起装饰作用。在内图廓外四角处注有坐标值,并在内图廓线内侧,每隔 10 cm 绘有 5 mm 的短线,表示坐标格网线的位置。在图幅内每隔 10 cm 绘有坐标格网交叉点,如图 6-15 所示。

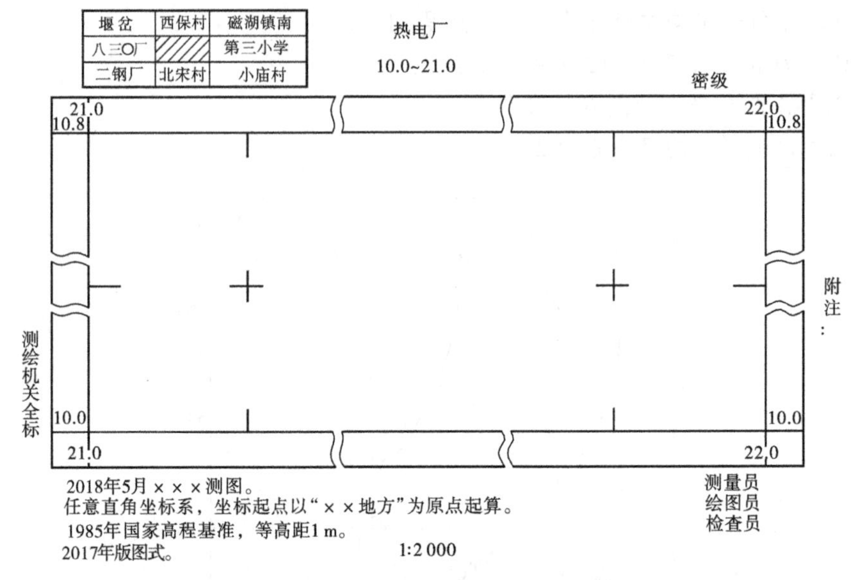

图 6-15　地形图图外注记

梯形图幅的图廓有三层:内图廓、分图廓和外图廓。内图廓是经纬线,也是该图幅的边界线。如图 6-16 中西图廓经线是东经 128°45′,南图廓是北纬 39°50′。内、外图廓之间的黑白相间的线条是分图廓,每段黑线或白线的长度,表示实地经差或纬差为 1′。分图廓与内图廓之间注记了以千米为单位的平面直角坐标值,如图 6-16 中的 5189 表示纵坐标为 5 189 km(从赤道算起)。其余 90、91 等,其千米的千百位的数都是 51,故省略。横坐标为 22 482,22 为该图幅所在投影带的带号,482 表示该纵线的横千米数。外图廓以外还有图示比例尺、三北方向、坡度尺等,是为了便于在地形图上进行量算而设置的各种图解,称为量图图解。

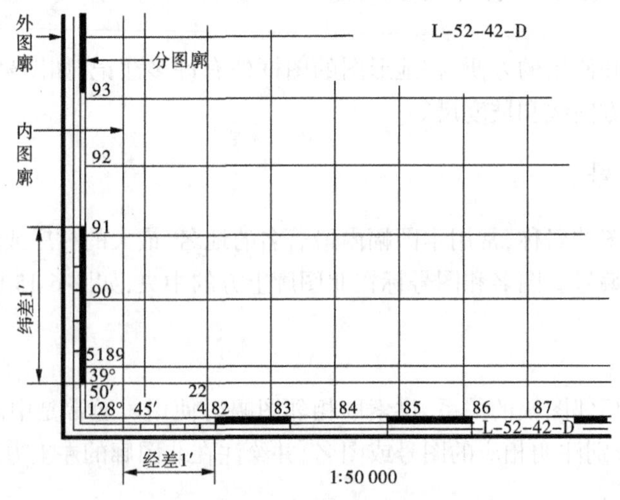

图 6-16　梯形图幅图廓

四、三北方向线及坡度尺

在许多中、小比例尺的南图廓线的右下方，还绘有真子午线、磁子午线和坐标纵轴(中央子午线)三者之间的角度关系，常称为三北方向线，如图 6-17(a)所示。该图中，磁偏角为 9°50′(西偏)，子午线收敛角为 0°05′(西偏)。利用该关系图，可对图上任一方向的真方位角、磁方位角和坐标方位角三者间作相互换算。

在中比例尺地形图的南图廓左下方还常绘有坡度比例尺，如图 6-17(b)所示。它是一种量测坡度的图示尺，按以下原理制成：坡度 $i = \tan\alpha = \dfrac{h}{d \times M}$，$d$ 为图上等高线的平距，h 为等高距，M 为比例尺分母，在用分规卡出图上相邻等高线的平距后，可在坡度比例尺上读出相应的地面坡度数值。坡度尺的水平底线下边注有两行数字，上行是用坡度角表示的坡度，下行是对应的倾斜百分率表示的坡度。

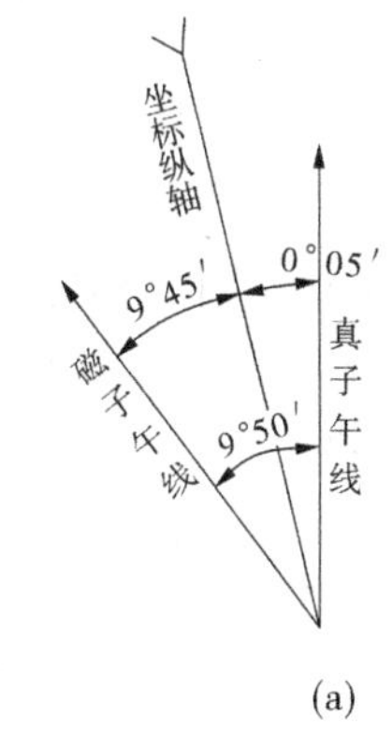

(a)

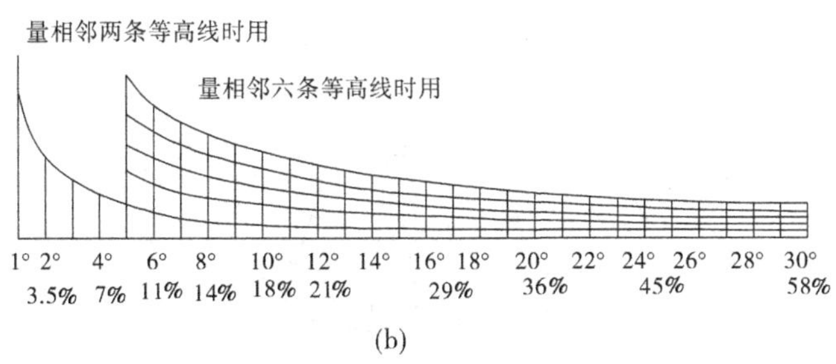

(b)

图 6-17 三北方向线及坡度尺

五、投影方式、坐标系统、高程系统

地形图测绘完成后，都要在图上标注本图的投影方式、坐标系统和高程系统，以备日后使用时参考。

坐标系统指该图幅是采用哪种坐标系完成的，如 2000 国家大地坐标系、城市坐标系、独立直角坐标系等。

高程系统指本图所采用的高程基准，如 1985 国家高程基准或假定高程基准。

【例 6-2】 1.地形图图式中的符号分为(　　)、(　　)和(　　)三类。

【案例提示】 地物符号　地貌符号　注记符号

2.地物在地形图上的表示方法分为(　　)、(　　)和(　　)。

【案例提示】 依比例尺符号　半依比例尺符号　不依比例尺符号。

单元四　地形图的分幅和编号

在园林绿化的规划与设计中,应尽可能地利用原有的控制点坐标、高程以及各种比例尺的地形图等测绘资料。为了掌握地形图的工程应用,必须了解各种比例尺地形图的分幅与编号方法。2012 年以前的国家基本地图采用旧分幅编号方法;2012 年 6 月,我国颁布了《国家基本比例尺地形图分幅和编号》(GB/T 13989—2012)新标准,2012 年 10 月开始实施。

地形图的分幅方法有两种:一种是按经纬线分幅的梯形分幅法,它一般用于 1 : 5 000~1 : 100 万的中、小比例尺地形图的分幅;另一种是按坐标格网分幅的矩形分幅法,它一般用于城市和工程建设 1 : 500~1 : 2 000 的大比例尺地形图的分幅。

一、地形图的分幅

(一)1 : 100 万地形图的分幅

1 : 100 万地形图的分幅采用国际 1 : 100 万地图分幅标准。每幅 1 : 100 万地形图范围是经差 6°,纬差 4°;纬度 60°~76°为经差 12°、纬差 4°;纬度 76~88°为经差 24°、纬差 4°。东半球北纬 1 : 100 万地图的国际分幅见图 6-18。

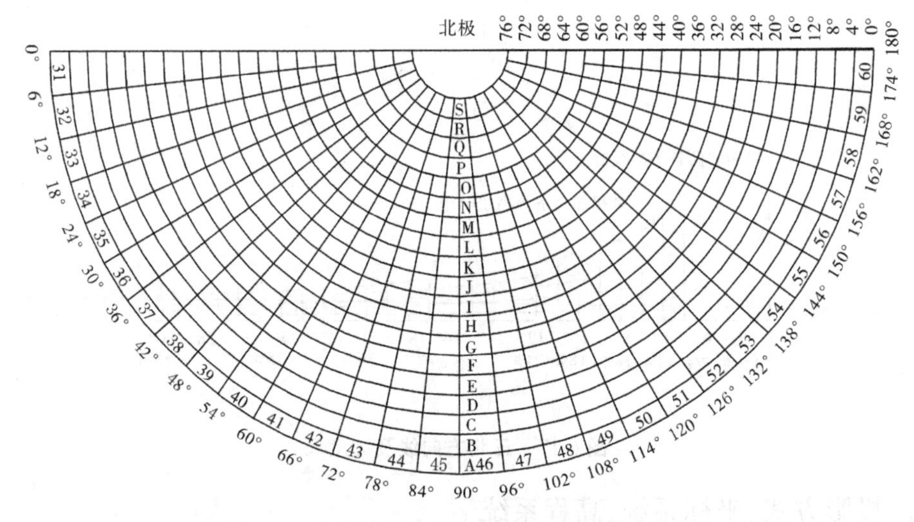

图 6-18　东半球北纬 1 : 100 万地图的国际分幅

(二)1 : 50 万~1 : 5 000 地形图的分幅

1 : 50 万~1 : 5 000 地形图的编号全部以 1 : 100 万地形图为基础,按规定的经差和纬差划分图幅,逐次加密划分而成,1 : 50 万~1 : 5 000 地形图的图幅范围、行列数量和图幅数量关系见表 6-5。

表 6-5 1：100 万～1：500 地形图的图幅范围、行列数量和图幅数量关系

比例尺		1：100 万	1：50 万	1：25 万	1：10 万	1：5 万	1：2.5 万	1：1 万	1：5 000	1：2 000	1：1 000	1：500
图幅范围	经差	6°	3°	1°30′	30′	15′	7′30″	3′45″	1′52.5″	37.5″	18.75″	9.375″
	纬差	4°	2°	1°	20′	10′	5′	2′30″	1′15″	25″	12.5″	6.25″
行列数量关系	行数	1	2	4	12	24	48	96	192	576	1 152	2 304
	列数	1	2	4	12	24	48	96	192	576	1 152	2 304
图幅数量关系（图幅数量=行数×列数）		1	4	16	144	576	2 304	9 216	36 864	331 776	132 704	5 308 416
			1	4	16	144	576	2 304	9 216	36 864	331 776	132 704
				1	4	16	144	576	2 304	9 216	36 864	331 776
					1	4	16	144	576	2 304	9 216	36 864
						1	4	16	144	576	2 304	9 216
							1	4	16	144	576	2 304
								1	4	16	144	576
									1	4	16	144
										1	4	16
											1	4

（三）1：2 000、1：1 000、1：500 地形图的分幅

1.经、纬度分幅

1：2 000、1：1 000、1：500 地形图的分幅以 1：100 万地形图为基础，按规定的经差和纬差划分图幅。1：2 000、1：1 000、1：500 地形图的经、纬度分幅的图幅范围、行列数量和图幅数量关系见表 6-5。

2.正方形分幅和矩形分幅

1：2 000、1：1 000、1：500 地形图亦可根据需要采用 50 cm×50 cm 的正方形分幅和 40 cm×50 cm 的矩形分幅。

二、地形图的图幅编号

（一）1：100 万地形图的图幅编号

1：100 万地形图的编号采用国际 1：100 万地图编号标准。从赤道起算，每纬差 4°为一行，至南、北纬 88°各分为 22 行，依次用大写拉丁字母（字符码）A、B、C…表示其相应行号；从 180°经线起算，自西向东每经差 6″为一列，全球分为 60 列，依次用阿拉伯数字（数字码）1、2、3、…、60 表示其相应列号，由经线和纬线所围成的每一个梯形小格为一幅 1：100 万地形图，它们的编号由该图所在的行号与列号组合而成，同时，国际 1：100 万地图编号第一位表示南、北半球，用“N”表示北半球，用“S”表示南半球。我国范围全部位于赤道以北，我国范围内 1：100 万地形图的编号省略国际 1：100 万地图编号中用来标志北半球的字母代码 N。

（二）1：50 万～1：5 000 地形图的图幅编号

1.比例尺代码

1：50 万～1：5 000 各比例尺地形图分别采用不同的字符作为其比例尺的代码，见

表6-6。

表6-6　1∶50万~1∶5 000比例尺代码

比例尺	1∶50万	1∶25万	1∶10万	1∶5万	1∶2.5万	1∶1万	1∶5 000	1∶2 000	1∶1 000	1∶500
代码	B	C	D	E	F	G	H	I	J	K

2.图幅编号方法

1∶50万~1∶5 000地形图编号均以1∶100万比例尺地形图为基础,采用行列编号方法,图号由其所在1∶100万比例尺地形图的图号、比例尺代码和图幅的行列号共十位码组成。编码长度相同,编码系列统一为一个根部,便于计算机处理(见图6-19)。

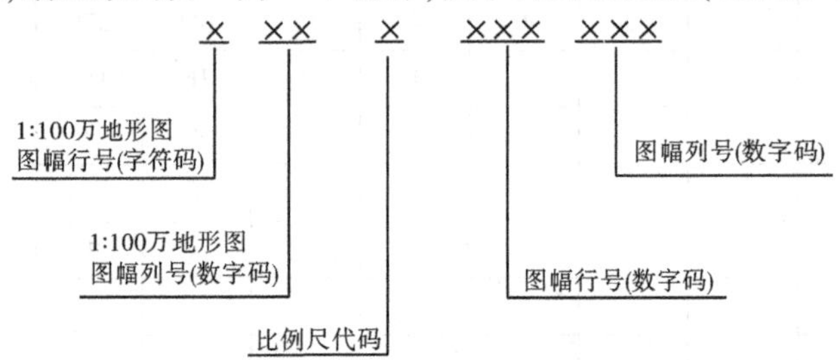

图6-19　1∶50万~1∶5 000地形图图幅编号的构成

3.行、列编号

1∶50万~1∶5 000地形图行、列编号是将1∶100万地形图按所含各比例尺地形图的经差和纬差划分成若干行和列,横行从上到下、纵列从左到右按顺序分别用三维阿拉伯数字表示,不足三位则前面补零,取行号在前、列号在后的排列形式标记。

(三)1∶2 000、1∶1 000、1∶500地形图的图幅编号

1.经、纬度分幅的图幅编号

1)比例尺代码

1∶2 000、1∶1 000、1∶500地形图的比例尺代码见表6-6。

2)图幅编号方法

(1)1∶2 000地形图的图幅编号方法。1∶2 000地形图经、纬度分幅的图幅编号亦可根据需要以1∶5 000地形图编号分别加短线,再加1、2、3、4、5、6、7、8、9表示。

(2)1∶1 000、1∶500地形图经、纬度分幅的图幅编号方法。1∶1 000、1∶500地形图经、纬度分幅的图幅编号方法均以1∶100万地形图编号为基础,采用行列编号法,1∶1 000、1∶500地图经、纬度分幅的图号由其所在1∶100万地形图的图号、比例尺代码和各图幅的行列号共十二位码组成,编号组成见图6-20。

3)行列编号

(1)1∶2 000地形图的行、列编号。1∶2 000地形图经、纬度分幅以1∶100万地形图编号为基础进行行、列编号时,其行、列编号方法与1∶50万~1∶5 000地形图的图幅编号方法相同。

(2)1∶1 000、1∶500地形图的行、列编号。1∶1 000、1∶500地形图经、纬度分幅的行列编号是将1∶100万地形图按所含各比例尺地形图的经差和纬差划分成若干行和列,横行从上到下、纵列从左到右按顺序分别用四位阿拉伯数字(数字码)表示,不足四位则前面补

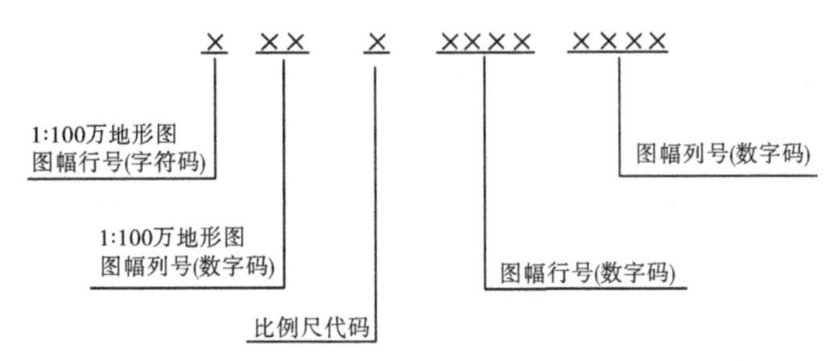

图 6-20　1 : 1 000、1 : 500 地形图经、纬度分幅的编号组成

零,取行号在前、列号在后的排列形式标记。

2.正方形分幅和矩形分幅的图幅编号

采用正方形和矩形分幅的 1 : 2 000、1 : 1 000、1 : 500 地形图,其图幅编号一般采用图廓西南角坐标编号法,也可选用行列编号法和流水编号法。

1)坐标编号法

采用图廓西南角坐标千米数编号时,x 坐标千米数在前,y 坐标千米数在后。1 : 2 000、1 : 1 000 地形图取至 0.1 km(如 20.0-10.0);1 : 500 地形图取至 0.01 km(如 43.30-64.25)。

2)流水编号法

带状测区或小面积测区可按测区统一顺序编号,一般从左到右、从上到下用阿拉伯数字 1、2、3、4…编定,示例见图 6-21(a),图中灰色区域所示图幅编号为杜阮-7(杜阮为测区地名)。

3)行列编号法

行列编号法一般以代号(如 A,B,C,D,…)为横行,由上到下排列,以数字 1,2,3,…为代号的纵列,从左到右排列来编定,先行后列,如图 6-21(b)中的 A-4。

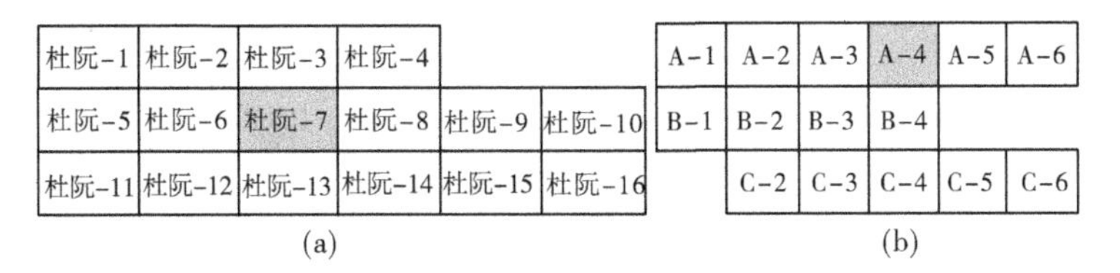

图 6-21　大比例尺地形图的分幅和编号

从 2012 年 10 月起我国实施《国家基本比例尺地形图分幅和编号》(GB/T 13989—2012)最新标准。经过对 92 版标准的修订、完善后,其内容范围完整涵盖了我国 1 : 500 至 1 : 100 万大、中、小基本比例尺地形图分幅和编号的相关内容和要求,其应用范围更加全面、规范,具有科学性和适用性。本次修订一方面针对 1 : 2 000、1 : 1 000、1 : 500 地形图的分幅提出了经纬度分幅、编号和正方形、矩形分幅和编号两种方案,并且推荐使用经纬度分幅、编号方案。采用 1 : 2 000、1 : 1 000、1 : 500 地形图的经纬度分幅,不仅使 1 : 2 000、1 : 1 000、1 : 500 地形图的分幅和编号与 1 : 5 000 至 1 : 100 万基本比例尺地形图的分幅、编号方式相统一,而且使得大比例地形图的编号具有唯一性,更加有利于数据的管理、共享和应用。

【例 6-3】　地形图的分幅方法有两类,一种是(　　),另一种是(　　)。

【案例提示】　梯形分幅　矩形分幅

项目小结

本项目详细介绍了地形图的比例尺、图式、地形图外的注记以及地形图的分幅与编号等内容,使学生掌握地形图的基本知识。

复习与思考题

1.什么叫地形图?

2.什么叫地形图比例尺?它有几种类型?

3.什么是比例尺精度?它对测图和设计用图有什么意义?1∶5 000 地形图的比例尺精度是多少?

3.已知经度为东经 116°28′25″,纬度为北纬 39°54′30″,试按国际分幅法写出 1∶100 万、1∶10 万、1∶1 万及 1∶5 000 地形图的编号。

4.何谓地物和地貌?地形图上的地物符号分为哪几类?试举例说明。

5.什么是等高线、等高距和等高线平距?它们与地面坡度有何关系?

6.何谓山脊线、山谷线、鞍部?试用等高线绘之。

7.等高线有哪些特性?

8.地形图的图外注记包括哪些内容?

项目七　大比例尺地形图测绘

项目概述

本项目主要介绍大比例尺地形图测绘基本知识、地形图测图前的准备工作、全站仪测图方法、GNSS-RTK 测图方法和地形图绘制的方法及地形图的检查与整饰等内容。

学习目标

知识目标

1.重点掌握大比例尺地形图测绘基本知识。

2.了解地形图测图前的准备工作。

3.掌握全站仪地形图测量和地形图绘制的方法。

4.学会地形图的拼接、检查与整饰等内容。

5.熟悉数字化测图软件 CASS9.1 的运行环境和基本功能。

技能目标

1.能安装数字化测图软件,能利用 CASS9.1 绘制地形图。

2.学会综合取舍测区范围内的地物、地貌,合理选择碎部点,能熟练利用全站仪、GNSS 进行测图。

3.能够根据外业测量成果准确绘制地物、勾绘等高线,并能进行地形图的拼接、检查与整饰。

【学习导入】

在工程建设中,总会遇到不同的困难和情况,大比例尺地形图的测绘可以说在解决这些困难和问题上意义重大。随着各大中城市大比例尺地形图数据库建设的完成,大比例尺地形图数据的现势性问题成为人们关注的热点问题,用户对大比例尺地形图数据库提出了“持续更新”的要求。大比例尺地形图由于其位置精度高、地形表示详尽,是规划、管理、设计和建设过程中的基础资料。

单元一　大比例尺地形图的测绘方法

地面上地物、地貌错综复杂,不可能测量所有点来描绘地形,测绘地形图实质上是测量部分地物、地貌特征点(这样的特征点在测图时统称为碎部点),经绘图处理来反映地貌的起伏变化、地物的特性及相对位置。地形图的测绘方法包括碎部点测量和地形绘图两部分。地形图测绘的方法有多种:大平板仪测绘地形图、小平板仪配合经纬仪测地形图、经纬仪视

距法测地形图、全站仪数字化测图、GNSS-RTK 数字测图等。因全站仪和 GNSS-RTK 测量方法既简便又快捷,故被广泛应用。下面我们重点介绍全站仪和 GNSS-RTK 法测绘地形图的基本方法。

一、碎部点的选择

(一)地物点的选择

前已述及碎部点应选地物、地貌的特征点。对于地物,主要是测定其平面位置,对于依比例地物,主要选在地物轮廓线方向变化处或者转折处。如果地物形状不规则,一般地物凹凸长度在图上大于 0.4 mm 均应表示出来。若测绘 1∶500 地形图,实地地物凹凸长度大于 0.2 m 时要进行实测,小于 0.2 m 的可用直线连接。

对于面状地物,如进行测量房屋,轮廓的转折点即房角点应选为地物点,应用房屋的长边控制房屋边长误差,不宜采用短边两点和长边距离绘制房屋,容易造成房屋的测量误差较大。有些房屋密集处,GNSS 信号不佳时宜采用全站仪辅助测量,也可用钢尺丈量结合全站仪采集。测绘池塘时,弯曲点即为面状地物的特征点,连接这些特征点,可以得到与实地相似的地物形状。

点状地物是指不能在图上表示其轮廓或按常规无法测定其轮廓的地物,如路灯、雨水箅子、电线杆、独立树等。点状地物的中心位置即为其特征点,一般用不依比例尺符号表示。

线状地物是指宽度很小,不能在图上表示,只能用半依比例尺符号表示,用线条表示其长度和位置的地物,如小路、小溪等。

测绘地物时,既要注意显示和保持地物的分布特征,又要保证图面的清晰,容易读取,对待不同的地物必然要有一定的取舍 。在地物取舍时要做到测量内容的“难与易”“ 主与次”的关系,做到既能真实准确地反映实际地物的情况又具有方便识图和便于使用的特点。

(二)地貌点的选择

地面起伏变化,实质上是不同坡度的地面相交而成。要正确描绘地貌就必须正确测定地面坡度变化线和地貌特征线(通常称为地性线),如山脊线、山谷线、变坡线等。地形测绘中测量特征线上若干特征点来定位特征线。由于地貌特征线不如地物特征线那样明显,在选择特征点方面存在一定的困难,因此正确选定地貌特征是正确描绘地貌的关键。

地貌特征点应选在山顶、鞍部;山脊、山谷、山脚等地性线上的变坡点,地性线的转折点、方向变化点、交点,平地的变坡线的起点、终点、变向点,特殊地貌的起点、终点等。

在地形起伏不明显的测区,地形较单一,地形点可以稀一些。在起伏明显地区,采集高程点时注意按照一定的路线有序进行,如:高处应沿坡的走向采集高程点,坡下采集一排点,这样绘制的等高线才与实际地形相吻合。一般地形点间最大距离不宜超过图上 3 cm,如 1∶500比例尺地形图为 15 m,地形点的最大间距不应大于表 7-1 的规定。

表 7-1 碎部点的选择

测图比例尺		1∶500	1∶1 000	1∶2 000	1∶5 000
一般地区		15	30	50	100
水域	断面间距(m)	10	20	40	100
	断面上测点间距(m)	5	10	20	50

二、数字化测图

近几年,随着社会经济的迅速发展,数字化测图以其测图精度高、数据采集快,产品的使用与维护方便、快捷、利用率高等优点而快速得到推广。数字化测图技术便于图件的更新,并可作为 GIS 的信息源,能及时准确地提供各类基础数据更新 GIS 的数据库,保证地理信息的可靠性和现势性,为 GIS 的辅助决策和空间分析发挥作用,促进了测绘行业的自动化、现代化、智能化。数字化测图逐步替代传统的白纸测图是大势所趋。

(一)作业方法

数字化测图的主要作业过程分为三个步骤:数据采集、数据处理及地形图的数据输出(打印图纸、提供数据光盘等)。

数字化测图的主要作业流程如图 7-1 所示。

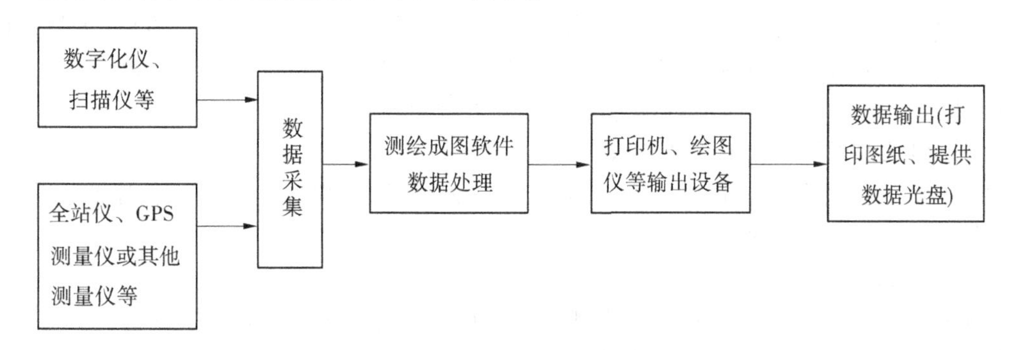

图 7-1　数字化测图的主要作业流程

目前,在我国获得数字地图的主要方法有三种:地图数字化成图、航测数字成图、地面数字化测图(也称野外数字化测图)。

1.地图数字化成图

地图数字化成图能够充分地利用现有的地形图,投入软硬件资源较少,仅需配备计算机、数字化仪、绘图仪再配以一种数字化软件就可以开展工作,并且可以在很短的时间内获得数字的成果。它的工作方法主要有:手扶跟踪数字化及扫描矢量化后数字化,利用该方法所获得的数字地图其精度因受原图精度的影响,加上数字化过程中所产生的各种误差,它的精度就比原图的精度差。它仅能作为一种应急措施而非长久之计。

2.航测数字成图

当一个地区(或测区)很大,又急需使用地形图时,就可以利用航空摄影测量,通过外业对影像判读,再经过航测内业进行立体测图,直接获得数字地形图。随着测绘技术的发展,数字影像的直接获取在我国的某些地区取得了试验性的成功。该技术是在空中利用数字摄影机所获得的数字影像,内业通过专门的航测软件对数字影像进行像对匹配,建立地面的数字模型来获得数字地图。这也是我们今后数字测图的一个重要发展方向。该方法可大大地减少外业劳动强度,将大量的外业测量工作移到室内完成,具有成图速度快、精度高且均匀、成本低、不受气候及季节的限制等优点。

3.地面数字化测图

传统的平板测图方法,其地物点的平面位置误差主要受展绘误差和测定误差、测定地物

点的视距误差和方向误差、地形图上地物点的刺点误差等影响。实际的图上点位误差可达到±0.47 mm。数字化测图则不同,若距离在300 m以内时测定地物点误差约为±15 mm,测定地形点高程误差约为±18 mm。全站仪的测量数据作为电子信息可以自动传输、记录、存储、处理和成图。在这全过程中原始测量数据的精度毫无损失,人为出错(读错、记错、展错)的概率小,能自动提取坐标、距离、方位和面积等。绘制的地形图精确、规范、美观。从而获得高精度的测量成果。

地面数字化测图的缺陷就是耗费比较多的人力、物力与财力,作业时间较长。

(二)软件的选择

目前测绘绘图软件非常多,如南方测绘公司的CASS9.1、广东国土厅GTC2002地形地籍测量系统、测绘e数字化成图系统CHe6.0、EpsW2000、Xmap20000、SV300、广州开思SCS、中南冶金勘测研究院的青山智绘、瑞得数字测图系统5.0等数字化成图软件。如果按操作平台来分,不外乎两种类型,一种是自主操作平台与测绘软件完全由自己来开发的,如清化山维EpsW2000、中南冶金勘测研究院的青山智绘、测绘e数字化成图系统CHe6.0;另一种是在其他操作平台进行二次开发的测绘软件,如南方测绘公司的CASS9.1。

(三)地面测图数字化的作业方法

野外数字化测图是我国目前各测绘单位用得最多的数字测图方法,在具体作业过程中,作业模式较多,主要有三种。

1.全站仪自动跟踪测量模式

测站架设自动跟踪式全站仪(又称测量机器人),利用全站仪自动跟踪照准立在测点上的棱镜,通过无线数字通信将测量数据自动传输给棱镜站的电子平板记录成图。

2.GNSS测量模式

在GNSS实时动态定位技术(RTK)作业模式下,能够实时提供测点在指定坐标系的三维坐标成果。测程可达到10~30 km。通常先设置好基准站的GNSS接收机,保证数字通信的畅通。通过数据链将基准站的观测值及站点坐标信息一起发给流动站的GNSS接收机。此时流动站的GNSS不仅接收来自基准站的数据,还要同时接收卫星发射的数据,这些数据组成相位差分观测值,经处理随时得到厘米级的定位结果。最后进行数据处理编辑成图。

3.现场测记模式

人工实地绘制草图,野外用记录器将测量数据记录起来,再将测量数据传输到计算机,内业按人工草图编辑图形文件,绘图机绘制数字地形图。通常使用的记录器是PC-500S电子手簿或者南方测绘的测图精灵SPDA,也可以用全站仪记录。另外就是利用编码操作,数据采集是记录成图所需的全部信息,不用画人工草图,利用智能绘图软件内业自动成图。

(四)地面测图数字化的注意事项

在野外数据的采集时,经常会忽视一些小问题,以下几点值得注意:

(1)要使用的所有仪器设备一定要经过具有资格鉴定部门的鉴定。

(2)建(构)筑物比较方正的可只需测出三点,第四点可由计算机来完成,南方的许多建(构)筑物看起来较方正,其实是不规则的多边形,则需要全部实测点位。

(3)测等高线时,除测量特性线点外,还应尽量多测一些加密的点,满足计算机建模要求,才能更加详尽地反映出实地地貌。尤其在测量一些微型地貌,实际地形细小的变化计算机的模拟是难以比较真实地反映出的,最好手工来完成。

(4)测图单元尽量以自然分界来划分,如以河流、道路等划分,以便于地形图的施测,利于图幅的接边。

(5)能够测量到的点尽量使用测量仪器来实测,实在无法测到的点位尽量通过实地用皮尺(钢尺)量取。

(6)实地数据采集时,配合要默契,不在测站可视范围的,则通过使用对讲机来传递信息,跑棱镜的人要将自己所要采集的地形地物数据点信息及时报告给测站人员,以确保数据记录的真实性。

(7)尽量在测站的可视范围进行数据采集,在通视不良的地方或者需要通过举高支杆来观测的时候,则引点到附近设站进行采集数据,避免由于支杆偏离地形地物点位而带来的人为误差。

(8)外业进行数据采集时,一定要注意实地的地物、地貌的变化,尽可能地详细记录,不要把疑问点带回到内业处理。

单元二　数字化测图方法

数字化测图是通过采集有关的绘图信息并记录在数据终端(或直接传输给便携机),通过数据接口将采集的数据传输给计算机,并由计算机对数据进行处理,再经过人机交互或全自动化的屏幕编辑,形成绘图数据文件。最后由计算机控制绘图仪自动绘制所需的地形图,最终由磁盘、光盘等存储介质保存电子地图。数字化测图的生产成品虽仍然是以提供图解地形图为主的,但它却是以数字形式保存地形模型及地理信息。

一、数字化测图前的准备工作

接受数字化测图任务后,为了保证所编写的数字化测图技术设计书的可行性和数据采集的顺利进行,要求在数字化测图之前做好详细、周密的准备工作。数字化测图前期准备工作主要包括仪器器材与资料准备、实地踏勘、人员配备及组织协调等。

(一)仪器器材与资料准备

根据任务的要求,在实施外业测量之前精心准备好所需的仪器、器材,控制成果和技术资料等是非常关键的。

1.仪器、器材准备

仪器、器材主要包括全站仪、GNSS接收机、脚架、对中杆、电子手簿、对讲机、备用电池、数据线、钢尺、皮尺、计算器、草图本、测伞等。仪器必须经过严格的检校且保证有充足电量方可投入工作。当然,仪器设备的性能、型号、精度、数量与测量的精度测区的范围、采用的作业模式等有关,各个测区和作业单位的设备配备会有所不同,所以必须根据实际情况认真准备。

2.控制成果和技术资料准备

1)各类图件

应准备测区及测区附近已有的各类图件资料,内容包括施测单位、施测年代、等级、精度、比例尺、规范依据、范围、平面和高程坐标系统、投影带号等。

2)已有控制点资料

已有控制点资料包括已有控制点的数量、分布,各点的名称、等级、施测单位、保存情况等。最好提前将测区的全部控制成果输入电子手簿、全站仪,以便调用。野外采集数据时,若采用测记法,则要求现场绘制较详细的草图,也可在工作底图上进行,底图可以用旧地形图、晒蓝图或航片放大影像图。

3)其他资料

其他资料包括测区有关的地质、气象、交通、通信等方面的资料及城市与乡、村行政区划表等。

(二)实地踏勘

测区实地踏勘主要调查了解以下内容:

(1)交通情况。如公路、铁路、乡村便道的分布及通行情况等。

(2)水系分布情况。江河湖泊、池塘水集分布等。

(3)植被情况。森林、草原农作物的分布及面积等。桥梁码头及水路交通情况等。

(4)控制点分布情况。三角点、水准点、GPS点、导线点的等级,数量及分布,点位标志的保存状况等。

(5)居民点分布情况。测区内城镇、乡村居民点的分布,食宿及供电情况等。

(6)当地风俗民情。各民族的分布、民俗和方言、习惯及社会治安情况等。

(三)人员配备

根据任务的实际情况,往往需要对外业人员进行分组。以一个作业小组人员配备为例,使用全站仪草图法作业时,通常需观测员1人、跑尺员(司镜员)1~2人(也可酌情增减)、领尺员1人;使用RTK作业模式时,则基站配备1人(若有CORS站则无须配备),每个移动站配备1~2人(1人拿仪器,1人拿手簿)。

以上人员配置并非绝对,可根据情况做一定调整,但领尺员是作业小组的核心,负责画草图和内业成图,他必须与测站保持良好的联系,保证草图上的点号和手簿上的点号一致,有时还需对跑尺员进行必要的指挥,所以须安排技术过硬和经验丰富的人来担任。

二、全站仪数字测图

全站仪数据采集实质上是极坐标测量方法的应用,即通过测定出已知点与地面上任一待定点之间的相对关系,如角度、距离、高差。全站仪内部嵌套的计算程序计算出待定点的三维坐标,也可观测已知点,采用坐标交会的方法求得待定点的坐标。

全站仪数字测图的一般步骤如下。

(一)安置仪器

在测站上安置仪器,对中,整平,量取仪器高,仪高量至毫米,装上充好电的配套电池,打开电源,使全站仪进入观测状态。

(二)设置参数

数据采集前进行系统设置,包括观测条件、仪器设置、仪器校正、通信设置以及日期和时间的设置。当选择棱镜时,设置配套的棱镜常数,并检查各基本量的单位设置。

(三)建立项目

全站仪数据测量时能实时记录采集的数据,故需在全站仪内存中建立文件夹,便于后续数据处理,一般可以测绘小组名称或测绘日期命名。建好文件后,若有电子版的控制点坐标数据,可先存入该文件中。

(四)设站定向

设置测站点即定出测量坐标系,将所有的测量成果归算至目标坐标系下,即建立相对关系。一般包括设置测站点、设置后视点和定向精度检查。

(1)设置测站点:输入测站名、测站坐标(X,Y,Z)和仪器高,并记录。

(2)设置后视点:输入后视点点名和后视点平面坐标(X,Y,Z),瞄准后视点,保存定向角度。

(3)定向精度检查:全站仪瞄准任一已知点,测量已知点坐标,检查定向精度。

(五)碎部点测量

设站无误后,开始测量地物、地形点,领尺员指导跑尺员将棱镜放置在地物、地形特征点上,观测人员瞄准棱镜采集坐标数据,并按点号存储坐标、棱镜高等数据,画草图人员在草图上记录对应的点号。

重复上述过程依次采集,若单测站无法测量整个测区,需要迁站,迁站后重新定向设站,点号从上一测站继续记录。

三、GNSS-RTK 数字测图

随着科学技术的发展,GNSS-RTK 技术已日益成熟,相比常规测量技术,技术优势明显,如工作效率高,正常情况下一次设站能完成 4 km 半径的测区,大大减少了传统测量所需的控制点数量和测量仪器的"搬站"次数,仅需 1~2 人即可完成外业作业,作业速度快,效率高。而且仪器的定位精度高,数据安全可靠,测量误差不会积累。最重要的是不要求通视,对能见度、天气等要求低,受的限制小。所以,在大面积数字测图中,GNSS-RTK 技术应用越来越广泛。

(一)作业流程

目前,基本上每个城市都覆盖了 CORS 信号,则可用 GNSS 直接连接 CORS 站进行测量。若测区无 CORS 信号覆盖,则需架设基准站,首先连接各部件,连接正确后,接收机和手簿开机,求取当前测区的参数,若测图范围较大,应分区求取参数,相邻分区设置不少于两个重合点。

1.新建工程

输入工程名称,一般设置为当天的日期或者小组名,选择目标椭球,设置中央子午线,保存后确定。

2.求转换参数

由于 GNSS 平面使用的是 WGS84 坐标系统,高程使用的是椭球高,而在实际工作中,坐标系统一般为 2000 国家大地坐标系,高程要求是水准高程,所以要进行平面和高程两部分的参数求取。在两个控制点上测量,并添加坐标后应用,如图 7-2~图 7-4 所示。

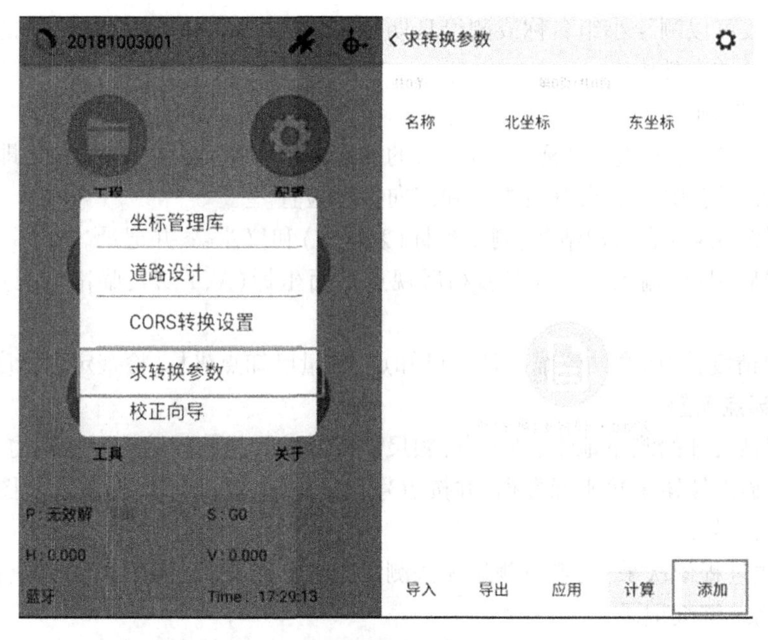

图 7-2　求转换参数示意图(一)

点库

共285条　第3页/共3页　多选

名称	北坐标	东坐标
8	2864341.705	516105.586
7	2864342.596	516106.468
6	2864344.427	516108.204
5	2864345.338	516108.933
4	2864345.315	516106.940
3	2864343.778	516105.543
2	2864345.205	516104.062
1	2864343.682	516103.489
Pt4	2864491.443	515877.057
Pt3	2864483.616	515939.573
Pt2	2864524.461	515997.532
Pt1	2864516.631	516060.042

增加坐标

平面坐标　更多获取方式 >

点名	Pt2
北坐标	2864524.461
东坐标	515997.532
高程	140.092

大地坐标　更多获取方式 >

纬度	ddd.mmssssss
经度	ddd.mmssssss
椭球高	请输入信息
是否使用	✔ 高程　✔ 平面

确定

图 7-3　求转换参数示意图(二)

3.精度检核

求取参数后,需要测量其他已知点检核精度,满足相关精度要求后,即可开始作业。

4.数据采集

作业一般为 1 人 1~2 组,若采用草图法作业,测量员到每个碎部点上立杆并记录数据,画草图人员在图上标记相应点,也可以使用编号法记录点位属性信息,以便为内业整图提供参考。采集过程中,要求测量人员立点要准确,尽量稳住对中杆,当气泡居中后才可采集并记录数据。在采集数据时,若遇到树木茂密或建筑物密集的情况,可结合皮尺进行测量,节

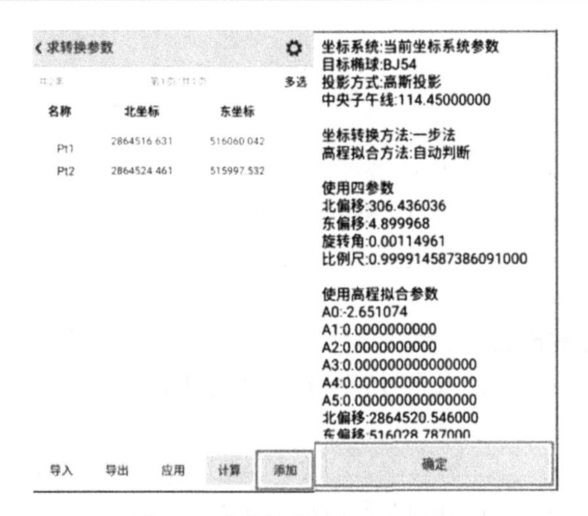

图 7-4 求转换参数示意图(三)

省时间,提高效率。

外业测量存储的文件是专用的数据库文件,不可直接用来给成图软件调用,用“测点成果输出”功能可以把原数据文件转换为用户所需要的格式,转换后的格式与所用软件格式相一致,结合外业的草图,可快速地完成数字化内业成图工作。

(二)GNSS-RTK 数据采集的注意事项

(1)架设基准站时,尽量设在测区中部,视野开阔,遮挡物少,远离高压线、无线电信号发射塔,避开大面积水域等。

(2)转换参数时,选择的控制点应最好覆盖整个测区,均匀分布。

(3)测量时,时刻注意观测时间,选择点位几何图形强度因子(PDOP)值小于 6 的时间段,可以提高观测速度和测量精度。

单元三 内业成图

内业成图是数字测图的关键阶段,也是测绘成果的重要显示形式。近些年来,测绘软件迅猛发展,日渐成熟,软件功能强大,应用更加广泛,如南方 CASS 软件。本单元主要以 CASS9.1 为例介绍内业成图的基本过程和方法。

一、数据传输

(1)将采集完外业数据的全站仪通过专用的数据线与计算机相连接。

(2)打开全站仪,将仪器调置到输出参数设置状态,对其进行设置;再调置全站仪到数据输出状态,直至最后一步的前一项时进行等待。

(3)点击南方 CASS9.1 软件“数据”中的“读取全站仪数据”,对照仪器型号,使各个项目的配置选择与仪器的输出参数相一致。

(4)点击数据存放的文件夹,选择、编辑文件名并点击“转换”,随即点击一直处于等待状态的全站仪的输出确认键;直至数据全部传输到计算机,即可关闭全站仪。

二、平面图的绘制

(一)定显示区

定显示区就是通过坐标文件中的最大、最小坐标,定出屏幕窗口的显示范围,以保证所有碎部点都能显示在屏幕上。进入 CASS9.1 主界面,用鼠标点击“绘图处理”项,选择下拉菜单“定显示区”项,通过输入坐标数据文件名,系统就会自动检索所有点的坐标,并在屏幕命令区显示坐标范围。

(二)选择测点点号定位成图法

选择屏幕右侧菜单区的“测点点号”项,通过点号坐标数据文件名的输入,即可完成所有点的读入(见图 7-5)。

(三)展点

选择屏幕顶端菜单的“绘图处理”项并点击,接着选择下拉菜单“展野外测点点号”项点击(见图 7-6),再输入对应的坐标数据文件名,便可在屏幕上展出野外测点的点号。

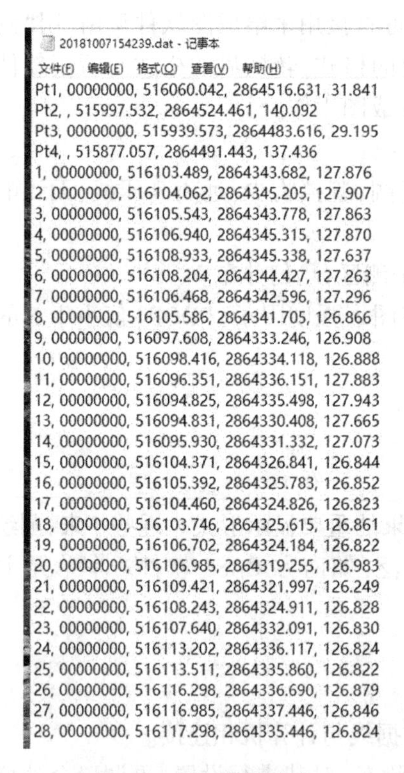
20181007154239.dat - 记事本
文件(F) 编辑(E) 格式(O) 查看(V) 帮助(H)
Pt1, 00000000, 516060.042, 2864516.631, 31.841
Pt2, , 515997.532, 2864524.461, 140.092
Pt3, 00000000, 515939.573, 2864483.616, 29.195
Pt4, , 515877.057, 2864491.443, 137.436
1, 00000000, 516103.489, 2864343.682, 127.876
2, 00000000, 516104.062, 2864345.205, 127.907
3, 00000000, 516105.543, 2864343.778, 127.863
4, 00000000, 516106.940, 2864345.315, 127.870
5, 00000000, 516108.933, 2864345.338, 127.637
6, 00000000, 516108.204, 2864344.427, 127.263
7, 00000000, 516106.468, 2864342.596, 127.296
8, 00000000, 516105.586, 2864341.705, 126.866
9, 00000000, 516097.608, 2864333.246, 126.908
10, 00000000, 516098.416, 2864334.118, 126.888
11, 00000000, 516096.351, 2864336.151, 127.883
12, 00000000, 516094.825, 2864335.498, 127.943
13, 00000000, 516094.831, 2864330.408, 127.665
14, 00000000, 516095.930, 2864331.332, 127.073
15, 00000000, 516104.371, 2864326.841, 126.844
16, 00000000, 516105.392, 2864325.783, 126.852
17, 00000000, 516104.460, 2864324.826, 126.823
18, 00000000, 516103.746, 2864325.615, 126.861
19, 00000000, 516106.702, 2864324.184, 126.822
20, 00000000, 516106.985, 2864319.255, 126.983
21, 00000000, 516109.421, 2864321.997, 126.249
22, 00000000, 516108.243, 2864324.911, 126.828
23, 00000000, 516107.640, 2864332.091, 126.830
24, 00000000, 516113.202, 2864336.117, 126.824
25, 00000000, 516113.511, 2864335.860, 126.822
26, 00000000, 516116.298, 2864336.690, 126.879
27, 00000000, 516116.985, 2864337.446, 126.846
28, 00000000, 516117.298, 2864335.446, 126.824

图 7-5　导入数据格式

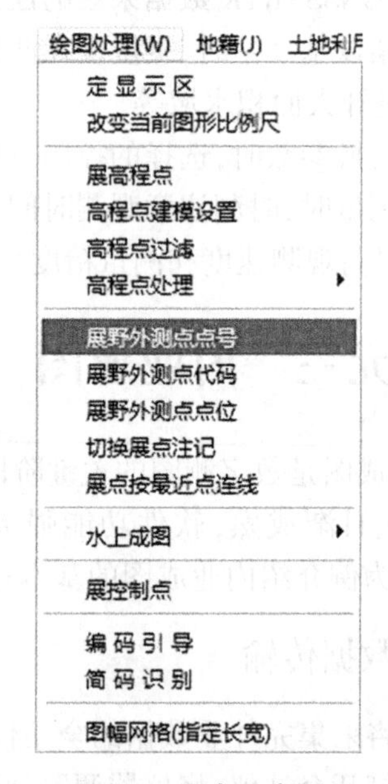

图 7-6　展点示意图

(四)绘制平面图

根据外业草图,使用屏幕右侧的菜单将所有地物分为 13 类,如文字注记、控制点、界址点、居民地等,按照分类即可绘制各种地物。

三、绘制等高线

(1)展绘高程点。选择“绘图处理”菜单下的“展高程点”,通过输入数据文件的名称,即可展出所有高程点。

(2)建立数字地面模型。选择“等高线”菜单下的“用数据文件生成 DTM”,然后输入数据文件名称。

(3)绘制等高线。选择“等高线”菜单下的“绘等高线”,即可完成等高线的绘制;最后还应选择“等高线”菜单下的“删三角网”,可将三角网除去。

(4)等高线的修饰。选择“等高线”菜单下的“等高线修剪”,面对多种可供选择的情况,即可进行相应的修剪。

四、地形图的整饰

(一)图框参数设置

单击“文件”菜单→“CASS 参数配置”,在弹出的“CASS9.1 参数配置”对话框的“图框设置”选项卡(见图 7-7)中,设置如下参数:

(1)测绘单位:江西环境工程职业学院。

(2)成图日期:2018 年 9 月数字化成图。

(3)坐标系:2000 国家大地坐标系。

(4)高程基准:1985 国家高程基准,等高距为 0.5 m。

(5)图式:2017 年版图式。

(6)密级:秘密。

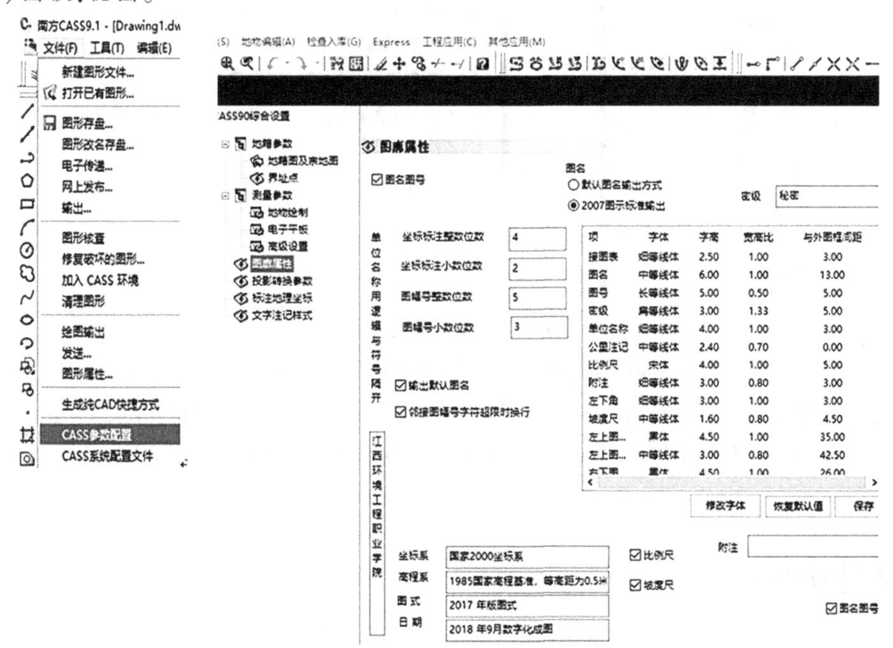

图 7-7　图框参数设置

(二)绘制图框

(1)单击“绘图处理”→“任意分幅”,在弹出的“图幅整饰”对话框中,做如下设置:

①图名:江西环境工程职业学院。

②图幅尺寸:横向 10 dm,纵向 10 dm。

③选择“取整到十米”后,使用拾取坐标按钮点击测区左下角,并设置左下角坐标:东516000,北2864000。

④复选“删除图框外实体”。

(2)单击“确认”按钮,添加非标准分幅图幅,如图7-8所示。

图7-8　设置图框大小

提示:通常比例尺为1∶500的非标准任意图幅大小的地形图,左下角坐标须为50 m的整数倍。而1∶500标准50 cm×50 cm图幅大小的地形图,即左下角坐标须为250 m的整数倍。图幅整饰的具体要求请参照《1∶500 1∶1 000 1∶2 000地形图图式》(GB/T 20257.1—2017)规范。

项目小结

本项目主要介绍了大比例尺地形图的测绘方法,从测前准备、数据采集和内业成图等方面详细分析了地形成图的过程,使学生能胜任地形成图的内业和外业工作。

复习与思考题

1.数据采集前需要做好哪些准备工作?

2.试勾绘图 7-9 所示地貌的等高线图。

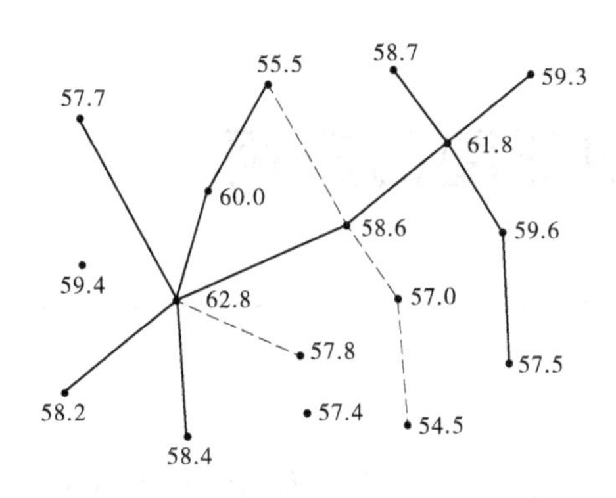

图 7-9

3.叙述全站仪测绘地形图的方法和步骤。

4.测绘地形图时，如何选择地形特征点？

项目八　地形图的应用

项目概述

本项目主要介绍应用地形图计算点的坐标、高程、点间距离、直线的方向，线路的选择及面积和土方量计算等地形图在园林工程中的应用，地物、地貌识读的基本知识，地形图的野外应用。

学习目标

知识目标

1. 熟悉利用地形图计算点坐标、高程、点间距离。
2. 熟悉面积及土石方量计算方法。
3. 熟悉地物、地貌识读知识。
4. 熟悉野外识别地形图的基本知识。

技能目标

1. 学会利用地形图计算点坐标、高程、点间距离。
2. 掌握面积及土石方量计算方法。
3. 重点掌握地物、地貌识读知识。
4. 能够在野外识别地形图。

【学习导入】

地形图上包含大量的自然、环境、社会、人文、地理等要素和信息，能够比较全面和客观地反映地表的情况。因此，地形图是国土整治、资源勘察、城乡规划、土地利用、环境保护、工程设计、矿藏采掘、河道整理、园林工程等工作的重要资料。特别是在规划设计阶段，不仅要以地形图为底图进行总平面的布设，而且要根据需要，在地形图上进行一定的量算工作，以便因地制宜地进行合理的规划和设计。

单元一　地形图的识读

地形图是用各种规定的符号和注记表示地物、地貌及有关信息的资料。为了正确地应用地形图,首先要能看懂地形图。通过对这些符号和注记的识读,可使地形图成为展现在人们面前的实地立体模型,以判断地貌的自然形态和地物相互的关系,这就是地形图识读的主要目的。

现以“耀华新村”地形图为例,说明地形图识读的一般方法和步骤。

一、图廓外的注记识读

首先从图廓外的注记了解测图的时间和测绘单位,以判定地形图的新旧程度,然后了解图的比例尺、坐标系统、高程系统和等高距以及图幅范围和接图表。“耀华新村”地形图(见图8-1)的比例尺为1∶1 000,左上角接图表注明了相邻图幅的图名,图幅四角注有3°带高斯平面直角坐标。

二、地物识读

该幅图东南部有较大的居民点——耀华新村,耀华小学;长冶公路沿东南方穿过,路边有两个埋石点12、13,并有低压电线。图幅西北部的小山头和山脊上有73、74、75三个图根三角点。

三、地貌识读

根据等高线的注记可以看出,这幅图的基本等高距为1 m。图幅西部和东北部为山区,西北角山顶的高程为86.5 m,是本图幅内的最高点。山脚外的高程为60.2 m,故本图幅内的高差最大不到50 m。图中从北向南延伸着高差约15 m的山脊,西边有座10余m高的小山,西北方向有个鞍部,地面坡度在6°~25°,属于山地,另有多处陡坎和斜坡。

在地形图上,除读出各种地物和地貌外,还应根据图上配置的各种植被符号或注记说明,了解植被的分布、类别特征、面积大小等。在图8-1中,两山之间种植有水稻,东南角为藕塘,正北方向的山坡为竹林,紧靠竹林的是一片经济林,西南方向的小山头上是一片坟地,其余山坡是旱地。

整个图幅内的地貌形态是北部山区最高,南部低,而东南部最低。

在识读地形图时,还应注意地面上的地物和地貌不是一成不变的。由于城乡建设事业的迅速发展,地面上的地物、地貌也随之发生变化,因此在应用地形图进行规划以及解决工程设计和施工中的各种问题时,除细致地识读地形图外,还需进行实地勘察,以便对建设用地做全面、正确的了解。

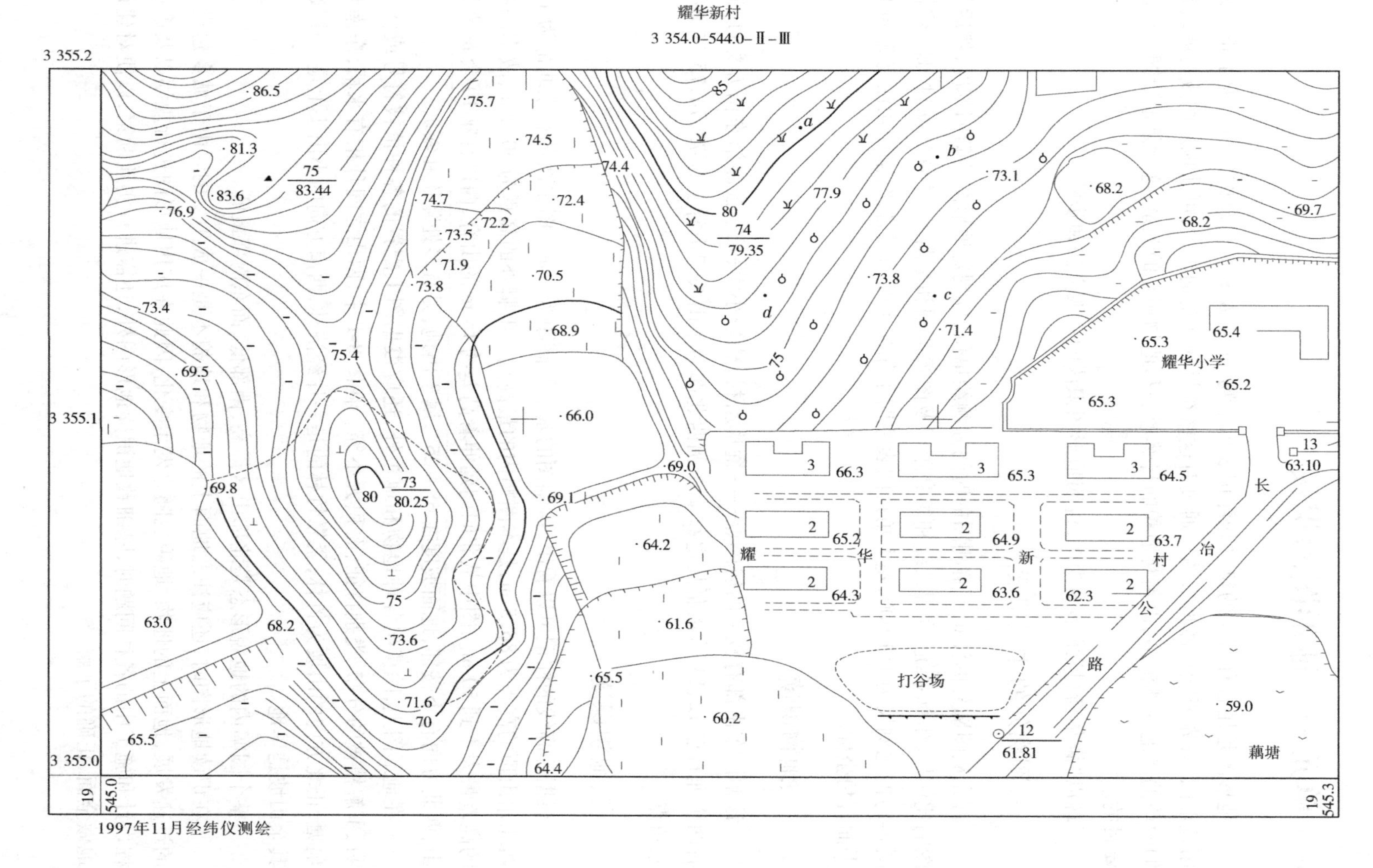
耀华新村
3 354.0-544.0-Ⅱ-Ⅲ
3 355.2
86.5
75.7
74.5
85
a
b
81.3
75
83.44
83.6
76.9
74.4
73.1
68.2
69.7
77.9
80
74
79.35
74.7
72.4
72.2
73.5
71.9
73.8
70.5
73.8
c
d
68.2
73.4
68.9
71.4
75.4
75
65.3
65.4
耀华小学
65.2
69.5
65.3
3 355.1
66.0
13
63.10
69.0
3
66.3
3
65.3
3
64.5
69.8
80
73
80.25
69.1
长
2
65.2
2
64.9
2
63.7
64.2
耀
华
新
村
冶
2
64.3
2
63.6
62.3
2
75
公
63.0
68.2
61.6
73.6
路
65.5
打谷场
71.6
70
60.2
59.0
12
61.81
65.5
藕塘
3 355.0
64.4
19
545.0
19
545.3
1997年11月经纬仪测绘

图 8-1 地形图

单元二 地形图应用的基本内容

一、求图上某点的坐标

大比例尺地形图绘有 10 cm×10 cm 的坐标方格网,并在图廓的西、南边上注有方格的纵、横坐标值,如图 8-2 所示。根据图上坐标方格网的坐标可以确定图上某点的坐标。例如,欲求图上 A 点的坐标,首先根据图上坐标注记和 A 点在图上的位置,找出 A 点所在的方格,过 A 点作坐标方格网的平行线与坐标方格相交于 a、b 两点,量出 $pa=2.46$ cm,$pb=6.48$ cm,再按地形图比例尺(1∶1 000)换算成实际距离 $pb\times1\ 000\div100=64.8$(m)、$pa\times1\ 000\div100=24.6$(m),则 A 点的坐标为

$$\left.\begin{aligned}X_A&=X_P+pb\times1\ 000\div100=600+64.8=664.8(\text{m})\\Y_A&=Y_P+pa\times1\ 000\div100=600+24.6=624.6(\text{m})\end{aligned}\right\}\tag{8-1}$$

图解法求得的坐标精度受图解精度的限制,一般认为,图解精度为图上 0.1 mm,则图解精度不会高于 $0.1M$(单位为 mm)。

二、求图上某点的高程

地形图上点的高程可根据等高线的高程求得。如图 8-3 所示,若某点 A 恰好在等高线上,则 A 点的高程与该等高线的高程相同,即 $H_A=51.0$ m。若某点 B 不在等高线上,而位于 54 m 和 55 m 两根等高线之间,这时可通过 B 点作一条垂直于相邻等高线的线段 mn,量取 mn 和 mB,如长度为 9.0 mm、5.4 mm,已知等高距 $h=1$ m,则可按内插法求得 B 点的高程。

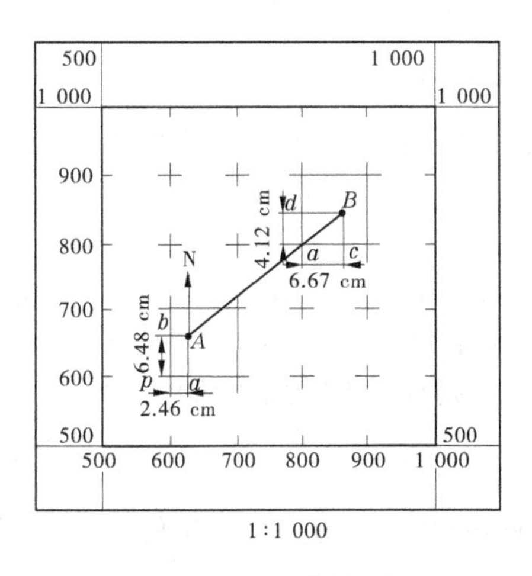

图 8-2 求图上点的坐标

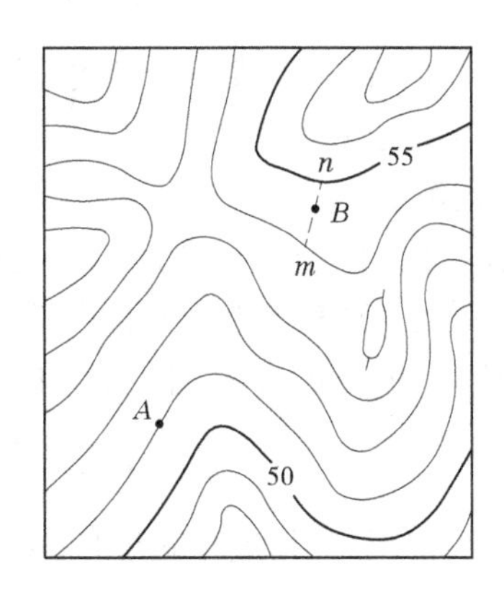

图 8-3 求图上点的高程

$$H_B=H_m+\frac{mB}{mn}\times h=54+\frac{5.4}{9.0}\times1=54.6(\text{m})\tag{8-2}$$

求图上某点的高程,通常也可根据等高线用目估法按比例推算该点的高程。例如,mB 约为 mn 的 6/10,则

$$H_B=H_m+\frac{6}{10}h==54.6\text{ m}$$

三、求图上两点间的距离

求图上两点间的水平距离有下列两种方法。

（一）根据两点的坐标求水平距离

如图 8-2 所示，欲求 A、B 的距离，可按式（8-1）先求出图上 A、B 两点的坐标值（x_A，y_A）和（x_B，y_B），然后按下式反算 AB 的水平距离：

$$D_{AB} = \sqrt{(x_B - x_A)^2 + (y_B - y_A)^2} \tag{8-3}$$

（二）在地形图上直接量距

用分规在图上直接卡出 A、B 两点的长度，再与地形图上的图示比例尺比较，即可得出 AB 的水平距离。当精度要求不高时，可用比例尺（三棱尺）直接在图上量取。

$$D_{AB} = d_{AB}M \tag{8-4}$$

式中　d_{AB}——图上 A、B 两点之间的距离；

M——比例尺分母。

若图解坐标的求得考虑了图纸伸缩变形的影响，则解析法求得距离的精度高于图解法的精度。图纸上若绘有图示比例尺，一般用图解法量取两点间的距离，这样既方便，又能保证精度。

四、求图上某直线的坐标方位角

如图 8-2 所示，欲求图上直线 AB 的坐标方位角，方法有下列两种。

（一）解析法

图上 A、B 两点的坐标可按式（8-1）求得，则按下式计算直线 AB 的方位角

$$\alpha_{AB} = \arctan\frac{y_B - y_A}{x_B - x_A} = \arctan\frac{\Delta y_{AB}}{\Delta x_{AB}} \tag{8-5}$$

当使用电子计算器或三角函数计算 α_{AB} 的角值时，要根据 Δx_{AB} 和 Δy_{AB} 的符号，确定其所在的象限，再确定其大小。

（二）图解法

当精度要求不高时，可用图解法用量角器在图上直接量取坐标方位角。如图 8-2 所示，通过 A、B 两点分别精确地作坐标纵轴的平行线，然后用量角器的中心分别对准 A、B 两点量出直线的坐标方位角 α'_{AB} 和直线 BA 的坐标方位角 α'_{BA}，则直线 AB 的坐标方位角

$$\alpha_{AB} = \frac{1}{2}[\alpha'_{AB} + (\alpha'_{BA} \pm 180°)] \tag{8-6}$$

由于坐标量算的精度比角度量测的精度高，因此通常用解析法获得方位角。

五、求图上某直线的坡度

在地形图上求得直线的长度以及两端点的高程后，则可按下式计算该直线的平均坡度：

$$i = \frac{h}{d \times M} = \frac{h}{D} \tag{8-7}$$

式中　d——图上量得的长度；

M——地形图比例尺分母；

h——直线两端点间的高差;

D——该直线对应的实地水平距离。

坡度通常用千分率(‰)或百分率(%)的形式表示。“+”为上坡,“-”为下坡。

说明:若直线两端位于等高线上,则求得坡度可认为符合实际坡度。假若直线较长,中间通过许多条等高线,且等高线的平距不等,则所求的坡度只是该直线两端点间的平均坡度。

【例 8-1】 在建设工程的规划、勘察、设计、施工、使用等各阶段,地形图都是不可缺少的。地形图不仅仅表达了地物的平面位置,也表达了地貌的形态。测量人员看懂地形图,并能从地形图上获取工程需要的信息资料,用以指导施工。图 8-4 是某地的地形图,请仔细阅读。

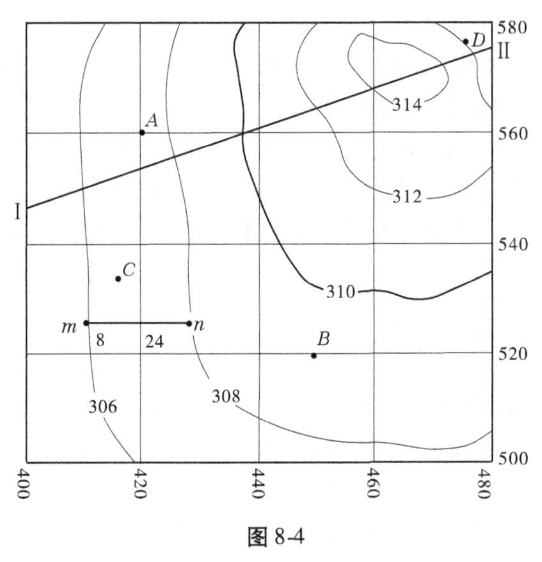

图 8-4

解:(1)地形图的基本应用包括(　　)。

A. 求图上点的坐标值　　B. 求图上点的高程值

C. 求图上直线的长度　　D. 测定面积

E. 绘制断面图

(2)下面叙述(　　)符合本案例地形图。

A. 点 A 的 X 坐标是 420　　B. 点 B 的 X 坐标是 520

C. 点 D 的高程是 560　　D. 点 D 的高程是 312

E. 点 C 的高程是 306.5

【案例提示】 (1)ABC　(2)BDE

单元三　地形图在工程建设中的应用

一、按限制坡度选定最短路线

在道路、管线等工程规划中,一般要求按限制坡度选定一条最短路线或等坡度线。其基本做法如下。

如图8-5所示，设从公路旁A点到山头B点选定一条路线。限制坡度为4%，地形图比例尺为1∶2 000，等高距为1 m。为了满足限制坡度的要求，可根据式（8-8）求出该线路通过相邻两等高线的最短平距，即求出相邻两等高线之间满足设计坡度的最短距离：

$$d = \frac{h}{i \times M} = \frac{1}{0.04 \times 2\,000} = 0.125(\mathrm{m}) = 12.5\ \mathrm{mm} \tag{8-8}$$

于是，用分规张开12.5 mm，先以A点为圆心画圆弧交81 m等高线于1、1′点；再以1（1′）点画圆弧交82 m等高线于2点；依次类推直到B点。连接相邻点，便得同坡度路线$A-1-2\cdots B$。若所画弧不能与相邻等高线相交，则以最短平距直接连接相邻两等高线，这样，该线段为坡度小于4%的最短线路，符合设计要求。在图上尚可沿另一方向定出第二条$A-1'-2'\cdots B$，可以作为比较方案。其实，在图上满足设计要求的线路有多条，在实际工作中，还需在野外考虑工程上的其他因素，如少占或不占良田，避开不良地质地段、工程费用最少等进行修改，最后确定一条既经济又合理的路线。

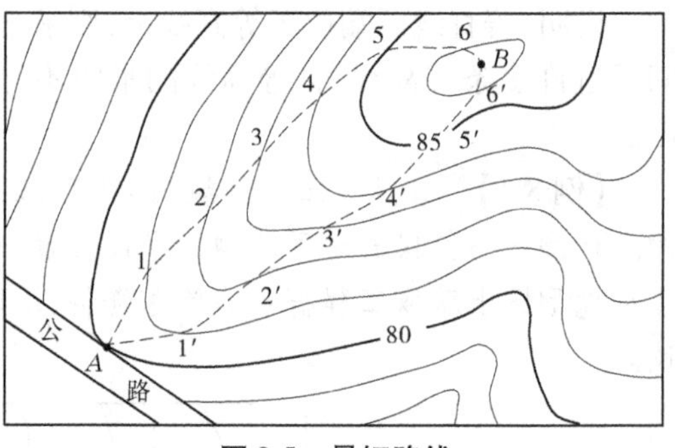

图8-5　最短路线

二、绘制一定方向的断面图

断面图是显示指定地面起伏变化的剖面图。在道路、管道等工程设计中，为进行填、挖土（石）方量的概算或合理地确定线路的纵坡等，均需较详细地了解沿线路方向上的地面起伏情况，为此常根据大比例尺地形图绘制沿线方向的断面图。

如图8-6所示，欲绘制地形图上MN方向的断面图，首先在图纸上绘出两条互相垂直的坐标轴线，横坐标轴D表示水平距离，纵坐标轴H表示高程。然后，用脚规在地形图上自M点起沿MN方向依次量取相邻等高线的平距$M1$、12、…，并以同一比例尺绘在横轴上，得$M-1'-2'\cdots N$，再根据各点的高程按高程比例尺绘出各点，即得各点在断面图上的位置，M、1、2、3、…、N；最后用圆滑的曲线连接M、1、2、3、…、N点，即得直线MN的断面图。绘制纵断面图时，应特别注意a、b、c这三点的绘制，千万不能忽略。

为了明显地表示地面起伏变化情况，断面图上的高程比例尺一般比水平距离比例尺大10倍或20倍。

三、确定汇水范围

在修筑桥涵和水库、大坝等工程中，桥梁、涵洞孔径的大小，大坝的设计位置、高度，水库的库容量大小等，都需要了解这个区域水流量的大小，而水流量是根据汇水面积确定的。汇集水流量的面积称为汇水面积。汇水面积由相邻分水线连接而成。

由于地面上的雨水是沿山脊线向两侧分流，所以汇水范围的确定，就是在地形图上自选定的断面起，沿山脊线或其他分水线而求得的。如图8-7所示，线路在m处要修建桥梁或涵洞，则由山脊线$bcdefga$所围成的闭合图形就是m上游的汇水范围的边界线。

确定汇水范围时应注意以下两点：

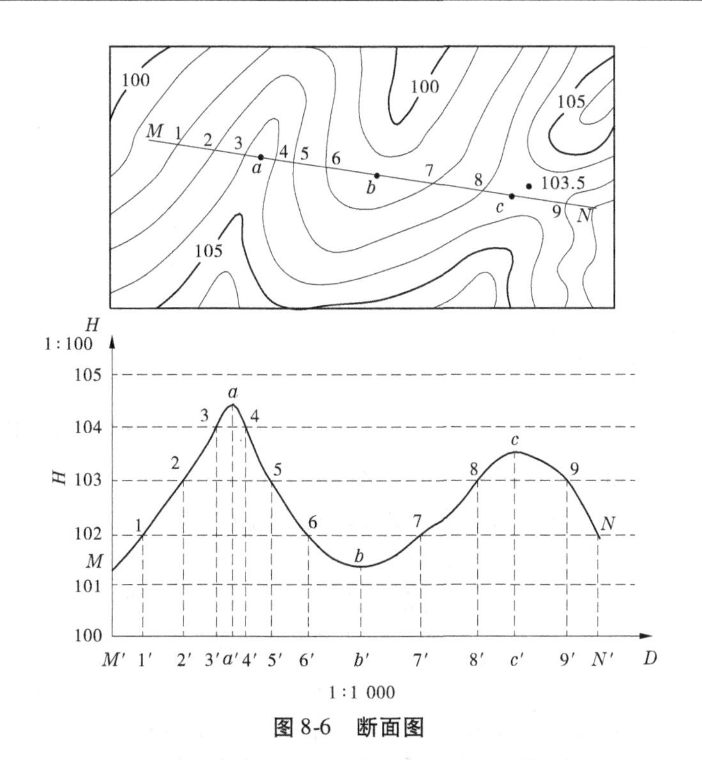

图 8-6　断面图

(1)边界线应与山脊线一致,且与等高线垂直。

(2)边界线是经过一系列山头和鞍部的曲线,并与河谷的指定断面(如图 8-7 中 m)处的直线闭合。

图上汇水范围确定后,可用面积求算方法求得汇水面积,再根据当地的最大降雨量,来确定最大洪水流量,作为设计桥涵孔径及管径尺寸的参考。

四、量测图形面积

在规划设计和工程建设中,常需在地形图上量测一定轮廓范围内的面积。例如,平整土地的填、挖面积,规划设计城市某一区域的面积,厂矿用地面积,渠道和道路工程中的填、挖断面的面积,汇水面积等。量测图形面积的方法很多,下面介绍常用的三种图形面积量测的方法。

(一)几何图形法

若图形是由直线连接的多边形,则可将图形划分为若干种简单的几何图形,如图 8-8 中的三角形、四边形、梯形等。然后用比例尺量取计算时所需的元素(长、宽、高),应用面积计算公式求出各个简单几何图形的面积,再汇总出多边形的面积。

如图形面积为曲线,可近似地用直线连接成多边形,再按上述方法计算面积。

当用几何图形法量算线状物面积时,可将线状看作长方形,用分规量出其总长度,乘以实量宽度,即可得线状地物面积。

将多边形划分为简单几何图形时,需要注意以下几点:

(1)将多边形划分为三角形,面积量算的精度最高,其次为梯形、长方形。

(2)划分为三角形以外的几何图形时,尽量使它的图形个数最少,线段最长,以减少误差。

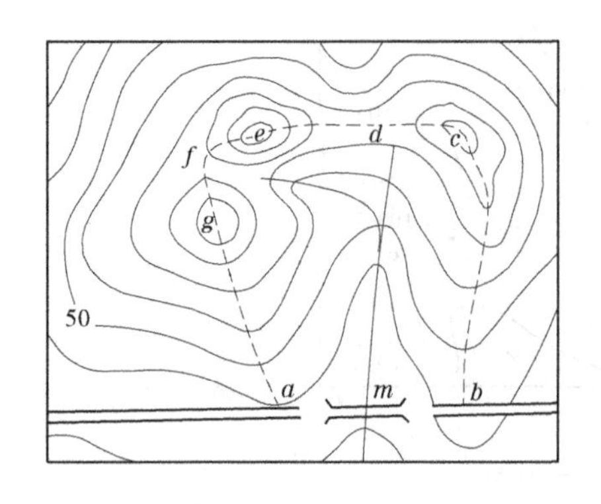

图 8-7 汇水范围

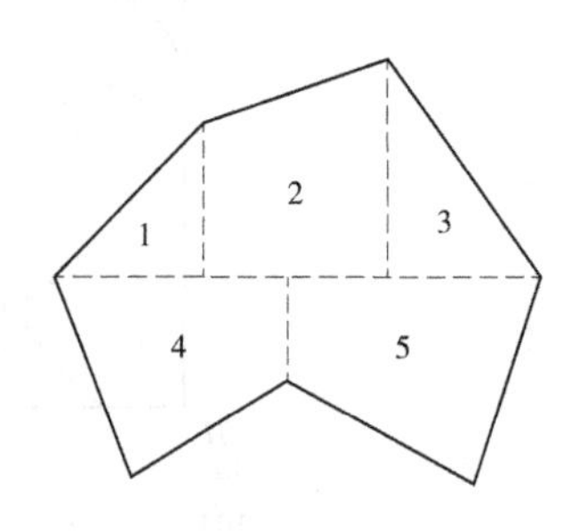

图 8-8 几何图形

(3)划分几何图形时,尽量使底与高之比接近 1∶1(使梯形的中位线接近于高)。

(4)若图形的某些线段有实量数据,则就首先选用实量数据。

(5)进行校核和提高面积量算的精度,要求对同一几何图形,量取另一组面积计算要素,量算两次面积,两次量算结果在容许范围内(见表 8-1),方可取其平均值。

表 8-1 两次量算面积之较差的容许范围

图上面积(mm^2)	<100	100~400	400~1 000	1 000~3 000	3 000~5 000	>5 000
相对误差	<1/30	<1/50	<1/100	<1/150	<1/200	<1/250

(二)透明格网法

如曲线包围的是不规则图形,可用绘有边长为 1 mm 或 2 mm 的正方形格网的透明膜片,通过蒙图数格法量算图形的面积。此法操作简单,易于掌握,能保证一定精度,在量算图形面积中被广泛采用。

量算面积时,将透明纸或膜片覆盖在欲量算的图形上,如图 8-9 所示,欲量算的图形被分割为一定数量的整方格,每一整格代表一定面积值,再将边缘各分散格(也称破格)目估凑成若干整格(通常把破格一律作半格计)。图形范围内所包含的方格数,乘以每格所代表的面积值,即为所量算图形的面积。如果知道一个方格所代表的实际面积,就可求得整个图形所代表的实际面积。例如:透明方格纸上每一方格为 1 mm^2,地形图的比例尺为1∶2 000,则每个方格相当于实地 4 m^2 面积。

(三)平行线法

平行线法又称积距法。为了减少边缘破格因目估产生的面积误差,可采用平行线法。

如图 8-10 所示,量算面积时,将绘有间距 $d=1$ mm 或 2 mm 的平行线组的透明纸(或透明膜片)覆盖在待算的图形上,使图形的上、下边缘线(a、s 两点)处于平行线的中央位置,固定平行线透明纸,则整个图形被平行切割成若干等高(d)的梯形(图上平行的虚线为梯形上、下底的平均值,以 c 表示),则图形的总面积为

$$p = c_1 d + c_2 d + c_3 d + \cdots + c_n d = d(c_1 + c_2 + c_3 + \cdots + c_n) = d\sum c \tag{8-9}$$

图形面积 P 等于平行线间距乘以中位线的总长。最后,再根据图的比例尺将其换算为实地面积,即

$$p = d\sum_{i=1}^{n} c_i \times M^2 \tag{8-10}$$

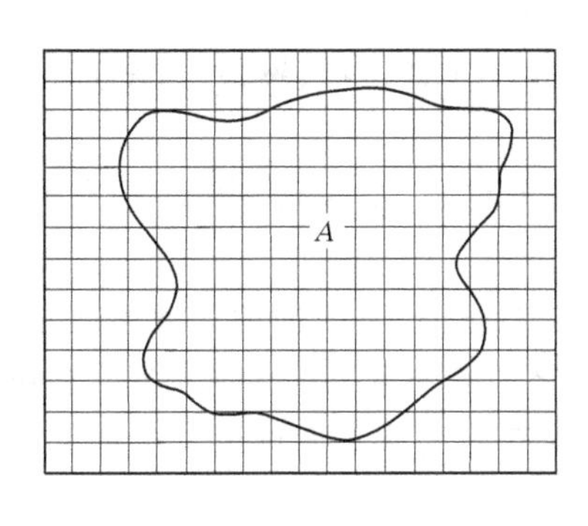

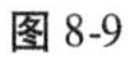
图 8-9

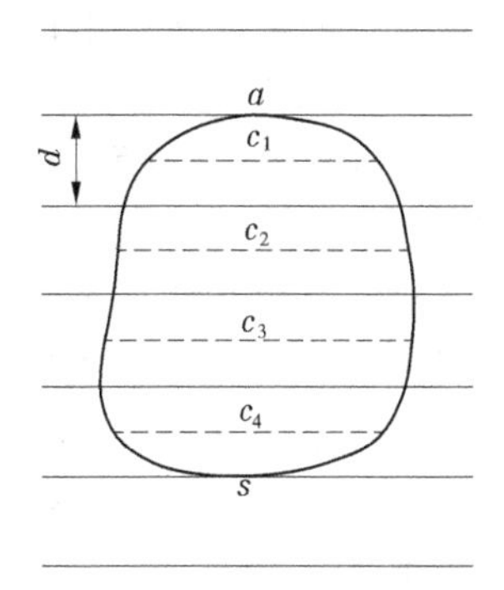

图 8-10

式中　M——测图比例尺分母。

例如:在1∶2 000比例尺的地形图上,量得各梯形上、下底平均值的总和$\sum c = 876$ mm,$d = 2$ mm,则此图形的实地面积为

$$p = 2 \times 876 \times 2\ 000^2 \div 1\ 000^2 = 7\ 008(\text{m}^2)$$

(四)求积仪法

在这里不进行介绍,同学们可以参考其他书籍。

【例8-2】　将图8-11按照1∶5 000比例尺绘制地图剖面图。

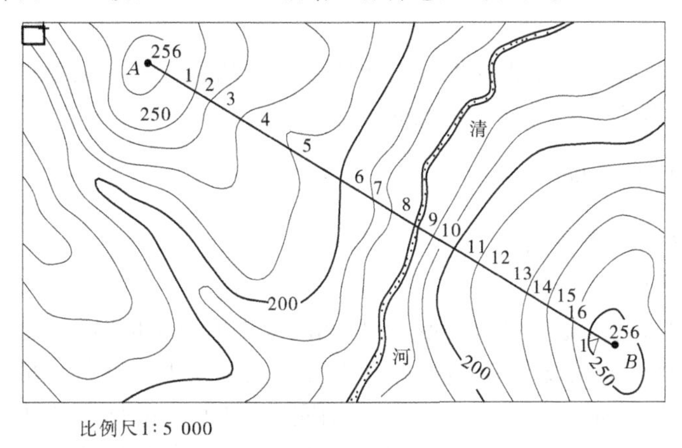

图 8-11

【案例点评】　答案如图8-12所示。

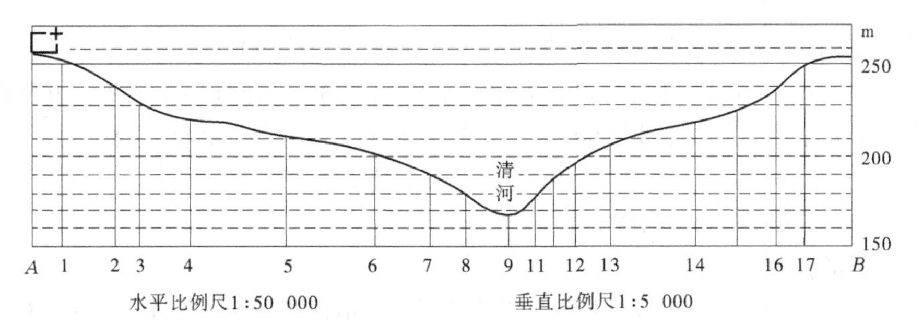

图 8-12

剖面线的判定方法提示:

(1)观大势:粗略地观察剖面线所经过的大的地形部位(如山峰、鞍部、悬崖)穿过的最高和最低等高线等,看剖面图是否与等高线图吻合。

(2)找关键:注意找剖面线与等高线交点中的一些关键点,如起点、中点、终点等,这些点在等高线图上的高度与剖面图上的高度是否一致。

(3)细分析:注意观察剖面线与最高或最低等高线相交的两点之间的区域高度,仔细分析其在剖面图上是否得到正确反映。剖面线与最高等高线相交的点的区域高度应该小于最高等高线的高度与等高距之和,而与最低等高线相交的点的区域高度应该大于最低等高线的高度与等高距之差。

单元四 场地平整填、挖边界的确定和土方量计算

在各种工程建设中,除对建筑物要作合理的平面布置外,往往还要对原地貌作必要的改造,以便适于布置各类建筑物,排除地面水以及满足交通运输和敷设地下管线等要求。这种地貌改造称为平整土地。

在平整土地工作中,常需预算土石方的工程量,即利用地形图进行填、挖土(石)方量的概算。其方法有多种,其中方格网法(或设计等高线法)是应用最广泛的一种。下面分两种情况介绍该方法。

该方法适用于地形起伏不大或地形变化比较规律的地区。一般要求在满足填、挖方平衡的条件下把划定范围平整为同一高程的平地。

一、平整为水平场地

平整为水平场地的步骤如下。

(一)在地形图上绘制方格网

在地形图上对拟建场地绘制方格网,方格网的大小取决于地形复杂程度,地形图比例尺大小,以及土石方概算的精度要求。例如,在设计阶段采用 1:500 的地形图时,根据地形复杂情况,一般边长为 10 m 或 20 m。方格网绘制完后,对方格进行编号,横向(东西方向)用 1、2、3…进行编号,纵向(南北方向)用 A、B、C…进行编号,各方格顶点的编号由纵、横编号组成,例如本图北边 A_1、A_2…等。

(二)计算设计高程

根据地形图上的等高线,用内插法求出每一方格顶点的地面高程,并注记在相应方格顶点的右上方,如图 8-13 所示,然后将每一方格顶点的高程加起来除以 4,得到各方格的平均高程,再将每个方格的平均高程相加除以方格总数,就得到拟建场地设计高程 H_0。

$$H_0 = (H_1 + H_2 + \cdots + H_n)/n$$

式中 H_i——每一方格的平均高程;

n——方格总数。

从设计高程 H_0 的计算方法和图 8-13 可以看出,方格网的角点 A_1、A_4、B_5、B_4、C_1、C_3 的高程只用了一次,边点 A_2、A_3、B_1、C_2、…的高程都用了两次,拐点 B_3 的高程用了三次,而中间点 B_2 的高程点用了四次。因此,设计高程的计算公式可写为

$$H_0 = (\sum H_{角} + 2\sum H_{边} + 3\sum H_{拐} + 4\sum H_{中})/4n \tag{8-11}$$

将方格顶点的高程(见图8-13)代入式(8-11),即可计算出设计高程为26.2 m,在图上内插出26.2 m等高线(图中虚线),称为填、挖边界线。

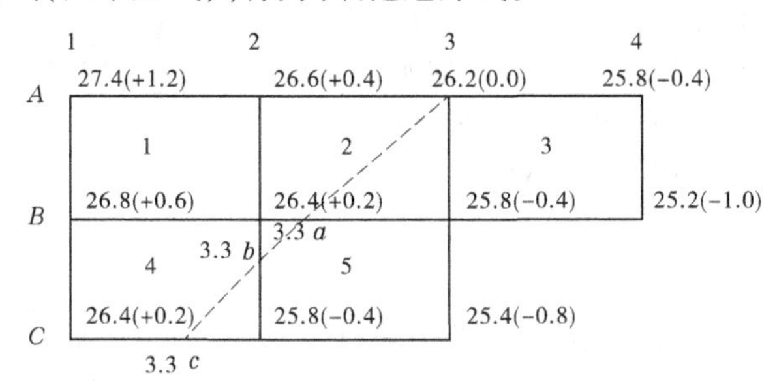

图8-13 场地平整的土方量估算

(三)计算挖、填高度

根据设计高程和方格顶点的高程,可以计算出每一方格顶点的挖、填高度,即

$$挖、填高度 = 地面高度 - 设计高程 \tag{8-12}$$

将图中各方格顶点的挖、填高度写于相应方格顶点的左上方。"+"为挖深,"−"为填高。

(四)计算挖、填土方量

挖、填土方量可按角点、边点、拐点和中点分别按下式列表计算:

$$\left.\begin{aligned}&角点: && 挖(填)高\times 1/4 方格面积\\&边点: && 挖(填)高\times 1/2 方格面积\\&拐点: && 挖(填)高\times 3/4 方格面积\\&中点: && 挖(填)高\times 1 方格面积\end{aligned}\right\} \tag{8-13}$$

如图8-13所示,设每一方格面积为100 m^2,计算的设计高程是26.2 m,每一个方格的挖深或填高数据已分别按式(8-12)计算出,并已注记在相应方格顶点的左上方。于是,可按式(8-13)分别计算出挖方量和填方量。从计算结果可以看出,挖方量和填方量是相等的,满足"挖、填平衡"。这种方法计算挖、填方量简单,但精度较低。

下面介绍另一种方法,精度较高。以图8-13为例:

该法特点是逐格计算挖方与填方量,遇到某方格内在填、挖分界线时,说明该方格既有挖方,又有填方,此时要求分别计算,最后计算总挖方量与总填方量。本例第1方格全为挖方,其数值可用下式计算:

$$V_{1W} = \frac{1}{4}\times(1.2+0.4+0.6+0.2)\times 100 = 60(m^3)$$

第2方格既有挖方,又有填方,因此

$$V_{2W} = \frac{1}{4}\times(0.4+0+0+0.2)\times\frac{3.3+10}{2}\times 10 = 0.15\times 66.5 = 9.98(m^3)$$

$$V_{2T} = \frac{1}{3}\times(0.4+0+0)\times\frac{6.7\times 10}{2} = 0.13\times 33.5 = 4.36(m^3)$$

第3方格只有填方,可求得:$V_{3T}=45\ m^3$。

第4方格既有挖方,又有填方,可求得:$V_{4W}=15.51\ m^3$,$V_{4T}=2.92\ m^3$。

第5方格既有挖方,又有填方,可求得:$V_{5W}=0.38\ m^3$,$V_{5T}=30.26\ m^3$。

因此，$\sum V_W = 85.87\ m^3$，$\sum V_T = 82.54\ m^3$。

二、设计成一定坡度的倾斜场地

有时为了充分利用自然地势，减少土石方工程量，以及场地排水的需要，在填、挖平衡的原则下，可将场地平整成具有一定坡度的倾斜面。如图 8-14 所示，欲将 40 m 见方的 ABCD 场地平整成坡度为 10% 的倾斜面。

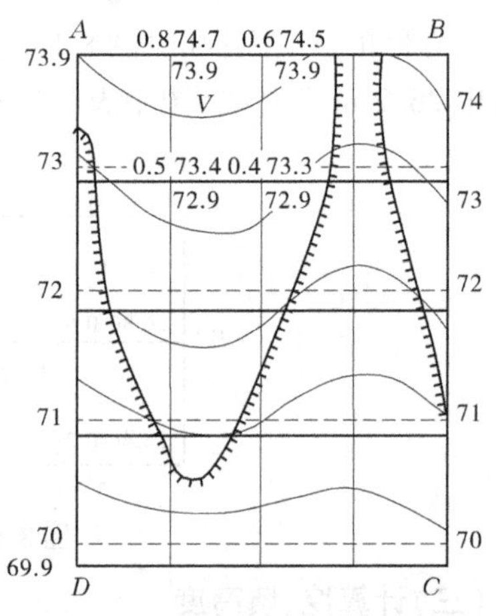

图 8-14　平整倾斜场地的土方量估算

其步骤如下：

(1) 绘制方格网方法同前平整为水平场地方格网法，如图 8-14 所示。

(2) 计算场地平均高度，方法同式(8-11)。经计算，场地平均高程为 $H_{平} = 71.9$ m。

(3) 计算倾斜场地最高边线和最低边线高程。如图 8-14 所示，在 ABCD 地块上，AB 线上各点为最高点，DC 线上各点为最低点。当 AB 线和 DC 线之间中点位置的设计高程为 $H_{平}$ 时，方可使场地的填、挖土方量平衡。设 AD 边长为 D_{AD}，由此得

$$H_A = H_B = H_{平} + 1/2 D_{AD} i = 71.9 + 1/2 \times (40 \times 10\%) = 73.9(\text{m})$$

$$H_C = H_D = H_{平} - 1/2 D_{AD} i = 71.9 - 1/2 \times (40 \times 10\%) = 69.9(\text{m})$$

(4) 确定倾斜场地的等高线，根据 A、D 两点的设计高程，在 AD 直线上用内插法定出 70 m、71 m、72 m、73 m 各设计等高线的点位，过这些点作 AB 的平行线(图 8-14 中以虚线表示)，就是倾斜场地等高线。

(5) 确定填、挖边界线，倾斜场地的等高线与原地形图上与其同高程等高线的交点刚好位于倾斜面上，连接这些点即为填、挖边界线。填、挖边界线上有短线的一侧为填方区，另一侧为挖方区。

(6) 计算方格顶点的设计高程。根据倾斜场地等高线用内插法确定各方格顶点的设计高程，注于方格顶点的右下方。

(7) 计算填、挖方量，计算方法同前平整为水平场地方格网法。

项目小结

本项目主要介绍了应用地形图计算点的坐标、高程、点间距离、直线的方向，线路的选择及面积和土方量计算等地形图在园林工程上的应用，地物、地貌识读的基本知识，地形图的野外应用，根据地形图绘制剖面图，计算填、挖土石方等。

复习与思考题

1. 识读地形图的目的是什么？主要从哪几个方面进行？
2. 地形图的应用包括哪些基本内容？
3. 图 8-15 为 1∶2 000 比例尺地形图，试确定：

(1)A、B、C 三点的高程 H_A、H_B、H_C。

(2)A、N、B、C、M 五点的坐标。

(3)用解析法和图解法分别求出距离 AB、BC、CA 并进行比较。

(4)用解析法和图解法分别求出方位角 α_{AB}、α_{BC}、α_{CA} 并进行比较。

(5)求 AC、CB 连线的坡度 i_{AC} 和 i_{CB}。

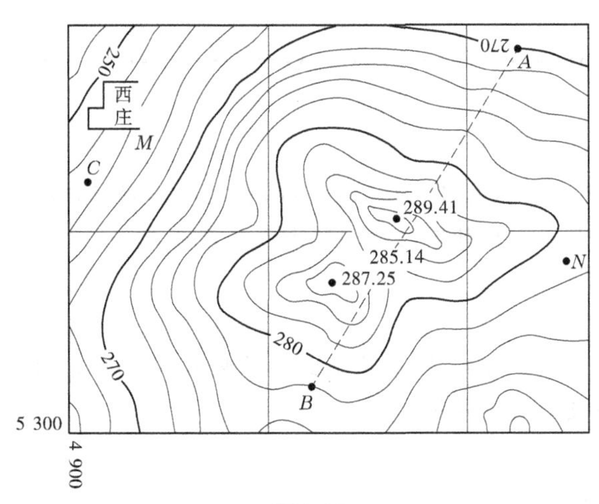

图 8-15

4. 怎样在图上设计一定坡度的线路最短的路线？图 8-15 为 1:2 000 的地形图，试在图上绘出从西庄附近的 M 点出发至鞍(垭口)N 点的坡度不大于 6% 的路线。

5. 怎样按地形图绘制已知方向线的纵断面图？图 8-15 为 1:2 000 的地形图，试沿 AB 方向绘制纵断面图(水平距离比例尺为 1:2 000，高程比例尺为 1:200)。

6. 图 8-16 表示其一缓坡地，按填、挖基本平衡的原则平整为水平场地。首先，在该图上用铅笔打方格，方格边长为 10 m。其次，由等高线内插求出各方格顶点的高程。以上两项工作已完成，现要求完成以下内容：

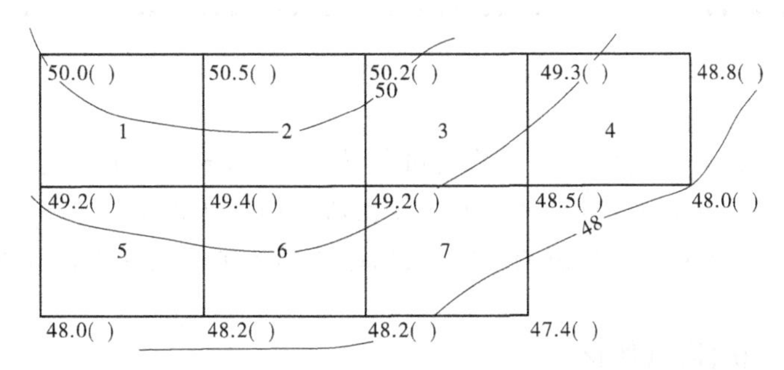

图 8-16

(1)求出平整场地的设计高程(计算至 0.1 m)；

(2)计算各方格顶点的填高或挖深量(计算至 0.1 m)；

(3)计算填、挖分界线的位置，并在图上画出填挖分界线并注明零点距方格顶点的距离；

(4)分别计算各方格的填挖方以及总挖方量和总填方量(计算取位至 0.1 m^3)。

7. 什么是汇水面积？图 8-7 为 1:2 000 的地形图，欲在道路经过的 m 处设置一涵洞，试勾绘汇水面积的界线。

项目九　园林道路测量

项目概述

本项目主要介绍了园林道路(简称园路)的种类、园路的选线、中线测量以及纵、横断面设计及测量、园路路基设计图的绘制及土石方计算等。

学习目标

应掌握园路的选线、中线测量、纵横断面测量和纵断面设计,掌握线路路基设计、工程土石方的计算,以及渠道测量等。

知识目标

1. 掌握园路的种类。
2. 掌握园路中线测量的方法。
3. 学会纵、横断面设计及测量。
4. 掌握园路路基设计及土石方的计算方法。

技能目标

1. 能熟练操作仪器进行中线测量。
2. 能熟练测量纵、横断面并绘制成图。
3. 能熟练计算土石方量。

【学习导入】

园路是贯穿全园的交通网络,是联系园内各功能区、若干个景区和景点的纽带,是组成园林风景的要素,组织交通和导游,并为游人提供活动和休息的场所。园路的走向对园林的通信、光照、环境保护也有一定的影响。所以,园路在园林工程设计中占有重要地位。

单元一　园路概述

一、园路的种类

无论是从实用功能上,还是从美观方面,均对园路的设计都有一定的要求。园路按其重要性和级别可分为以下几种(见表9-1):

表 9-1　园路分类与技术标准

分类		路面宽度（m）	游人步道（肩宽）（m）	车道宽度（m）	路基宽度（m）	车速（km/h）	说明
园路	主园路	6.0～7.0	≥2	2	8～9	20	
	次园路	3～4	0.8～1.0	1	4～5	15	
	小径	0.8～1.5	—	—	—	—	
	专用道	3.0	≥1	1	4		

（1）主园路（主干道）：联系公园出入口、园内各功能分区（景区）主要建筑物和主要广场，成为全园道路系统的骨架，是游览的主要路线。

（2）次园路（次干道）：为主干道的分支，是贯通各功能区、联系各景点和活动场所的道路。

（3）小径（游步道）：景区内连接各个景点的浏览小道。

（4）专用道：用于防火、园务等。

按园路的主要用途可分为：

（1）园景路：是指依山傍水的或有着优美植物景观的游览性园路。这种园路的交通性不突出，适宜游人漫步游览和赏景，如风景林中的林道、滨水的林荫道、花径、竹径等都属于园景路。

（2）园路公路：是指以交通功能为主的通车园路，一般采用公路形式，如大型公园中的环湖公路、山地公园中的盘山公路等。

（3）绿化街道：是指分布在城市街区的绿化道路。

二、园路测量的基本内容

由于次园路、小园路和小径的技术标准低，一般无须进行专门的线路测量，园路测量仅对主路而言。园路测量的内容包括勘测、选线、中线测量、转角测量、里程桩设置、圆曲线测设、路线纵横断面测量、纵断面图的绘制、路基设计图、土石方工程量的计算等。

由于园路的功能不同，有些需要通行大量的人流或机动车，有些只作为少量人流的通行之用，而有些还要考虑残疾人的游园方便，因此园路的技术指标比较复杂，具体设计时考虑相关设计规范相关内容。

【例 9-1】　园路依路宽可分为主园路、次园路及小径，其中次园路宽度一般为（　　）m。

A. 1～3　　B. 3～4　　C. 3～6　　D. 4～8

【案例提示】　B

单元二　园路中线测量

一、踏勘

(一)勘察选线阶段

勘察选线阶段是园路工程的开始阶段,一般内容包括图上选线、实地勘察和方案论证。

(二)勘测阶段

勘测阶段初测的主要任务是控制测量和带状地形图、纵断面图的测绘;收集沿线地质、水文等资料;作纸上定线或现场定线,编制比较方案,为初步设计提供依据。定测阶段的主要任务是将定线设计的公路中线放样于实地;进行园路的纵、横断面测量,桥涵、路线交叉、沿线设施、环境保护等测量和资料调查,为施工图设计提供资料。

二、选线

园路属于线状建筑物,从起点到终点,由于地形、地质等自然条件和行车安全要求的限制,在平面上会有弯曲,纵断面上有起伏,横向有一定的宽度。选线就是将路线中心线的位置落实到实地上。道路的中线由直线和曲线组成,曲线包括单圆曲线、复曲线、反向曲线、回头曲线、缓和曲线、综合曲线等,而园路中的曲线比较简单,以单圆曲线为主。

路线方案确定后,要根据园路的实际情况,合理利用地形,综合考虑园路的平、纵、横三方面,选定具体的线路位置。

选线工作是整个园路设计的关键,路线选得合理与否,对于园路的质量和造价以及养护等都有很大的影响。因此,在选线时,必须综合考虑,因地制宜地选出合理的线路。

选线的任务是根据技术标准和路线方案,结合景区规划和地形、地质条件,具体确定出路线中线位置,即定出路线的起、讫点,路线上的交点(转折点)、直线上的转点和平曲线的半径等。

在一定等级的线路工程中,其中线的确定,是先在大比例尺规划地形图上设计中线的具体位置和走向,确定主点(路线起点和终点、折点和交点)坐标、切线(直线)方位角,以及设计半径等,并据此计算线路中线任意里程处的点位坐标,再根据线路沿线布设的测量控制点,利用极坐标放样等方法直接在实地标定中线的位置;对于小型线路工程,确定中线的方法一般是先在地形图上初步选线,然后赴现场直接定线。本项目介绍后者。

(一)图上选线

选线前应先做好踏勘工作,并在踏查前广泛收集与路线有关的资料,如各种比例尺的地形图、地质资料、园区总体规划方案等。对上述资料进行分析研究后,在图上选线,然后赴现场踏察,并根据实际情况做必要的修改。

(二)现场直接定线

对路线进行踏勘后,可进行现场定线,即在实地通过反复调整路线,直接确定交点、转点的方法。现场定线比图上选线更切合实际,更为合适,故图上选线是现场定线的辅助措施和参考依据。由于现场定线是采用直观、具体的手段选出合理的线路,且方法简单,操作方便,故一次勘测定线的方法在低等级路线工程中被普遍采用。

现场定线一般用测坡器放坡、用经纬仪或罗盘仪测定转角和两相邻交点间的视距，并在交点上打入交点桩，以 JD_1、JD_2、JD_3…依次编号，同时注明推荐半径；若两相邻点间距较长或受地形阻碍不能通视，应在线路的适当位置打入转点桩，以 ZD_1、ZD_2、ZD_3、…编号。交点桩和转点桩一般用 5 cm × 5 cm × 30 cm 的木桩，桩顶钉入铁钉，侧面编号，字面朝向路线起点。

各级交通道路的纵坡都有一定的标准，以保证行车安全。当两相邻线路的控制点（线路必须经过的地点）已定，但其高差较大时，若以直线连接必然超过线路最大纵坡的限值，为减缓坡度，必须使线路拉长（通常称为展线）。由一个线路控制点到另一相邻控制点，按线路设计的平均纵坡，并考虑地形、地质及水文等因素，在确保路基稳定的情况下，实地测量出线路的中心位置，称为放坡。放坡宜从高往低放，这样站得高、看得远，能掌握整个地形态势。放坡时，要注意小半径曲线上的纵坡折减，尽量不用极限坡值。

实地放坡应由有经验的人员担任，一般由甲、乙两人组成，持标杆和测坡器。在标杆上可系红布条，布条高度等于对方眼高；在测坡器上对好拟放纵坡数所对应的倾角度数（见图 9-1），相应于5% 的倾角为2°52′（见表 9-2）。放坡时，从顶点开始，甲立于起点，待乙行至下坡方向的适当位置时，甲指挥乙上下移动，当甲看在标杆上的眼高处时，乙以同样的坡度向上看甲，复核无误后，乙在站立点插上标志。然后两人同时前进，甲行至乙所插标志处时，同法继续放坡定点。

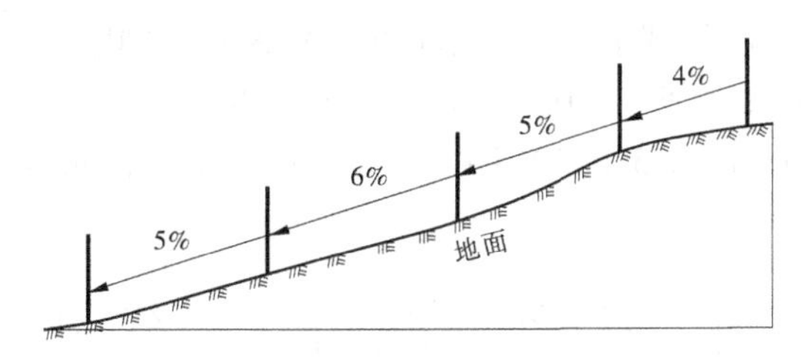

图 9-1　实地放坡

表 9-2　坡度与倾角对照关系

坡度(%)	0.5	1.0	1.5	2.0	2.5	3.0	3.5	4.0	4.5	5.0
倾角(° ′)	0 17	0 34	0 51	1 09	1 26	1 43	2 00	2 17	2 35	2 52
坡度(%)	5.5	6.0	6.5	7.0	7.5	8.0	8.5	9.0	9.5	10.0
倾角(° ′)	3 09	3 26	3 43	4 00	4 17	4 34	4 51	5 09	5 26	5 43

三、园路转角的测定

相邻两导线的后一导线边的延长线与前一导线边的水平夹角，称为转角，用 α 表示。它有左转角和右转角之分，前一导线在后一导线的延长线左侧的，为左转角；前一导线在后一导线的延长线右侧的，为右转角。如图 9-2 所示，可得转角的计算规律：

当右角 $\beta < 180°$时，为右转角

$$\alpha_{右} = 180° - \beta \tag{9-1}$$

当右角 $\beta > 180°$时，为左转角

$$\alpha_{左} = \beta - 180° \tag{9-2}$$

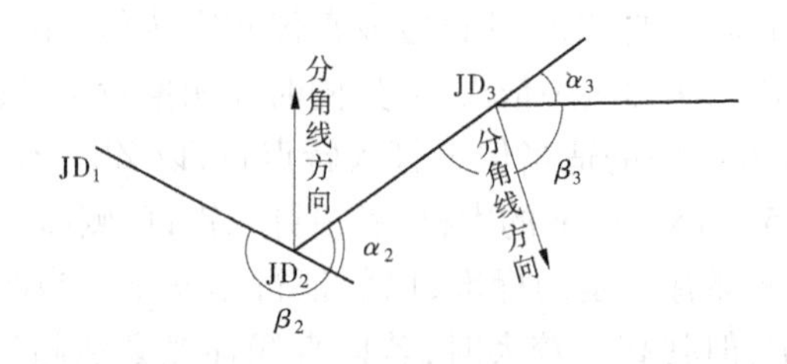

图 9-2　转角测量

实际工作中,在测量完水平角并计算出转角后,及时进行圆曲线半径的设计和圆曲线的测设工作,以便使里程延续。

四、里程桩的设置

为测定路线的长度和路线纵横断面设计的需要,必须从起点起,沿线路的中线测出整个路线的长度。距离测量的精度一般应达到1/200以上。在量距时,应钉里程桩,每100 m钉百米桩,每20 m设置整桩(见图9-3(a)),坡度变化处、路桥(涵或隧)相接处、地质变化处等均应设置加桩(见图9-3(c))。遇曲线时,设置主点桩(见图9-3(b))和细部桩。各桩按里程注明桩号,书写面朝起始方向,背面以1~10序号循环书写(见图9-3(d)),以便后续测量时找桩。桩号以"km + m"的形式表示,如线起点桩号为0 +000,以后各桩依次为0 +020、0 +040、0 +045.5、0 +060、…、5 +420、5 +433.6、5 +440 等。上列桩号中,0 +045.5、5 +433.6 分别为0 +040、0 +060 和5 +420、5 +440 之间的加桩。在曲线主点桩上,还应在桩号前加注ZY、QZ和YZ的字样。

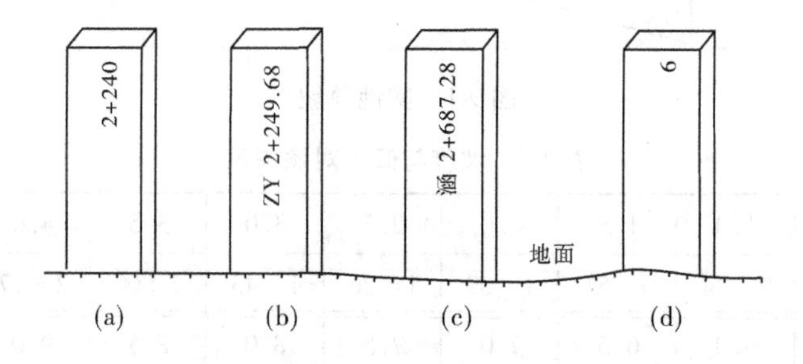

图 9-3　里程桩的设置

在距离测量中,如线路改线或测错,都会使里程桩号与实际距离不相符,此种里程不连续的情况称为断链。当出现断链时,应进行断链处理,也即为避免影响全局,允许中间出现断链,桩号不连续,仅在改动部分用新桩号,其他部分不变,仍用老桩号,并就近选取一老桩号作为断链桩,分别标明新老里程。凡新桩号比老桩号短的称为短链,新桩号比老桩号长的称为长链,如图9-4所示。

在断链桩上应注明新老桩号的关系及长短链长度,如"1 +570.6 =2 +420.5(短链849.9 m)"。习惯的写法是等号前面的桩号为来向里程(即新桩号),等号后面的桩号为去向里程(即老桩号)。手簿中应记清断链情况。由于断链的出现,线路的总长度应按下式计算:

$$路线的总长度 = 末桩里程 + 长链总和 - 短链总和 \tag{9-3}$$

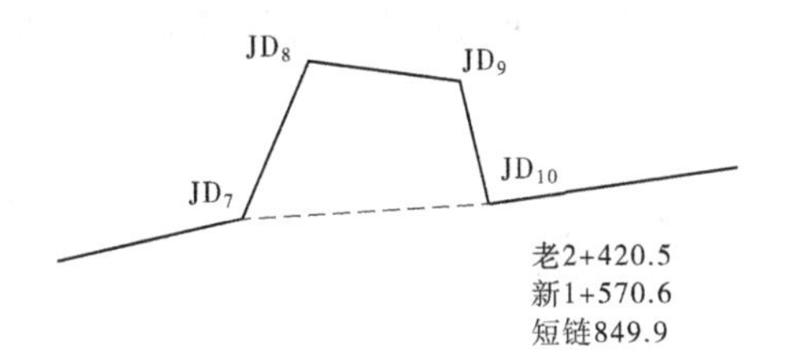

图 9-4　设置断链桩

五、圆曲线的测设

由于受地形地质及社会经济发展条件的限制,园路总是不断地从一个方向转向另一个方向。为保证行车安全,必须用曲线连接起来。这种在平面内连接两个不同方向线路的曲线,称为平曲线。平曲线有以下几种主要类型:

(1)单圆曲线:具有单一半径的曲线,简称圆曲线(见图 9-5)。

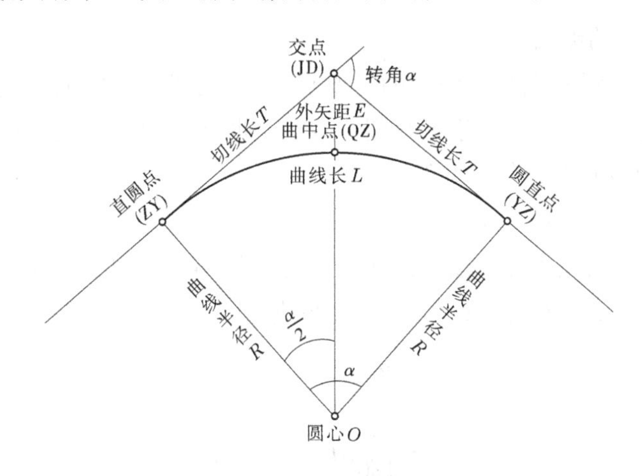

图 9-5　圆曲线

(2)复曲线:由两个或两个以上的圆曲线连接而成的曲线(见图 9-6)。

(3)反向曲线:由两个方向不同的曲线连接而成的曲线(见图 9-7)。

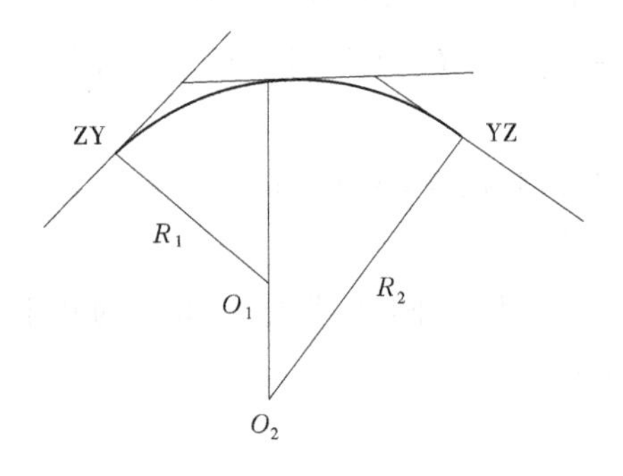

图 9-6　复曲线

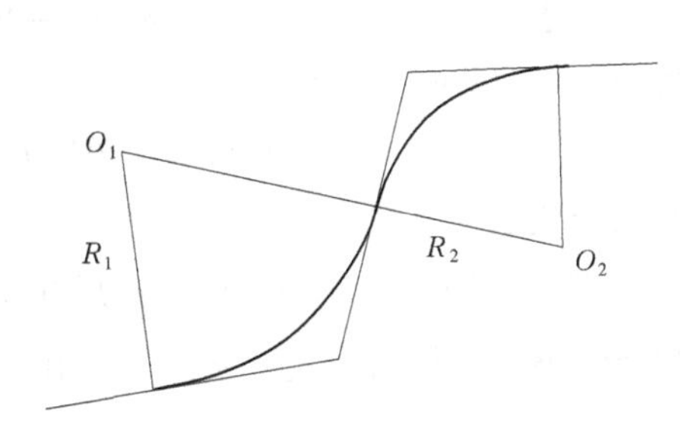

图 9-7　反向曲线

(4)回头曲线:由于山区线路工程展线的需要,其转向角接近或超过180°的曲线(见图9-8)。

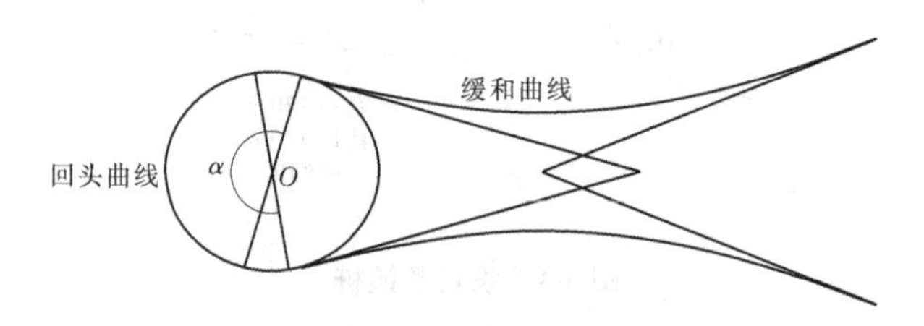

图9-8　回头曲线和缓和曲线

(5)缓和曲线:在直线和圆曲线间插入的一条半径由∞过渡到 R 的曲线(见图9-8)。

园路工程中,以单圆曲线为主。

曲线的测设方法有很多,传统的有偏角法、切线支距法,现在由于全站仪的广泛使用,极坐标放样法已成为主要方法。

(一)圆曲线主点的测设

圆曲线测设的步骤是:先测设曲线的主要点,再按曲线上规定的桩间距进行加密。如图9-5所示,曲线的三个主要点分别是直圆点(ZY)、曲中点(QZ)和圆直点(YZ)。在实地测设之前,要先进行曲线元素和各点里程的计算。

1. 圆曲线元素及其计算

如图9-5所示,圆曲线半径 R、偏角(即路线转向角)α、切线长 T、曲线长 L、外矢距 E 及切曲差 D,称为曲线元素。R 为设计值,α 为观测值,其余元素可按下列关系式计算:

$$\left.\begin{aligned} T &= R\tan\frac{\alpha}{2} \\ L &= \frac{\pi}{180}\alpha R \\ E &= R\left(\sec\frac{\alpha}{2} - 1\right) \\ D &= 2T - L \end{aligned}\right\} \tag{9-4}$$

实际工作中,上述元素的值可用计算器计算,也可从公路曲线计算表中查阅。

【例9-2】　已测得某线路的转角 $\alpha_{右} = 30°45'$,设计半径 $R = 300$ m,求圆曲线元素。

解:根据式(9-4),可计算得

$$T = 82.49\ \text{m}, L = 161.01\ \text{m}, E = 11.14\ \text{m}, D = 3.97\ \text{m}$$

2. 圆曲线主点里程计算

为了测设圆曲线,必须计算主点里程。上例中,如果圆曲线交点 JD_3 的里程为 2+342.56,根据算得的曲线元素值,则圆曲线主点的里程为

$$
\begin{array}{lr}
 & \mathrm{JD}_3 \quad 2+344.56 \\
 & -)T \quad 82.49 \\
\text{直圆点} & \mathrm{ZY}=2+262.07 \\
 & +)L \quad 161.01 \\
\text{圆直点} & \mathrm{YZ}=2+423.08 \\
 & -)L/2 \quad 80.50 \\
\text{曲中点} & \mathrm{QZ}=2+342.58 \\
 & +)D/2 \quad 1.98 \\
 & \mathrm{JD}_3 \quad 2+344.56
\end{array}
$$

最后一步为校核计算。

3. 圆曲线主点的测设

如图9-9所示，将经纬仪置于交点 JD_i 上，以线路方向定向。自交点起沿两切线方向分别量出切线长度 T，即得直圆点ZY和圆直点YZ。在交点 JD_i 上后视ZY，拨角 $\frac{180°-\alpha}{2}$，得分角线方向，沿此方向自 JD_i 量出外矢距 E，即得曲中点QZ。

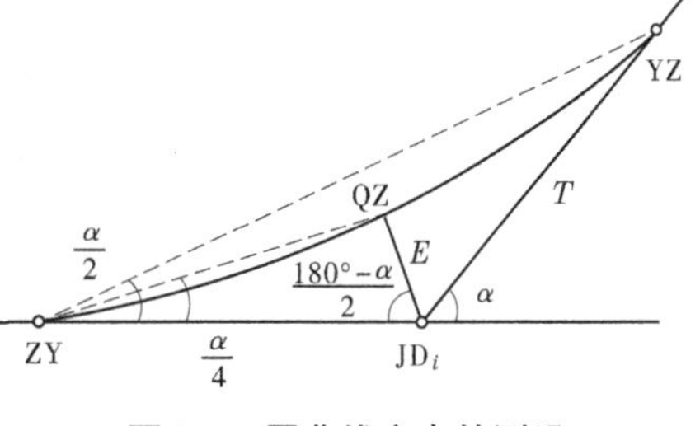

图9-9　圆曲线主点的测设

圆曲线主点对整条曲线起控制作用，其测设的正确与否，直接影响曲线的详细测设。在主点测设完毕后，可以用偏角法进行检查。如图9-9所示，曲线的一端对另一端的偏角应是转向角 α 的一半；曲线一端对曲中点的偏角应是转向角 α 的1/4。

4. 圆曲线的详细测设

如圆曲线的长度较长，仅三个主点尚不能较好地确定它的形状并指导施工，就必须进行圆曲线的详细测设，也即测设圆曲线主点外的一定间隔的加桩、百米桩等。

1）偏角法

所谓偏角法，是根据曲线点 i 的切线偏角 δ_i 及其间距 c，来确定曲线点的点位。如图9-10所示，在ZY点上安置仪器，后视JD方向，拨出偏角 δ_1，再以定长 c 自ZY点与拨出的视线方向交会，便得1点。拨角 δ_2 得第二点的弦线方向，再以定长 c 自1点与拨出的视线方向交会，便得2点。其余点用同法测设。

偏角值的计算。偏角 δ_i 在几何学上称为弦切角，其值等于对应弧长所对圆心角的一半，即

$$\delta=\frac{\varphi}{2}=\frac{l}{2R}\frac{180°}{\pi}$$

式中　l——弧长；

φ——弧长 l 所对应的圆心角；

R——圆弧的半径。

当圆曲线上各点是等距时，曲线上各点的偏角为第一点偏角的整倍数。

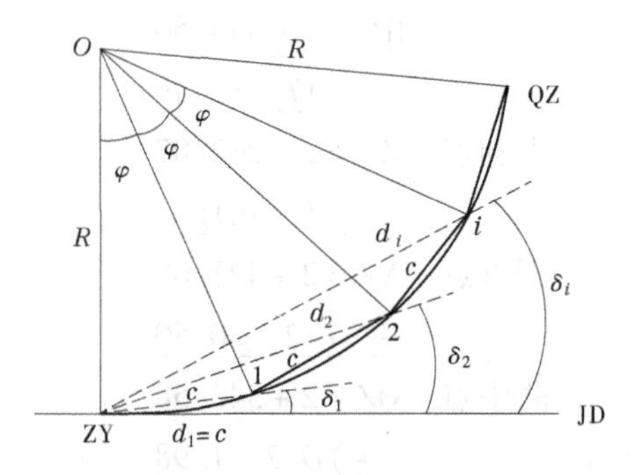

图 9-10　偏角法放样圆曲线

$$\left.\begin{aligned}\delta_1 &= \frac{\varphi}{2} = \frac{l}{2R}\frac{180^\circ}{\pi} = \delta \\ \delta_2 &= 2\frac{\varphi}{2} = 2\delta \\ \delta_3 &= 3\frac{\varphi}{2} = 3\delta \\ &\vdots \\ \delta_n &= n\frac{\varphi}{2} = n\delta\end{aligned}\right\} \tag{9-5}$$

如果圆曲线的半径较大,细部的圆弧长 l 较短,用弦长代替弧长的误差很小,可忽略不计,放样时可用弦长代替弧长;如圆曲线半径较小,细部点间的弧长 l 较长,则应用实际弦长 c 放样。

$$c = 2R\sin\delta \tag{9-6}$$

实际工作中,为了测量和施工的方便,一般将曲线上细部点的里程换成 10 或 20 的整倍数。但曲线起点 ZY 点的里程往往不是 10 m 或 20 m 的整倍数,所以在弧的两端会出现两段非 10 m 或 20 m 整倍数的弧,习惯上把这两段不足 10 m 或 20 m 的弧所对应的弦叫分弦。

计算各细部点的偏角,应按曲线起点、终点的里程先计算两分弧的长度,然后计算两分弧所对应的偏角,结合等弧所对应的弦切角,即可求得。在例 9-2 中,ZY 点的里程为 2 + 262.07,如详细测设以 20 m 为一个整弧段,则第一个曲线里程桩为 2 + 280,其分弦所对应的弧长为 17.93 m。

若圆曲线首尾两分弧的长分别为 l_1 和 l_2,其所对应的圆心角为 φ_1 和 φ_2,等分弧所对应的圆心角为 φ,弦切角为 δ,则圆曲线上各细部点偏角值的计算见式(9-7)。

$$\left.\begin{aligned}\delta_1 &= \frac{\varphi_1}{2} = \frac{180^\circ}{2\pi R}l_1 \\ \delta_2 &= \delta_1 + \frac{\varphi}{2} = \delta_1 + \delta \\ \delta_3 &= \delta_1 + 2\frac{\varphi}{2} = \delta_1 + 2\delta \\ &\vdots \\ \delta_n &= \delta_1 + (n-2)\delta \\ \delta_{YZ} &= \delta_1 + (n-2)\delta + \frac{\varphi_2}{2}\end{aligned}\right\} \tag{9-7}$$

实际工作中,圆曲线的整弦及分弦的偏角计算一般用计算器,也可以转角 α 和半径 R 为引数,从公路曲线计算表中查取。

【例 9-3】 在例 9-2 中,转角 $\alpha_{右}=30°45'$,设计半径 $R=300$ m,若曲线上每 20 m 定一个细部桩,求曲线上各细部点的偏角。

解:先据已知的 α 和 R 查表或用计算器计算出圆曲线元素 T、L、E、D,并计算出三个主点和各细部点的桩号,以及各段圆弧所对应的弦切角。

实际工作中,偏角法测设圆曲线一般分两段放样,即分别以 ZY 点和 YZ 点作测站,各施测至 QZ 点的半个圆曲线,各点偏角值见表 9-3。详细测设步骤(见图 9-10)如下:

表 9-3 各点的偏角计算值

点名	里程	曲线点间距	偏角 (° ′ ″)	说明	示意图
ZY	2+262.07		0 00 00	顺拨	
1	+280	17.93	1 42 43		
2	+300	20	3 37 18		
3	+320	20	5 31 54		
4	+340	20	7 26 29		
QZ	2+342.58	2.58	7 41 15		
QZ	2+342.58	17.42	352 18 45	反拨	
5	+360	20	353 58 35		
6	+380	20	355 53 10		
7	+400	20	357 47 46		
8	+420	3.08	359 42 22		
YZ	2+423.08		0 00 00		

(1)在 ZY 点设站,照准切线方向并使度盘归零。

(2)拨角 1°42′43″,自 ZY 点起量取 $c_1=17.93$ m,即得曲线上的 1 点。

(3)拨角 3°37′18″,自 1 点起量取 $c_2=20$ m,即得曲线上的 2 点。

(4)同法测得 3、4 点及 QZ 点,并检查与测设主点时的 QZ 点是否一致。

(5)将仪器迁至 YZ 点设站,以切线方向归零,测设另半条曲线,方法同前,但要注意拨角方向相反。

(6)由于测设误差的影响,从 ZY 或 YZ 点向曲线中点方向测设曲中点 QZ 时,与已测的控制桩 QZ 可能不重合(见图 9-11)。假定落在 QZ′上,则产生闭合差 f。f 的允许值是分纵向闭合差 f_x 和横向闭合差 f_y 来考虑的。若纵向(沿线路方向)闭合差 f_x 小于 1/1 000、横向闭合差 f_y 小于 10 cm,可根据曲线上各到 ZY(或 YZ)点的距离,按比例进行调整。

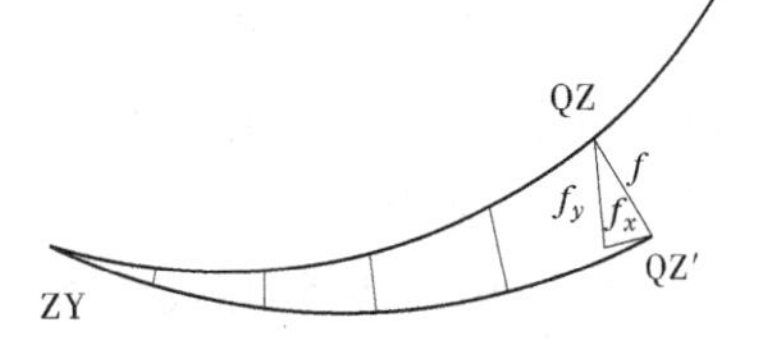

图 9-11 实测曲线闭合差的调整

偏角法放样圆曲线细部,计算和操作方法都比较简单,并可自行闭合进行检查,在比较

平坦的施工区域应用比较广泛。但该法是逐点测设,误差积累,因此在测设中要特别注意角度配置,精确测定距离。

2)切线支距法

切线支距法也称直角坐标法。它是以直圆点 ZY 或圆直点 YZ 为原点,切线为 x 轴、通过 ZY(或 YZ)的半径为 y 轴的直角坐标系。利用曲线上各点在此坐标系中的坐标,便可用直角坐标法测设圆曲线上的各点。

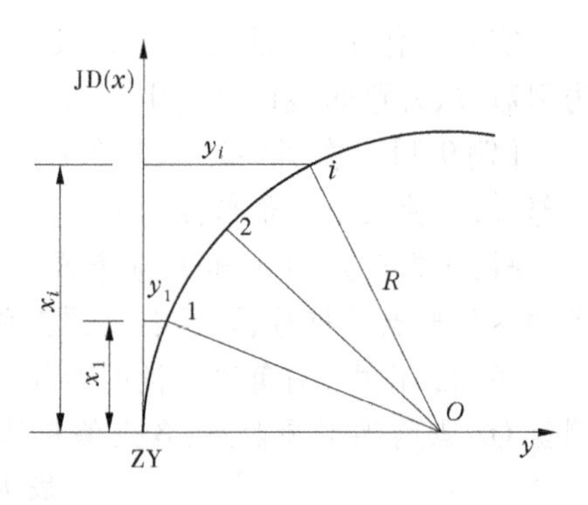

图 9-12　切线支距法测设圆曲线

从图 9-12 可知,曲线上任一点的坐标计算式为

$$x_i = R\sin\alpha_i$$
$$y_i = R(1 - \cos\alpha_i)$$

α_i为相应弧长所对应的圆心角,用 $\alpha_i = \dfrac{l_i}{R}$代入上式并用级数展开,得曲线上各细部点的坐标公式为

$$\left.\begin{aligned} x_i &= l_i - \frac{l_i^3}{6R^2} + \frac{l_i^5}{120R^4} \\ y_i &= \frac{l_i^2}{2R} - \frac{l_i^4}{24R^3} + \frac{l^6}{720R^5} \end{aligned}\right\} \tag{9-8}$$

l_i 为细部点 i 至 ZY 点的弧长,R 为曲线半径。根据式(9-8),只需代入各细部点至 ZY 点间的弧长即可求得各点的坐标。

如图 9-12 所示,切线支距法测设圆曲线的步骤如下:

(1)自 ZY 点起沿切线方向,按 l_i 量出各点的里程,直到 QZ 点,并用临时标志标定。

(2)从上述各点退回 $l_i - x_i$,得曲线上各点至切线的垂足。

(3)在各点垂足测设直角(即过垂足作切线的垂线),在垂线的方向上量出相应的 y_i 值,即得曲线上各点。

(4)一般从 ZY 点和 YZ 点各向 QZ 方向测一半的曲线。

用此法测设各点相互间是独立的,不存在误差的积累和传递问题,但此法在起伏大的地区作业困难不少。

3)极坐标法

由于测距仪和全站仪的普及,在生产中该法已成为曲线放样的主要方法。该法具有速度快、精度高、设站自由等优点。极坐标法放样曲线上各点,关键是计算各放样点的坐标或放样数据。常用的方法有:

(1)利用式(9-5)和式(9-6)直接计算 ZY(YZ)到各点的偏角和弦长,以 ZY 或 YZ 点为测站直接拨角放样。

(2)计算各放样点的坐标,用全站仪的放样程序进行放样。各点的坐标值,可用切线支距法中提供的方法计算,但用偏角和弦长直接计算更简单方便。

如图 9-13 所示,假定以 ZY 点为坐标起算点,以切线方向为 x 轴,过 ZY(B)的半径方向为 y 轴的局部坐标系中,δ 为弧长 BK 的偏角,S 为弦长,l 为弧长,K 在坐标系中的坐标为

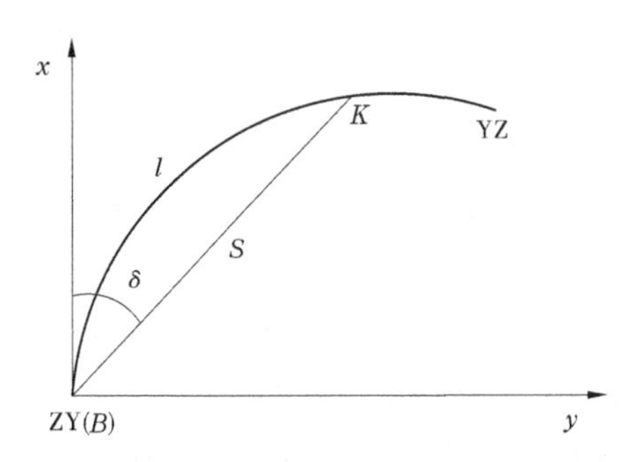

图 9-13　极坐标测设圆曲线

$$\left.\begin{aligned} x_K &= x_B + S\cos\delta \\ y_K &= y_B + S\sin\delta \end{aligned}\right\} \tag{9-9}$$

如是在统一坐标系中的测设，可对局部坐标系中的测站点坐标和切线方位角进行换算，再对各细部点求坐标，或再计算放样数据。

【例 9-4】　已知圆曲线交点 JD 里程桩号为 K2 + 362.96，右偏角 $\alpha_{右} = 28°28'00''$，欲设置半径为 300 m 的圆曲线，简述圆曲线主点测设方法。

解：根据式(9-4)计算出

$$T = 76.097 \text{ m}$$
$$L = 149.051 \text{ m}$$
$$E = 9.501 \text{ m}$$
$$D = 3.143 \text{ m}$$

首先在 JD 点安置经纬仪，照准起点方向上相邻的一个交点或转点，沿此方向测设切线长 T，得曲线起点；打下直圆点桩 ZY；同理沿另一方向测设切线长 T，得曲线终点，打下圆直点桩 YZ；从 JD 点起沿分角线方向 测设外矢矩 E，打下曲中点桩 QZ。

单元三　园路纵断面测量

测量路线中线各里程桩地面高程的工作称为纵断面测量。由于它是用水准测量的方法进行的，故也称线路水准测量。路线平面位置测设后，应进行纵断面高程测量，以便绘制纵断面图，进行路线纵向坡度、桥、涵和隧洞纵向位置的设计，计算各桩的工程量。路线纵断面测量分基平测量、中平测量两步进行。

基平测量的精度要高于中平测量，一般按四等水准测量的精度；中平测量只作单程观测，按普通水准测量的精度。

一、基平测量

基平测量也称路线高程控制测量，分为设置水准点和测量水准点高程两步。沿线路设置的高程控制点的密度和精度，依地形和工程的要求来确定，一般两相邻高程控制点的间距为 1 km 左右，其精度不低于四等水准的要求，通常采用水准测量的方法进行施测，具体的施测过程、方法、精度要求和高程计算，以及高程控制点的埋设等，参阅本书其他项目相关内容。

二、中平测量

根据基平测量提供的水准点高程,分段进行中桩的高程测量,测定各中桩的地面高程,当分段高差闭合差 f_x 不超过 $\pm 50\sqrt{L}$ mm 时,可不平差,式中 L 以 km 为单位。

(一)施测方法

传统的方法是用水准测量法。中桩测量时,应根据中线测量所提供的桩号依次逐点进行。由于中桩数量多,间距较短,为在保证精度的前提下提高观测速度,在一个测站上,除观测前、后视外,还观测若干中间视,并求得其高程。中间视一般读至厘米即可满足工程的需要,而转点因起高程的传递作用,必须读至毫米。观测方法和过程如下:

(1)安置水准仪置于适当位置,如图 9-14 中的 1 点处,后视高程已知点 BM_1,前视 0+080,并作为转点,将读数记入表 9-4 的相应位置中;再依次观测前、后视间的中间点 0+000、0+020、…、0+060 桩,读取中视读数并记入表格的相应位置。

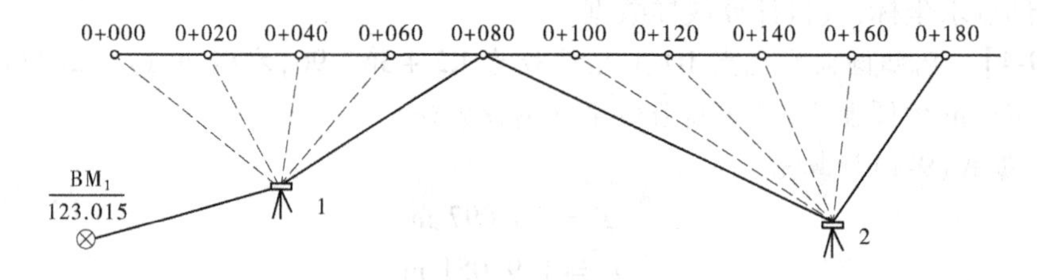

图 9-14 路线中平测量

表 9-4 中平测量记录

测站	测点	水准尺读数			视线高程	高程	距离
		后视	中间视	前视			
1	BM_1	2.025			125.040	123.015	53.3
	0+000		1.06			123.98	
	0+020		1.99			123.05	
	0+040		2.36			122.68	
	0+060		2.65			122.39	
	0+080			1.688		123.352	55.6
2	0+080	2.352			125.704	123.352	75.6
	0+100		1.02			124.68	
	0+120		1.65			124.05	
	0+140		1.00			124.70	
	0+160		0.85			124.85	
	0+180			0.652		125.052	78.0
⋮	⋮	⋮	⋮	⋮	⋮	⋮	⋮

(2)安置仪器于 2 点处,后视 0 +080,前视 0 + 180,同前法读取前、后视间的中间视并记入表格中。

(3)按上述方法逐站观测,直至附合到下一个高程控制点。这样就完成了一个测段的观测。

(二)计算中桩高程

中桩的高程按以下公式计算:

$$视线高程 = 后视点高程 + 后视读数$$

$$转点高程 = 视线高程 - 前视读数$$

$$中桩高程 = 视线高程 - 中视读数$$

进行中桩水准测量应注意下列几个问题:因线路上中桩多,应防止重测和漏测,特别要依里程桩背面的 1 ~ 10 的循环编号,以便立尺时对号施测;转点传递高程时,前、后视的视距应尽可能相近。

(三)园路纵断面的绘制

园路纵面图是根据中线测量和中平测量成果,以平距(里程)为横坐标,高程为纵坐标,根据工程需要的比例尺,在毫米方格纸上绘制的。一般水平比例尺比高程比例尺小 10 倍,如水平比例尺为 1∶1 000,则高程比例尺为 1∶100。绘制的方法和格式如下:

(1)如图 9-15 所示,在线路平面栏内,按桩号标明线路的直线和曲线部分,该栏表示的是线路的中心线,用折线表示线路的转向,向上折表示线路向右转,向下折表示线路向左转。

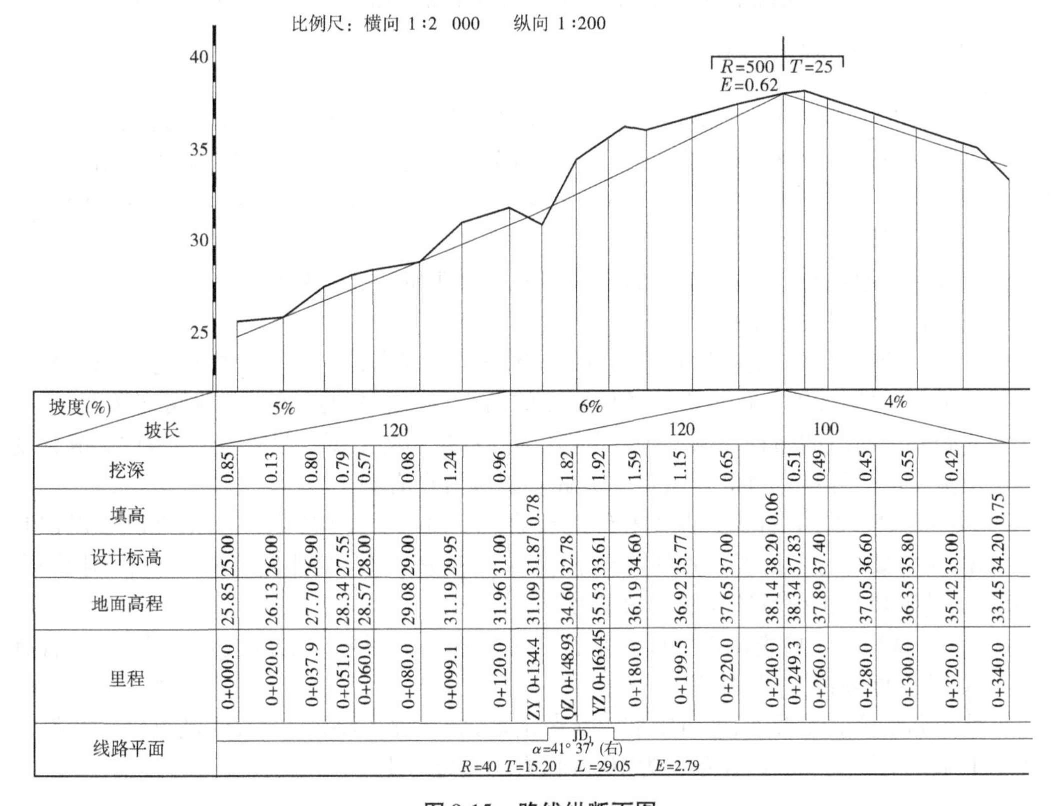

图 9-15　路线纵断面图

(2)里程栏从左向右按比例尺绘出各里程桩的位置并注明桩号。

(3)地面标高栏内填写各桩的地面实测高程,位置应与里程桩号对齐。

(4)在以里程为横坐标、高程为纵坐标的坐标系中,绘出各桩的相应位置,将这些点用折线连接起来就是地面纵断面图。线路较长时可分幅绘制。

(5)根据各点的高程和线路实际控制点的位置,绘出设计坡度线。

(6)根据里程和设计坡度,计算各桩点的设计高程,并填入相应的位置。各桩的设计高程 $H_{设}$ 等于该坡起点的高程 $H_{起}$ 加上设计坡度与该点到该坡起点间的水平距离 D 的乘积,即 $H_{设} = H_{起} + D \times i$。

(7)绘制坡度、坡长栏。用斜线表示两点间的设计坡度,用"/"表示上坡,用"\"表示下坡,用"—"表示平坡。在斜线或水平线的上方注明用百分数表示的坡度,在斜线或水平线的下方注明两点间的水平距离。

(8)计算各桩点的挖深或填高,分别填入填、挖栏内。

(四)中平测量应注意的事项

(1)防止漏测或重测。在施测前,可将中线测量记录中的桩号抄录两份,作为立尺时寻找桩位和记录时核对桩号的依据。

(2)立尺时应将立尺点桩号准确清晰地报告给记录员,记录员听到后应复诵一遍。

(3)水准尺应立在中桩附近高程有代表性的地方,如桩位恰在孤石上或小坑中尺子应立在桩位附近的一般地面上,这样才能真实地反映该处的地面高程。

(4)为了减少水准仪视准轴误差的影响,仪器至转点的前、后视距离应大致相等。

三、园路纵断面的设计

纵向设计是路线设计的重要环节。一条好的设计线,应在保证行车安全、舒适和迅速的前提下,使之既符合技术标准又造价适宜。纵向设计的主要内容是根据技术标准、沿线自然地形地质条件和拟定建筑物的标高要求等,确定线路的标高、坡长、坡度以及在变坡处设计竖曲线,力求纵坡均匀平顺。

纵坡设计应遵循符合技术标准、具有一定的平顺性和尽量减少工程量的原则。

纵坡设计的一般方法是:

(1) 标出控制点。所谓控制点,是直接影响设计纵坡高程的点。应根据选线记录和其他有关资料,在纵断面图上标出沿线各控制点的高程,如线路起点、终点、线路交叉点、桥涵限制等线路必须通过的高程控制点等,都应作为高程控制的依据。另外,还要考虑影响路基填挖平衡关系的高程点,也称"经济点",线路通过经济点有利于减小工程量。

(2)试定纵坡线。在标出控制点和经济点的纵断面图上,根据技术指标,在既要以控制点为依据,又以要充分考虑经济点的前提下,作全面考虑。最后定出既能满足技术和控制点的要求,又能使填挖工程量比较平衡的纵坡线。

(3)调整试坡线。检查试定纵坡线是否与现场选线时所考虑的放坡意图相一致,若有较大出入,应全面分析,并及时调整。

纵坡经调整核对无误后,即可定坡。所谓定坡,就是逐段将坡度数、变坡点桩号和设计高程定下来。变坡点一般设在里程为 10 m 倍数的整桩号上。

单元四　园路横断面测量

垂直于路线中线方向的断面叫横断面。横断面测量就是测定过中桩横断面方向一定宽度范围内地面变坡点之间的水平距离的高差，并绘制成横断面图。横断面图是设计路基、计算土石方量和施工放样时的依据。在进行横断面测量时，距离和高差测量精确至0.1 m；施测的宽度与中桩施工量的大小、地形条件、路基的设计宽度、边坡的坡度等有关。一般从中桩向两侧各测10～50 m。下面介绍横断面测量的方法和步骤。

一、横断面方向的测定

（一）直线段上横断面方向的测定

在直线段上横断面方向常用十字架法进行测定（见图9-16）。将十字架置于0＋800的桩号上，以其中一组方向瞄准线路某一中线桩，另一组方向则指向横断面方向。当地面起伏较大、宽度较宽时，常用经纬仪拨角法测定，作业时，在中桩上置仪器，以该直线上其他任一中桩为定向方向，拨角±90°，即分别为左、右横断面方向。

（二）圆曲线上横断面方向的测定

圆曲线上的横断面方向通过圆心，但实地未定出圆心，断面方向无从确定。根据弦切角原理，常采用在十字架上安装一个能转动的偏角定向指示标（见图9-17中的*EF*），用来测定横断面方向。如图9-18所示，欲施测1点，在ZY点上置求心十字架，*AB*方向瞄准切线方向，此时，*CD*通过圆心，将偏角定向指示标*EF*瞄准曲线上的1点，并固定之，则*EF*与*AB*间的夹角为1点的偏角。将求心十字架移至1点，并使*CD*方向瞄准ZY点，则偏角定向指示标*EF*指向圆心方向，在该方向上作标志。

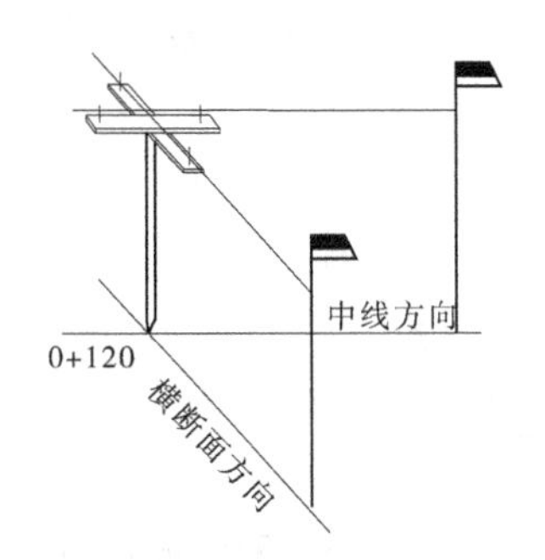

图9-16　直线段横断面方向的测定

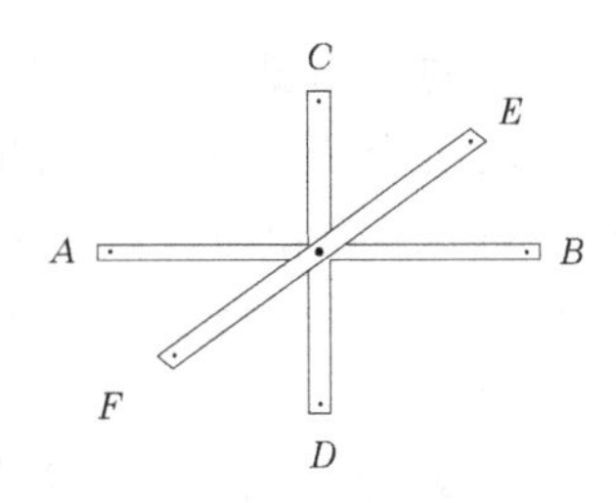

图9-17　求心十字架

上述方法适用于曲线起点（或终点）的横断面方向的测设，同理可根据曲线上已标定横断面方向的点来测定其他点的横断面方向。如在已标定横断面方向的2点上，用*CD*瞄准圆心方向的标志，转动*EF*瞄准3点并固定之，将求心十字架置于3点，用*CD*瞄准2点，此时*EF*方向即为3点的横断面方向（圆心方向）。

二、横断面的测量方法

（一）水平尺法

如图9-19所示，施测时，将标尺立于地面坡度变化点1上，皮尺靠近中桩的地面，拉平

并量出至1点的平距为6.8 m,皮尺截于标尺上的高度1.7 m为两点间高差。同法测出其各相邻两点的平距和高差。此法操作简单,但精度低。记录格式见表9-5,表中分左右两侧,用分数表示,分子表示高差,分母表示平距,高差要注意符号。

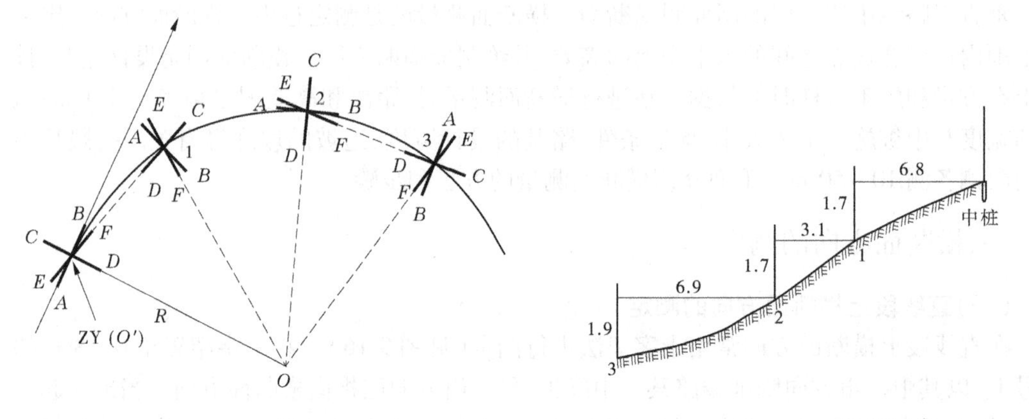

图9-18　用求心十字架测定圆曲线横断面方向　　图9-19　水平尺法测量横断面

表9-5　路线横断面测量记录

$\frac{高差}{平距}$(左侧)					桩号	$\frac{高差}{距离}$(右侧)					
$\frac{-1.5}{5.3}$	$\frac{-1.2}{3.5}$	$\frac{-1.9}{6.9}$	$\frac{-1.7}{3.1}$	$\frac{-1.7}{6.8}$	2+240	$\frac{1.6}{5.6}$	$\frac{2.2}{6.5}$	$\frac{1.8}{5.1}$	$\frac{1.2}{0.2}$	$\frac{0.2}{1.8}$	$\frac{2.1}{7.2}$

与此法类似的是抬杆法,即用两根标杆分别代替标尺和皮尺来测量平距和高差。

当横断面测量精度要求较高时,在坡度平缓地区可用水准仪观测高差,用皮尺量平距;在山地可用经纬仪视距法测平距和高差。

(二)全站仪对边测量法

这种方法是用全站仪的对边测量功能测定横断面相邻两点间的平距和高差。该法方便快捷,且精度高。其基本原理及施测方法介绍如下。

1. 对边测量原理

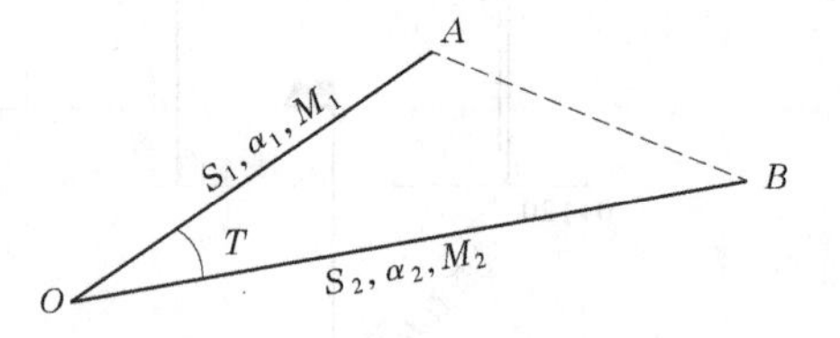

图9-20　对边测量原理

在图9-20中,O为测站点,A、B为与测站通视的横断面方向上的点,S_1、S_2为测站至A、B的斜距,α_1、α_2为竖角,M_1、M_2分别为A、B方向的水平方向值,T为水平夹角。O与A、O与B间的高差、A与B两点间的平距和各观测值之间的关系分别为

$$\left.\begin{aligned} h_{OA} &= S_1 \times \sin\alpha_1 \\ h_{OB} &= S_2 \times \sin\alpha_2 \\ D_{AB} &= \sqrt{(S_1\cos\alpha_1)^2 + (S_2\cos\alpha_2)^2 - 2(S_1\cos\alpha_1)\times(S_2\cos\alpha_2)\cos(M_2 - M_1)} \end{aligned}\right\} \tag{9-10}$$

上述各项均由全站仪内置程序计算,得测站到立尺点A、B间的高差,以及对边D_{AB}的长度,此即为对边测量模式。至于A、B间的高差h_{AB},由于没有内置计算程序,需由测量员根据$h_{AB}=h_{OB}-h_{OA}$计算。

2. 对边测量模式用于横断面测量

如图 9-21 所示，线路横断面测量时，将全站仪安置在与待测横断面间通视良好的任意位置，立尺人员只需在横断面方向（可根据前面所述进行横断面方向的确定）的变坡点处打点，根据观测数据，全站仪将自动计算出横断面上任两点间的平距及测站到立尺点间的高差，据此可计算出横断面上两相邻点间的高差。

三、园路横断面图的绘制与设计

横断面图的绘制以中桩为原点，平距和高差分别为横、纵坐标，根据工程需要选用适当的比例尺。在平坦地区，为使断面显示更清楚，常采用不同的比例尺，即垂直比例尺要大于水平比例尺，如横向 1∶100，垂直向 1∶200。对于这种断面图，在设计路基和计算横断面面积时，也要注意纵、横向比例尺的不同。现用软件设计线路横断面时，则纵、横向的比例尺一般都相同。

绘制横断面图时，先将横断面测量所获得的地面特征点位置展绘在毫米方格纸上，以供断面设计和计算土石方工程量。绘图时，先在图纸上定好中桩位置，然后分别向左右两侧按所测的平距和高差逐点绘制，并用折线连接，即得横断面图，如图 9-22 所示。

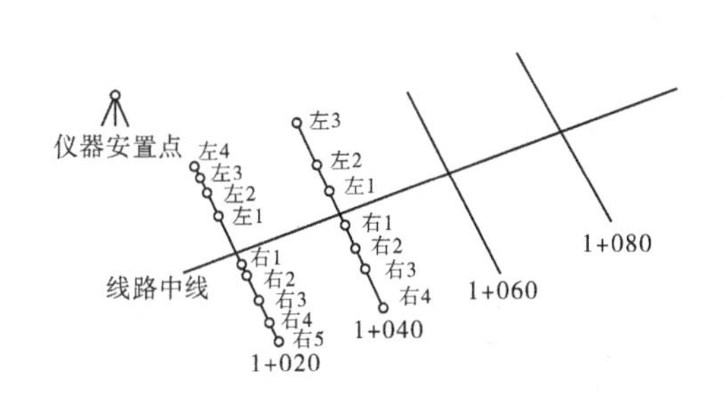

图 9-21　全站仪测量横断面

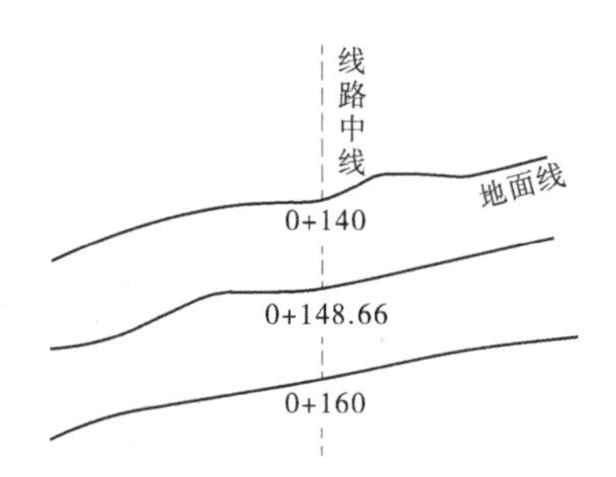

图 9-22　横断面图的绘制

单元五　路基设计

根据路基的填高、挖深的工程量，路基的宽度、边坡的坡度、边沟的大小，在横断面图上绘出路基横断面，称为路基设计。路基形式有三种，即路堤、半填半挖路基和路堑，如图 9-23 所示。

一、绘制路基表面线

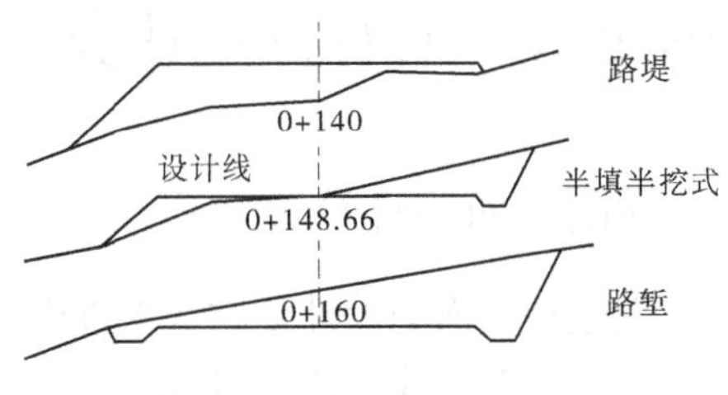

图 9-23　设置路基横断面

路基宽度为路面宽度及两侧路肩宽度的和。根据纵断面图上相应桩号的填高或挖深尺寸，确定路基设计标高的位置，并把路基表面线绘于横断面图上。绘图时应将路基中心置于中线上，如图 9-24 所示。路

基边坡是指斜坡的高差与其水平距离的比,即$\frac{h}{d}=1:m$,m为边坡系数。路基边坡系数的大小、边坡限高与道路横断面所处的地质状况等因素有关。

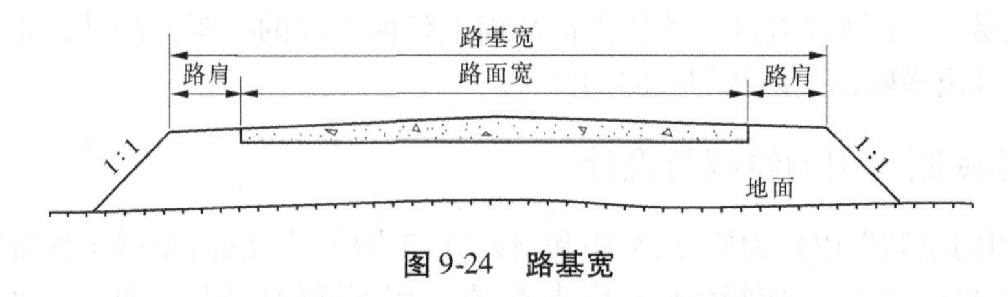

图 9-24　路基宽

二、绘制排水沟和边坡线

除高填方的路堤外,其他路基都需设置排水沟。排水沟位于路肩的外侧,其横断面一般为矩形或梯形,深度为0.4～0.5 m。路堤砌石边坡的坡度与石块的大小有关,而路堑和半开挖式的路边坡与地质条件有关。

路面、排水沟和边坡都是路基的组成部分,设计时总是一起综合考虑。目前,生产上都用专业软件进行道路纵向设计和路基设计,图9-25是用某软件设计路基横断面的一个界面。

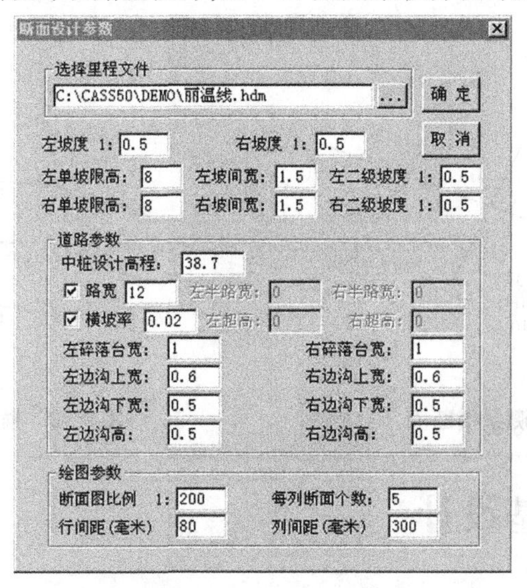

图 9-25　路基横断面设计

单元六　土石方量计算

一、横断面面积计算

由于路基横断面的设计是在毫米方格纸上进行的,因而可以直接在设计图上计算横断面的面积。面积的计算方法有多种,传统的有数方格法、求积仪计算法等。如图9-26所示,曲线为地面线,折线为路基断面设计线,该断面为填方。用数方格法求面积时,先数出填方

图形内的整格子数,再加上边界上非整格数一半为总格子数,该断面的总面积为

$$A = nA_0 \quad (m^2) \tag{9-11}$$

式中　n——总格子数。

A_0——1 mm^2 格子所代表的实地面积,$A_0=\frac{M^2}{10^6}$,它与横断面图的比例尺有关,M 为绘图比例尺分母。

【例 9-5】 某园路路基横断面绘制比例尺为 1:200,其 0+120 处的为填方,图 9-26 上整毫米方格数为 200,边线上为 80 格,求该断面的填方面积。

解:每 1 mm^2 所代表的实地面积

$$A_0=\frac{M^2}{10^6}=\frac{200^2}{10^6}=0.04(m^2)$$

$$A=200+\frac{80}{2}\times 0.04=9.6(m^2)$$

为便于施工,一般在各个路基横断面上注写必要的数据,如图 9-27 所示。图中 +0.15 为左侧超高数,$e=0.50$,右侧加宽,W 为中桩的工程量,T_A 和 W_A 分别为填、挖的断面面积。

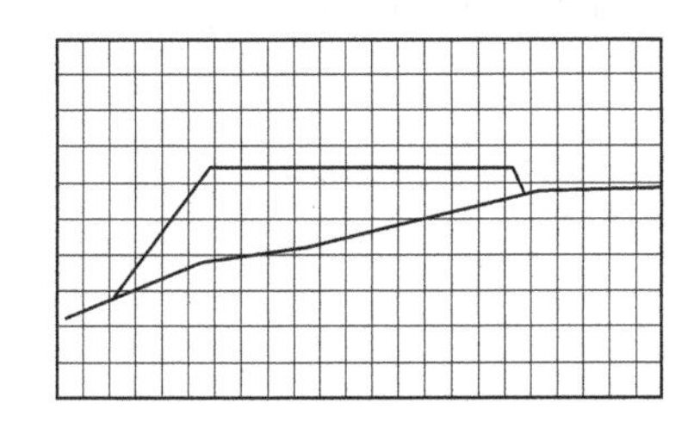

图 9-26　方格法求算面积

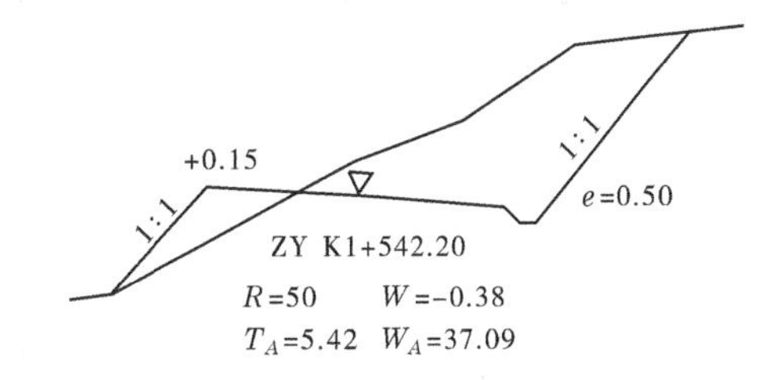

图 9-27　路基断面数据注记

二、土石方量计算

在公路土石方计算中,常用平均断面法近似计算,计算式为

$$V=\frac{1}{2}(A_i+A_{i+1})\times L \tag{9-12}$$

式中　A_i、A_{i+1}——两相邻断面的填或挖的断面面积;

L——间距。

计算时,应将填方、挖方分别计算。在半填半挖路基中,要注意两相邻断面间填、挖的对应并取平均数。

项目小结

本项目通过介绍园路的种类,园路的选线,中线测量以及横、纵断面测量及设计,园路路基设计图的绘制及土石方计算等让学生了解并掌握相关内容。

复习与思考题

一、名词解释

线路中线　圆曲线元素　定线测量　路线纵断面和横断面　基平测量和中平测量

二、简答题

1. 简述园路测量的基本过程。

2. 基平测量的特点是什么?

3. 纵、横断面测量的任务是什么?

三、计算题

1. 已知某交点JD的桩号为K3+263.65,右转角为43°36′,半径$R=300$ m,试计算圆曲线元素和主点里程,并叙述圆曲线主点测设的步骤。

2. 计算曲线元素和里程:某线路的JD_2的里程为0+654.32,转角$\alpha_{右}=45°30'$,设计半径为80 m。求三主点的里程。

3. 已知ZY点在线路统一坐标系中的坐标为$X=3\ 250.125$,$Y=6\ 854.65$ m,过ZY点至JD_2方向的切线方位角为42°30′00″。求线路三主点在该坐标系中的坐标。

项目十　园林工程施工放样

项目概述

本项目主要介绍园林土建工程和绿化工程两部分内容。

学习目标

知识目标

园林工程可分为土建工程和绿化工程两部分。园林土建工程主要有亭、廊、台、榭等建筑,以及给水、排水、电信、气、热等管线建设项目。绿化工程是园林工程所特有的内容,其主要工作是各类植物的种植施工。

技能目标

1. 能区分哪些是土建工程,哪些是绿化工程。
2. 熟悉园林工程测量的基本内容。
3. 能够从土地平整的三种方法中选择合适的方法。
4. 能够根据图纸进行测设。
5. 能够进行施工控制网的布设。

【学习导入】

在园林工程各项建设中,测量工作具有重要作用。在其整体规划设计之前,需有规划地区的地形图作为规划设计的基本资料,如地物的构成、地貌的变化、植被分布以及土壤、水文、地质等状况。借助这些基本资料完成设计之后,施工前和施工中需要借助于各类测绘仪器,应用测量的原理与方法将规划和设计的意图准确地放样到地面上(又称为测设)。工程结束后,根据需要有时还须测绘出竣工图,作为以后维修、扩建的依据。

单元一 概　述

一、园林工程概述

园林工程的主要内容可分为两大部分:土建工程和绿化工程。

(一)土建工程

园林土建工程主要有亭、廊、台、榭等建筑,湖池假山、园路池坛、花墙门洞、山石溪涧等各类景观设施,以及给水、排水,电信、气、热等管线建设项目。园林土建工程与其他土建工

程相比,既有共性,又有其独特之处。

(二)绿化工程

绿化工程是园林工程所特有的内容,其主要工作是各类植物的种植施工。随着近年来国内外对提高城市绿化覆盖率的要求越来越高,绿化工程在整个园林工程中所占比例也日益增大。国外一些发达国家较为盛行的"植物造景"这一绿化手法,已经引起我国园林界的重视,并逐渐开展。这也为绿化工程增添了新的内容。

二、园林工程测量的基本过程

园林工程测量按工程的施工程序,一般分为规划设计前的测量、规划设计测量、施工放线测量和竣工测量4个阶段进行。

(一)规划设计前的测量

根据建设单位提出的工程建设基本思想以及园林工程面积的大小,选用合适比例尺(1:5 000~1:500)的地形图。现势性好的地形图是规划设计的重要保障,为园林规划设计提供准确的地形信息,可以依此测算建设投资费用。

有时还要到工程现场进行野外视察、踏勘、调查,进一步掌握工程区域的实际情况,收集相关的资料。必要时还要进行现状地形图的测绘和其他信息的测绘。

总之,在勘测阶段,主要的测量工作是提供符合各单项工程特点的地形图资料、纵横断面图,以及有关调查资料等。

(二)规划设计测量

规划设计测量是为了满足单项工程设计的需要而进行的测量工作,它的主要内容是:测绘符合各单项工程特点的工程专用图、带状地形图、纵横断面图,以及为提供依据的有关调查测量等。

(三)施工放线测量

施工放线测量是根据设计和施工的要求,建立施工控制网并将图上的设计内容测设到实地上,作为施工的依据。

(四)竣工测量

竣工测量是为工程质量检查和验收提供依据,也是工程运行管理阶段和以后扩建的依据。此外,在施工的过程中和工程运行管理阶段,为了鉴定工程质量以及为工程结构和地基基础的研究提供资料。

单元二　园林场地平整测量

在园林建筑过程中,有许多各种用途的地坪、缓坡地需要平整。平整场地的工作是将原来高低不平的、比较破碎的地形按设计要求,整理成为平坦的或者具有一定坡度的场地,如停车场、集散广场、体育场、露天演出场等。整理这类场地的常用方法有方格水准法、等高面法和断面法等。

一、方格水准法

方格水准法计算较为复杂,但精度较高,此法适用于高低起伏较小、地面坡度变化均匀的场地。根据平整场地的要求不同,可以把场地整成水平或有一定坡的地面。

平整土地前首先要对平整地面进行方格水准测量,方格点布设与高程测定方格控制网点测算大致相同,只是网点布设精度较低,方格网边长较小,碎部方格网点用单面观测一次。但在有大比例尺地形图的地区,应先在该地形图上确定平整场地在图上的位置,并在平整范围内按一定的边长打方格,然后用地形图上等高线高程求出各方格点的高程,用地形图平整土地。

(一)整成水平地面

1. 计算设计高程

如图10-1中,桩号(1)、(10)、(11)、(9)、(3)各点为角点,(4)、(7)、(6)、(2)为边点,(8)为拐点,(5)为中点;如果已求得各桩点的地面高程为 $H_i(i=1,2,\cdots,11)$,设计高程可按以下方法计算。

设各个方格的平均高程为$\overline{H_i}(i=1,2,\cdots,5)$,则有

$$\overline{H_1}=\frac{1}{4}(H_1+H_4+H_5+H_2)$$

$$\overline{H_2}=\frac{1}{4}(H_2+H_5+H_6+H_3)$$

$$\vdots$$

$$\overline{H_5}=\frac{1}{4}(H_7+H_{10}+H_{11}+H_8)$$

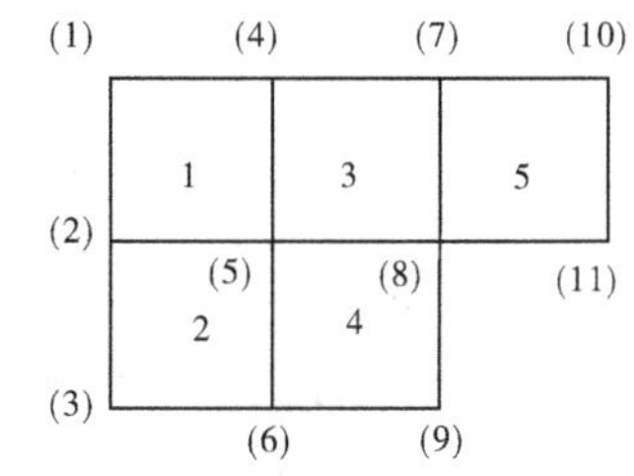

图10-1　地面设计高程计算

地面设计高程 H_0(地面总高程平均值,为加权平均值)为

$$H_0=\frac{1}{4\times5}(\sum H_{角}+2\sum H_{边}+3\sum H_{拐}+4\sum H_{中}) \tag{10-1}$$

式中　$\sum H_{角}$、$\sum H_{边}$、$\sum H_{拐}$、$\sum H_{中}$——各角点、各边点和各中点高程总和,前面的系数是根据各角点参与一个方格的平均高程计算、各边点参与两个方格的平均高程计算,依次类推;如有 n 个方格,可得

$$H_0=\frac{1}{4n}(\sum H_{角}+2\sum H_{边}+3\sum H_{拐}+4\sum H_{中}) \tag{10-2}$$

将 H_0 作为平整土地的设计高程时,把地面整成水平,能达到土方平衡的目的。

2. 计算施工量

各桩点的施工量为

施工量=设计高程-桩点地面高程

3. 计算土方量

先在方格网上绘出施工界限,即确定开挖线。开挖线是根据各方格边上施工量为零的各点连接而成的(如图10-2中的虚线即为开挖线)。零点位置可目估测定,也可按比例计算确定。

因挖方量应与填方量相等,故可按下式计算土方量:

$$V_{挖}=A(\frac{1}{4}\sum h_{角挖}+\frac{1}{2}\sum h_{边挖}+\frac{3}{4}\sum h_{拐挖}+\sum h_{中挖}) \tag{10-3}$$

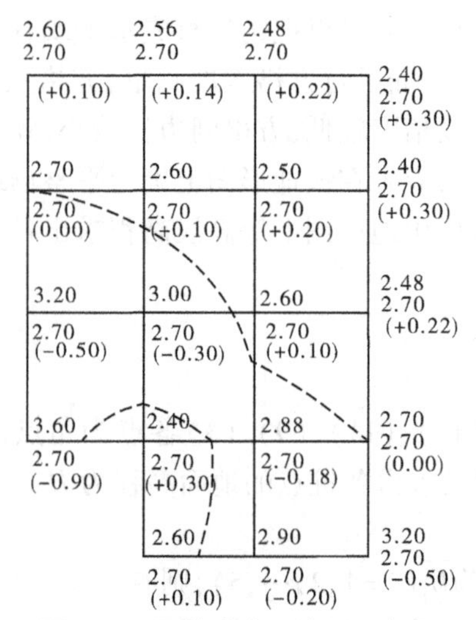

图 10-2　平整成水平地面示意图

$$V_{填} = A\left(\frac{1}{4}\sum h_{角填} + \frac{1}{2}\sum h_{边填} + \frac{3}{4}\sum h_{拐填} + \sum h_{中填}\right) \tag{10-4}$$

式中　A——小方格的面积；

h——各桩点施工量。

【例 10-1】　如将图 10-2 整成水平地面，方格边长为 20 m，各点高程见图 10-2，计算设计高程。

$$H_0 = [(2.60 + 2.40 + 3.20 + 2.60 + 3.60) + 2 \times (2.56 + 2.48 + 2.40 + 2.48 + 2.70 + 2.90 + 3.20 + 2.70) + 3 \times 2.40 + 4 \times (2.60 + 2.50 + 3.00 + 2.60 + 2.88)] \times \frac{1}{4 \times 11} = 2.70(\text{m})$$

将施工量的计算结果记于各桩号旁括号内。

计算土方：

$$V_{挖} = 400 \times \left[\frac{1}{4} \times (0.50 + 0.90) + \frac{1}{2} \times (0.50 + 0.20) + (0.30 + 0.18)\right] = 472(\text{m}^3)$$

$$V_{填} = 400 \times \left[\frac{1}{4} \times (0.10 + 0.30 + 0.10) + \frac{1}{2} \times (0.14 + 0.22 + 0.30 + 0.22) + \frac{3}{4} \times 0.30 + (0.10 + 0.20 + 0.10)\right] = 476(\text{m}^3)$$

填、挖方基本平衡，说明计算无误。

(二)平整成具有一定坡度的地面

为了节省土方工程和场地排水需要，在填挖土方平衡的原则下，一般场地按地形现况整成一个或几个有一定坡度的斜平面。横向坡度一般为零，如有坡度，以不超过纵坡(水流方向)的一半为宜。纵、横坡度一般不宜超过 1/200，否则会造成水土流失。现举例说明设计步骤。

1. 计算平均高程

在图 10-2 中，按式(10-2)计算平均高程 $H_0 = 2.70$ m。

2. 纵、横坡的设计

设纵坡坡降为 0.2%，横坡坡降为 0.1%，测得纵向每 20 m 坡降值为 20×0.2% =0.04(m)；横向坡降值为 20×0.1% =0.02(m)。

3. 计算各桩点的设计高程

首先选零点，其位置一般选在地块中央的桩点上，如图 10-3 中的 d 点，并以地面的平均高程 H_0 为零点的设计高程。根据纵、横向坡降值计算各桩点的高程。然后计算各桩点的施工量，画出开挖线，计算土方量。

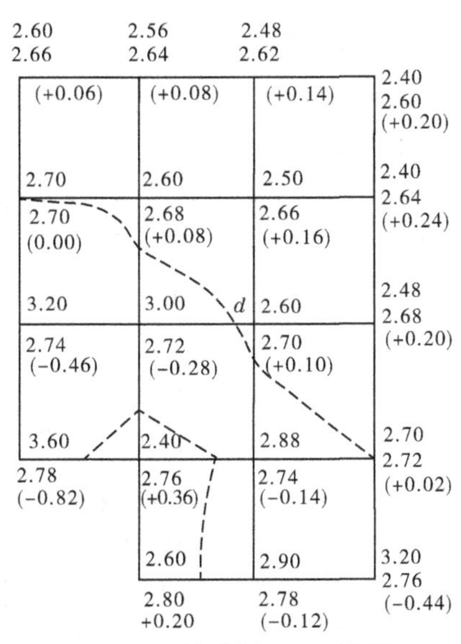

图 10-3　整成斜平面示意图

4. 土方平衡验算

如果零点位置选择不当，将影响土方的平衡，一般当填、挖方绝对值差超过填、挖方绝对值平均数的 10% 时，需重新调整设计高程，验算方法如下：

根据式(10-3)、式(10-4)，$V_{挖}$ 与 $V_{填}$绝对值应相等，符号相反，即

$$A\left[\frac{1}{4}\left(\sum h_{角填}+\sum h_{角挖}\right)+\frac{1}{2}\left(\sum h_{边填}+\sum h_{边挖}\right)+\frac{3}{4}\left(\sum h_{拐填}+\sum h_{拐挖}\right)+\left(\sum h_{中填}+\sum h_{中挖}\right)\right]=0 \tag{10-5}$$

今以图 10-3 中相应数值代入式(10-5)验算，看其结果是否等于零(代入式(10-5)验算时各点设计高程应带“+”“-”号)。

$$400\times\left[\frac{1}{4}\times(0.06+0.20+0.20-0.44-0.82)+\frac{1}{2}\times(0.08+0.14+0.24+0.20+0.02-0.12-0.46)+\frac{3}{4}\times0.36+(0.08+0.16+0.10-0.28-0.14)\right]=16(\mathrm{m}^3)$$

即填土量比挖土量多 16 m³，此值未超限，可不予调整。

5. 调整方法

$$设计高程改正数=(总挖土量+总填土量)\div 地块总面积 \tag{10-6}$$

【例 10-2】 根据图 10-4 所示,可以先进行土方验算:

$$V_{挖} + V_{填} = 2\ 500 \times [\frac{1}{4} \times (0.32 - 0.07 - 0.17 + 0.12 - 0.11) + \frac{1}{2} \times (0.30 + 0.30 + 0.15 - 0.17) + \frac{3}{4} \times (-0.32) - 0.18] = -269(m^3)$$

从计算结果中可知挖方量过大,必须调整设计高程,依式(10-6)可算出设计高程应升高的数值为

$$\frac{269}{5 \times 2\ 500} \approx 0.02(m)$$

设计高程应升高 0.02 m。计算出各方格点调整后施工量。(括号内为改正后施工量),再按式(10-3)、式(10-4)重新计算土方。

为了便于现场施工,最好再算出各个方格的土方量,画出施工图,在图上标出运土方案,如图 10-5 所示,方格中所注数字为填方或挖方,以 m^3 为单位。

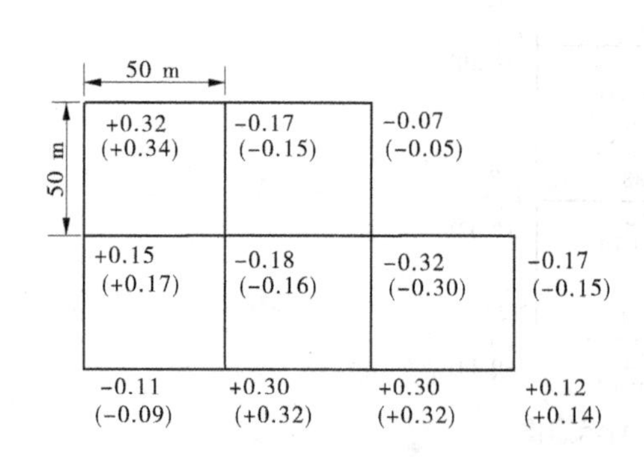

图 10-4 设计高程升降计算示意图

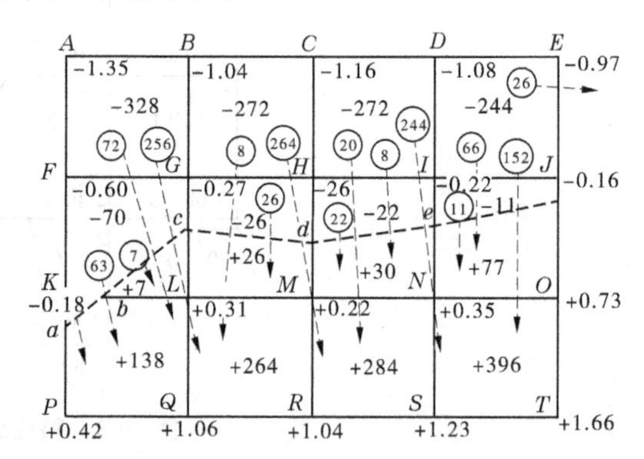

图 10-5 土方调运线路示意图

二、等高面法

当现场地面高低起伏较大,且坡度变化较多时,用方格水准法计算地面平均高程不但困难,而且精度较低,若改用等高面法,效果较好,尤其是原有场地大比例尺地形图的等高线精度较高时,更为合适。此法的主要特点是根据等高线计算土方量,基本步骤和方格水准法大体相同。首先是在现场测设方格网,并现场校对原有地形图等高线位置,然后根据校对后的等高线图,计算场地平均地面高程。计算方法是先在地形图上求出各等高线所围起的面积,乘上其间隔高差,算出各等高线间的土方量,并求总和,即为场地内最低点以上总土方量。则场地平均地面高程的计算公式为

$$H_{平} = H_0 + \frac{V}{A} \tag{10-7}$$

式中 H_0——场地内最低等高线的高程;

V——场地内最低点以上总土方量;

A——场地总面积。

【例 10-3】 如图 10-6(a)是场地等高线图,图 10-6(b)是 A—A 方向断面图,场地内最低点高程 $H_0 = 51.20$ m,场地总面积 $A = 120\ 000\ m^2$,根据图上等高线求场地平均地面高程。

解:用求积仪或其他方法,求图上各等高线所围面积列入表 10-1 中。

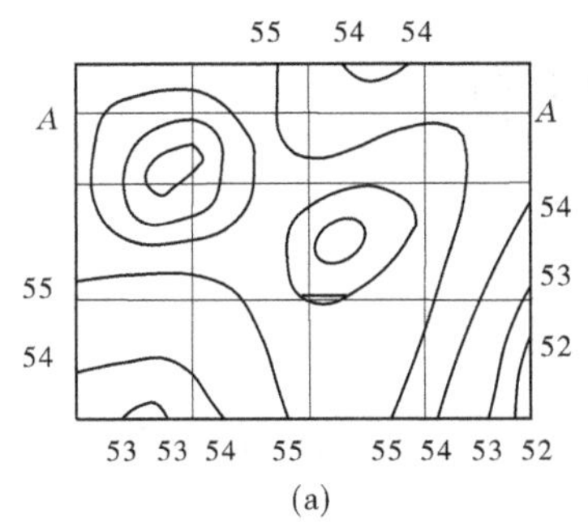

(a)

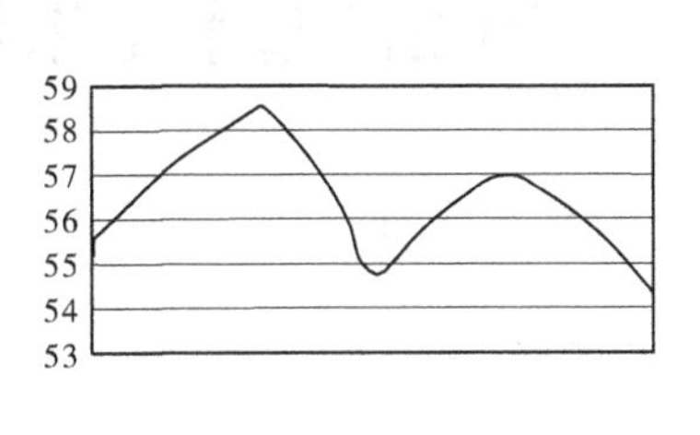

(b)

图 10-6　等高线与断面示意图

表 10-1　场地平整计算

高程(m)	面积(m^2)	平均面积(m^2)	高差(m)	土方量(m^3)
51.2	120 000	119 200	0.8	95 360
52.0	118 400	116 200	1.0	116 200
53.0	114 000	109 700	1.0	109 700
54.0	105 400	91 200	1.0	91 200
55.0	77 000	55 500	1.0	55 500
56.0	13 000 21 000	21 600	1.0	21 600
57.0	2 700	6 300	1.0	6 300
58.0	300 3 100	1 900	1.0	1 900
59.0	700			
总计				497 760

由表 10-1 可知，最低点 $H_0=51.20$ m 以上总土方量 $V=497\ 760\ m^3$。

则场地平均高程为

$$51.20+497\ 760\div 120\ 000=55.35(\text{m})$$

当场地平均高程求出后，设计和计算场地的设计坡度与设计高程，其他工作仍按方格水准法中所述进行。

三、断面法

断面法适用于场地较为窄长的带状地区，其基本测量方法与道路工程中的纵、横断面图测法相同，即沿场地纵向中线每隔一定距离(如 20 m 或 50 m)测一横断图。然后将横断面图上的地形点转绘到场地平面图中线的两侧，根据横断面上的地形点勾绘出等高线，这样即可按等高线法平整场地，也可以直接根据中线上各点高程和横断面图设计地面坡度和高程，计算填、挖方量，具体做法可参照《道路工程测量》。

单元三　测设的基本工作和方法

一、测设的基本工作

(一)水平角测设

水平角测设就是根据给定角的顶点和起始方向,将设计的水平角的另一方向标定出来。根据精度要求的不同,水平角测设有两种方法。

1. 水平角测设的一般方法

当水平角测设精度要求不高时,其测设步骤如下:

(1)如图10-7(a)所示,O为给定的角顶点,OA为已知方向,将经纬仪安置于O点,用盘左后视A点,并使水平度盘读数为$0°00'00''$。

(2)顺时针转动照准部,使水平度盘读数准确定在要测设的水平角值β处,在望远镜视准轴方向上标定一点B_1。

(3)松开照准部制动螺旋,倒镜,用盘右后视A点,读取水平度盘读数为α,顺时针转动照准部,使水平度盘读数为$\alpha+\beta$,同法在地面上定出B_2点,并使$OB_2=OB_1$。

(4)如果B_1与B_2重合,则$\angle AOB_1$即为欲测设的β角;若B_1与B_2不重合,取B_1B_2连线的中点B,则$\angle AOB$为欲测设的β角。

2. 水平角测设的精密方法

该方法用于测设精度要求较高时,其测设步骤如下:

(1)先用一般方法测设出欲测设的β角,如图10-7(b)所示。

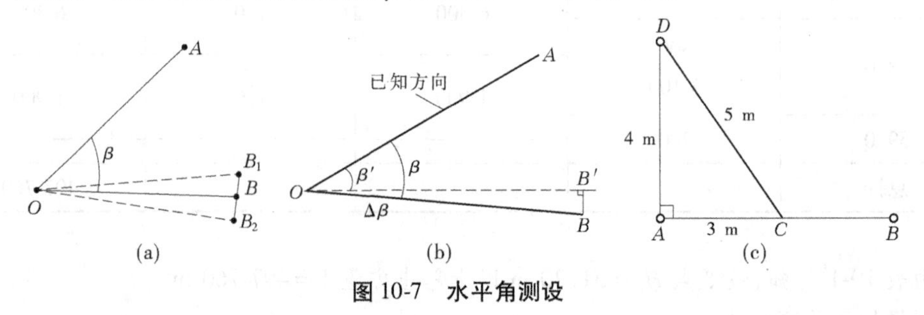

图10-7　水平角测设

(2)用测回法测出$\angle AOB'$的角值为β'。

(3)过B'作OB'的垂线,在垂线方向精确量取$BB'=OB'\tan(\beta-\beta')$,则$\angle AOB$为欲测设的$\beta$角;若$\beta-\beta'<0$,则$B$点的位置与图10-7(b)相反。

另外,当我们要测设的角度为90°,且测设的精度要求较低,也可根据勾股定理进行测设。测设方法如下:

如图10-7(c)所示,欲在AB边上的A点定出垂直于AB的直角AD方向。先从A点沿AB方向量3 m得C点,把一把卷尺的5 m处置于C点,另一把卷尺的4 m处置于A点,然后拉平拉紧两卷尺,两卷尺在零点的交叉处即为欲测设的D点,此时$AD\perp AB$。

(二)水平距离测设

水平距离测设就是根据给定直线的起点和方向,将设计的长度(即直线的终点)标定出来，其方法如下：

在一般情况下，可根据现场已定的起点 A 和方向线（如图 10-8 所示），将需要测设的直线长度 d' 用钢尺量出，定出直线端点 B'。如测设的长度超过一个尺段长，仍应分段丈量。返测 $B'A$ 的距离，若较差（或相对误差）在容许范围内，取往、返丈量结果的平均值作为 AB' 的距离，并调整端点位置 B' 至 B，使 $BB' = d' - d'_{AB}$，当 $B'B > 0$ 时，B' 往前移动；反之，往后移动。

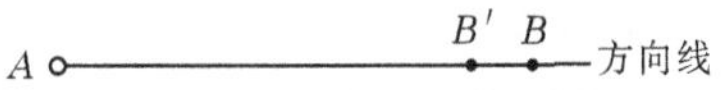

A　B′　B　方向线

图 10-8　水平距离测设

当精度要求较高时，必须用经纬仪进行直线定线，并对距离进行尺长、温度和倾斜改正。

（三）高程测设

根据某水准点（或已知高程的点）测设一个点，使其高程为已知值。其方法如下：

（1）如图 10-9 所示，A 为水准点（或已知高程的点），需在 B 点处测设一点，使其高程 h_B 为设计高程。安置水准仪于 A、B 的等距离处，整平仪器后，后视 A 点上的水准尺，得水准尺读数为 a。

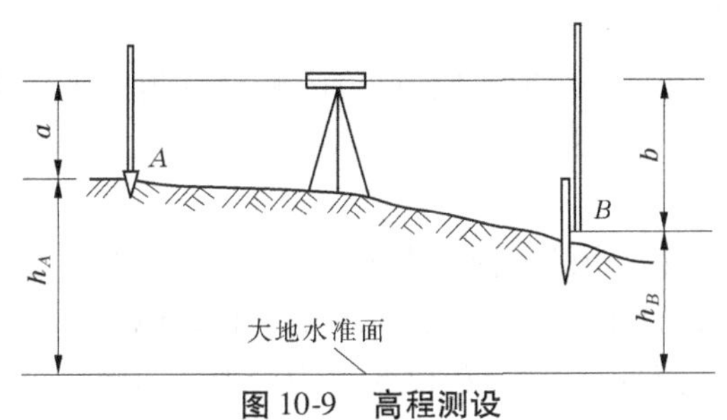

图 10-9　高程测设

（2）在 B 点处钉一大木桩（或利用 B 点处牢靠物体），转动水准仪的望远镜，前视 B 点上的水准尺，使尺缓缓上下移动，当尺读数恰为 $b = h_A + a - h_B$ 时，尺底的高程即为设计高程 h_B，用笔沿尺底画线标出。

（3）施测时，若前视读数大于 b，说明尺底高程低于欲测设的设计高程，应将水准尺慢慢提高至符合要求；反之，应降低尺底。

如果不用移动水准尺的方法，也可将水准尺直接立于桩顶，读出桩顶读数 $b_{读}$，进而求出桩顶高程改正数 $h_{改}$，并标于木桩侧面，即

$$h_{改} = b_{读} - b$$

若 $h_{改} > 0$，则说明应自桩顶上返 $h_{改}$ 才为设计标高；若 $h_{改} < 0$，则应自桩顶下返 $h_{改}$ 即为设计标高。

【例 10-4】 设计给定 ±0 标高为 12.518 m，即 $h_B = 12.518$ m。水准点 A 的高程为 12.106 m，即 $h_A = 12.106$ m。水准仪置于二者之间，在 A 点尺上的读数为 1.402 m，则

$$b = h_A + a - h_B = 12.106 + 1.402 - 12.518 = 0.990(\text{m})$$

若在 B 点桩顶立尺，设读数为 0.962 m，则

$$h_{改} = b_{读} - b = 0.962 - 0.990 = -0.028(\text{m})$$

说明应从桩顶下返 0.028 m 即为设计标高。

在施工过程中，常需要同时测设多个同一高程的点（即抄平工作），为提高工作效率，应将水准仪精密整平，然后逐点测设。

现场施工测量人员多习惯用小木杆代替水准尺进行抄平工作,此时需由观测者指挥 A 点上的后尺手,用铅笔尖在木杆面上移动,当铅笔尖恰在视线上时(水准仪同样需要精平),观测者喊“好”,后尺手就据此在杆面上画一横线,此横线距杆底的距离即为后视读数 α,则仪器视线高为

$$h = h_A + a$$

由杆底端向上量出应读的前视读数

$$b = h - h_B = h_A - h_B + a$$

根据 b 值在杆上画出第二根铅笔线。此后再由观测者指挥立杆人员在 B 点外上下移动小木杆,当水准仪十字丝恰好对准小木杆上第二道铅笔线时,观测者喊“好”,此时前尺的助手在小木杆底端平齐处画线标记,此线即为欲设计高程 h_B。

用小木杆代替水准尺进行抄平,工具简单,方便易行,但须注意小木杆上下头需有明显标记,避免倒立;在进行下一次测量之前,必须清除小木杆上的标记,以免用错。

二、点位测设的基本方法

根据测设的已知条件和现场情况不同,点位的测设可用极坐标法、角度交会法、支距法和距离交会法等不同方法。

(一)极坐标法

极坐标法适用于待测设点距已知控制点较近,并便于量距的地方。图10-10中,P 点为待测设点,先根据 P 点的设计坐标和控制点 A、B 的坐标,计算方位角 α_{AB}、α_{AP} 和距离 l,计算角 $\beta = \alpha_{AP} - \alpha_{AB}$;然后在 A 点安置经纬仪,以 B 点为后视方向测设角 β,并在这个方向上同时测设距离 l,即得 P 点。

(二)角度交会法

角度交会法中最常用的是前方交会法,适用于不便量距或待测设点距控制点较远的地方。如图10-11所示,先根据待测设点 P 的设计坐标和控制点 A、B 的坐标计算 AB、BA、AP 和 BP 各边方位角,然后计算夹角 α、β。测设时在 A、B 两点上安置仪器分别测设 α 角和 β 角的方向线,两方向线交点即为 P 点。

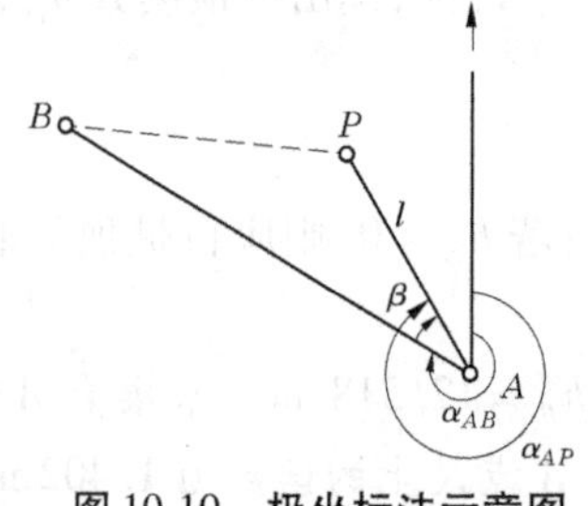

图10-10　极坐标法示意图

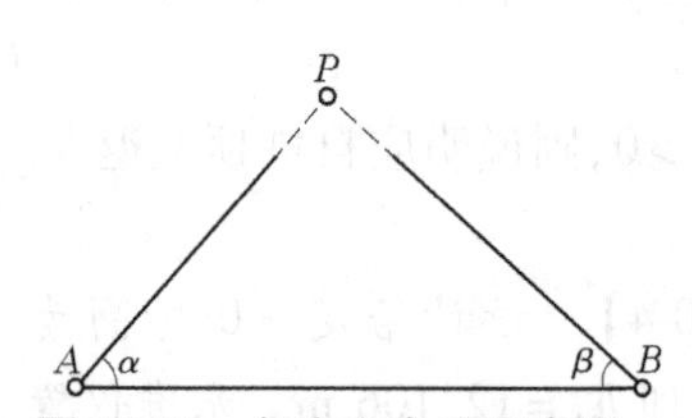

图10-11　角度交会法示意图

(三)支距法

与极坐标法一样,支距法适用于待测设点距已知控制点较近并便于量距的地方。图10-12中,P 为待测设点,先根据 P 点的设计坐标和控制点 A、B 的坐标,按垂距计算式(10-8),计算 l_1、l_3,计算 BA 的长度,然后计算出 l_2。测设时自 B 点沿 BA 方向量 l_3 定垂足 Q 点,并校量 $QA = l_2$ 无误后,在 Q 点上安置经纬仪后视 A 点(或 B 点)测设直角方向,并沿

该方向量 l_1 即得 P 点。

$$\left.\begin{aligned} l_1 &= (x_P - x_B)\sin\alpha - (y_P - y_B)\cos\alpha \\ l_3 &= (x_P - x_B)\cos\alpha + (y_P - y_B)\sin\alpha \end{aligned}\right\} \quad (10\text{-}8)$$

式中　α——BA 直线的坐标方位角。

（四）距离交会法

距离交会法适用于待测点至两控制点的距离不超过测尺的长度并便于量距的地方。图 10-13 中，P 点为待测点，先根据 P 点设计坐标和控制点 A、B 坐标计算 S_A、S_B。测设时分别以 A 和 B 为中心，以 S_A 和 S_B 为半径在现场作弧线，两弧线交点即为 P 点。

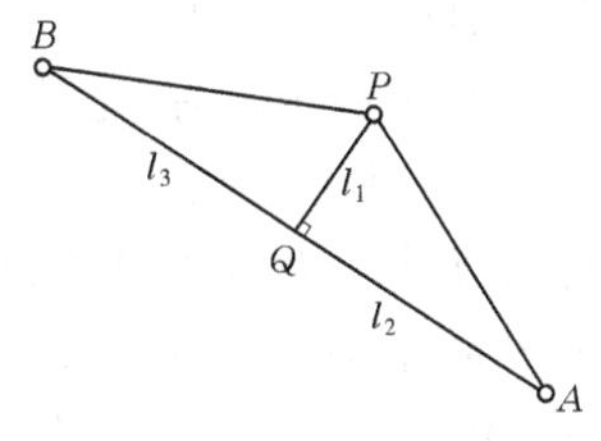

图 10-12　支距法示意图

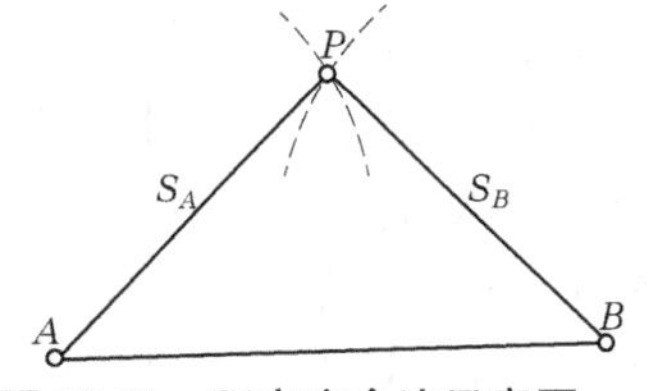

图 10-13　距离交会法示意图

【例 10-5】　如图 10-14 所示，Ⅰ、Ⅱ、Ⅲ、Ⅳ为建筑施工场地的建筑方格网点，a、b、c、d 为欲测设建筑物的四个轴线交点，根据设计图上各点坐标值，回答以下问题：

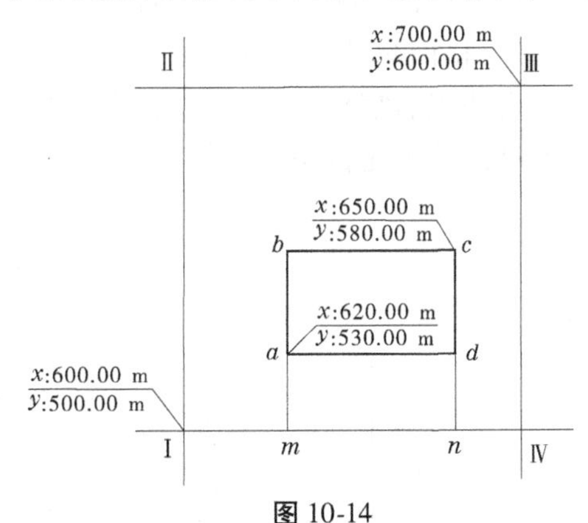

图 10-14

（1）该建筑物的长和宽是多少？长________，宽________。

（2）建筑方格网点Ⅱ的坐标是 x = ________，y = ________；建筑方格网点Ⅳ的坐标是 x = ________，y = ________。

（3）叙述用直角坐标法测设该建筑物位置的方法。

（4）建筑物测设完毕后，如何检核建筑物位置的准确性？

【案例点评】　（1）长 50.000 m，宽 30.000 m

（2）$x=500$，$y=700$；$x=600$，$y=600$。

（3）略。

（4）检查建筑物四角是否等于 90°，检查建筑物各边是否等于设计长度。

单元四　施工控制网

测图控制网从点位的分布和精度来看,通常情况下是不能满足施工测量的要求的,因此需要单独布设施工控制网。其形式有三角网、边角网、导线网及建筑方格网等,而建筑方格网(包括建筑矩形网)是园林工程最普遍采用的施工控制网。

施工控制网包括平面控制网和高程控制网,它为园林工程提供统一的坐标系统。平面控制网的布设形式,应根据设计总平面图、施工场地的大小和地形情况、已有测量控制点的分布情况而定。对于地形起伏较大的山岭地区,可采用三角网或边角网;对于地势平坦,但通视较困难或定位目标分布较散杂的地区,可采用导线网;对于通视良好、定位目标密集且分布较规则的平坦地区,可采用方格网或矩形格网,该法在园林工程施工测量中被普遍采用;对于较小范围的地区,可采用施工基线。高程控制网的布设,一般都采用水准控制网。

例如图10-15为某公园的设计平面图,该地区原为一片较平坦的荒地,其北面有东纬公路,西面有北经公路,挖人工湖堆假山,公园内有各种建筑,包括办公楼、展馆、餐厅、敞厅、儿童游乐场、亭、曲桥、雕塑、温室等。对这些建筑物进行施工放样,首先应布设施工控制网,根据这里的实际地形,布设建筑方格网最为方便。设计方格网的东西向主轴线平行于东纬公路,第1行方格点编号 A、B、C、D、E、F 等。方格网的南北向主轴线平行于北经公路,第1列方格点编号1、2、3、4等。按建筑方格网测设方法进行测设,一般建筑方格网的主轴线应设置在场区的中央,但应从实际情况出发,该公园北面建筑物多,可以考虑把建筑方格网的主轴线设置在公园的北边,以提高建筑物的定位精度。

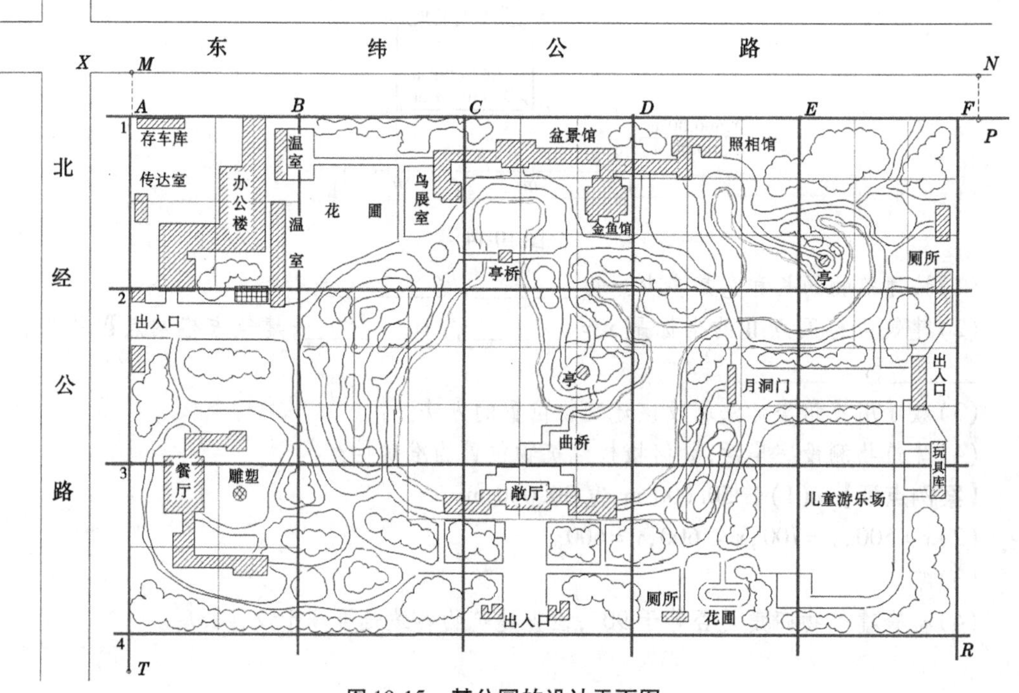

图10-15　某公园的设计平面图

方格网主轴线及各方格交点测设步骤如下：

(1)测设东西向主轴线 AF。

具体做法是：由公路交叉点 X 沿公路边向东量 XM，在 M 点测设直角，量 MA 定出主轴线的 A 点。从 M 点沿公路边大约 800 m 处（例如，设计东西方向 5 个大方格，方格边长 150 m，共 750 m）定一点为 N 点，在 N 点仪器测设直角量 NP 定出 P 点。仪器安置 A 点瞄准 P 点，沿视线方向一边定线，一边用钢尺丈量，在累计量得 150 m 处打下木桩，在桩顶画十字表示初定 B 点点位。重复再从 A 量 150 m，在桩顶又定 B 另一点位，取平均位置后，点位钉一小钉表示。

由 B 点继续边定线边丈量，用同样方法钉 C 点以及 D、E、F 等点。

(2)测设南北方向主轴线 AT。

如图 10-16 所示，仪器安置在 A 点，盘左测设 90°定出 t_1，盘右测设 90°定出 t_2，取 t_1t_2 的中点 T，则 AT 垂直于 AF，用上述相同方法丈量定出南北主轴线的 1、2、3、4 等点。

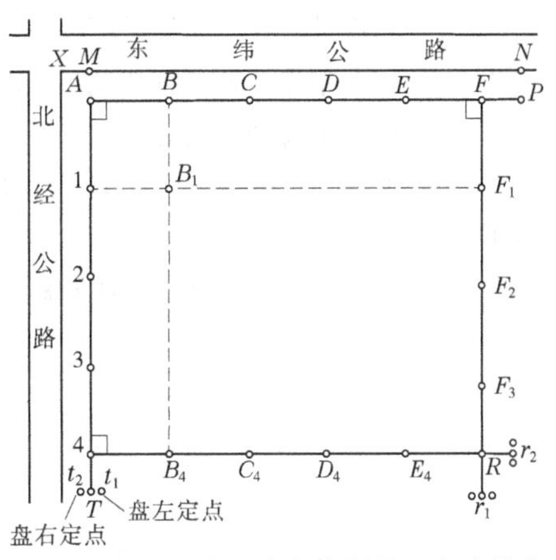

图 10-16　测设南北方向主轴线及各方格点

(3)测设方格网东南角的 R 点。

在 F 点安置仪器正倒镜设直角定出 Fr_1 方向，然后在 4 点安置仪器也用正倒镜测设直角定出 $4r_2$ 方向，两方向相交点即为 R 点，注意应按照角度前方交会法定点方法来测设。

(4)测设方格网四周方格点。

各交点编号以行号与列号组成，例如第 4 行各方格点编号为 4、B_4、C_4、D_4、E_4 等。首先，在 4 点安仪器以 A 点瞄准 R 点，定出 $4R$ 线，沿 $4R$ 线用钢尺丈量定出 B_4、C_4、D_4、E_4 等点，各方格交点应打木桩，并在桩顶上钉小钉表示点位。然后，在 F 点安置仪器，瞄准 R 点，定出 FR 线，按上述相同方法定出 F_1、F_2、F_3 各点，按上述方法完成方格网四周的各方格点的测定。

(5)测设方格网内部各交点。

方格网内部各交点可按方向线交会确定，该法比用直接丈量法更为精确、方便。例如 B_1 点，由方向线 $B—B_4$ 与方向线 $1-F_1$ 相交确定，此时，最好用 2 台经纬仪同时作业，以提高效率。先用标杆初定，打下木桩，再用测钎精确标定。

(6)将大方格按不同测设要求进行不同细化。

上述各步骤完成后，地面上有 150 m 大方格 15 个，为了标定建筑物，还要把大方格细分为 4 ~6 个小方格，例如，图西北角的大方格分成 4 个小方格就可满足测设办公楼、温室、存车库、传达室等建筑物外轮廓轴线的交点（角点）的需求。西南角大方格也同样细为 4 个小方格就可满足测设餐厅和雕塑位置的需要。

【小贴士】　测设人工湖边界的精度要求不高，如果逐点用仪器测设，则工作量太大，此时可把大方格分成 9 个小方格，实地也打 9 个小方格，这样就可在小方格中用目估并配合皮尺丈量定位人工湖边界点，树木栽植点定位也可采用同样方法。但是，湖中小桥定位精度应同上述楼、馆等建筑物，精确定位桥两端点并精确丈量桥长，一般由大方格用直角坐标法定位。总之，局部地方，该严则严，该松则松，一般土建类要严，非土建类可松。对建筑物定位

强调它们的相对位置要准确，不必苛求绝对位置的准确。

单元五　园林工程施工测量

园林工程中的放样与前面提到的测设以及人们常说的放线含义都是一样的，就是将规划设计图上的各类图形按比例放大于施工现场，地形图测绘是将实物地物、地貌等按比例缩小绘于图上，因此我们说测绘与测设为一互逆过程。园林建筑的放样可以分为主轴线测设、园林建筑定位、基础放样和施工放样。

一、园林建筑主轴线的测设

园林建筑主轴线的测设视工程项目的情况不同可分别选用如下几种方法。

（一）已建方格网的情况

在工程现场，若事先已建立了方格网，即可根据建筑物折点坐标来测设主轴线。图 10-17 中的建筑折点 A、B、C、D 的坐标值设计已给定，见表 10-2。根据表 10-2 可求出此建筑的长度及宽度，即 $AB=CD=408.000-332.000=76.000$(m)，$AC=BD=238.000-220.000=18.000$(m)。

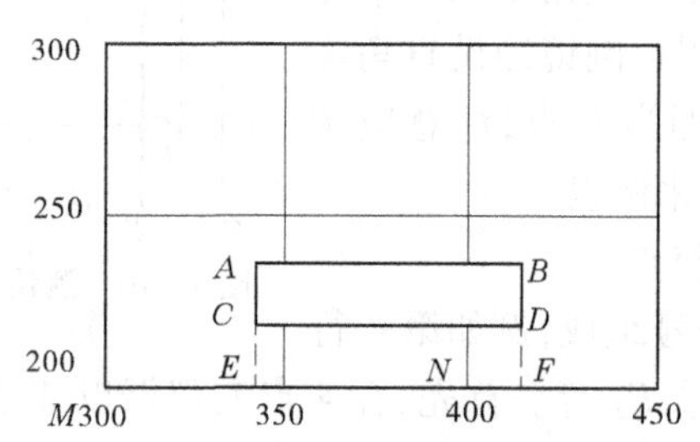

图 10-17　园林建筑主轴线测设示意图

表 10-2　折点坐标值

点位	纵坐标 x(m)	横坐标 y(m)
A	238.000	332.000
B	238.000	408.000
C	220.000	332.000
D	220.000	408.000

利用此方格网测设出主轴线 AB 和 CD，其施测方法为先将经纬仪安置于 M 点，照准 N 点，然后在此方向上量取 $332.000-300.000=32$(m)得 E 点，再在此方向上自 N 点量取 $408.000-400.000=8$(m)得 F 点，然后迁移经纬仪至 E 点，照准 M 点，采用测回法顺时针测设 90°角方向，在此方向上量取 $220.000-200.000=20$(m)，即 EC 的纵坐标差得出 C 点。在此方向上继续量取 AC 长度 18.000 m，得出 A 点。将仪器迁至 F 点依上法可定出 D 点及 B 点。至此 A、B、C、D 四点均已定出，即此建筑的主轴线定出。最后还应对此加以校核。用钢尺实量 AB 与 CD 的距离是否相等、对角线 AD 和 BC 是否相等。若距离相对误差小于 1/2 000，则可根据现场情况予以调查；若误差超过上述规定，则应返工重测。

(二)用“建筑红线”测设建筑主轴线

在施工现场如果有规划管理机关设定的“建筑红线”,则可依据此“建筑红线”与建筑主轴线的位置关系进行测设。

如图 10-18 所示,AB 直线为“建筑红线”。测设开始时,依据规划设计平面图所给定的关系,先在“建筑红线”的桩点 A 安置经纬仪,照准 B 点,在该方向上依平面图上尺寸,用钢尺量距定 P_1 和 Q_1 两点,然后将经纬仪分别安置于 P_1 和 Q_1 两点,以 AB 方向为起始方向精确测设 90°角,得出 P_1M 和 Q_1N 两方向,并在此两方向上按图给定尺寸量得 P、Q、M、N 各点。安置经纬仪于 P 点和 Q 点;检查 $\angle MPQ$ 和 $\angle NQP$ 是否为 90°,并用钢尺检验 PQ 与 MN 的距离是否相等。若角度误差在 1′以内,距离误差小于 1/2 000,则可根据现场情况加以调整;若误差超过上述规定,则应重新进行测设。主轴线测设完成后,还应将建筑轴线的各交点位置依图上尺寸量出。最后用白灰撒此建筑的平面轮廓线。

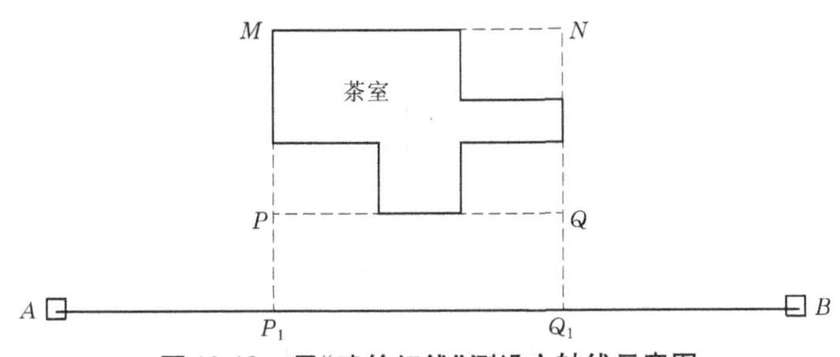

图 10-18　用“建筑红线”测设主轴线示意图

(三)根据原有建筑或道路测设建筑主轴线

在规划设计过程中,如规划范围内保留有原有建筑或道路,一般应在规划设计图上予以反映,并给出其与拟建新建筑物的位置关系。所以,测设这些新建筑的主轴线可依此关系进行,具体方法有如下几种。

1. 平行线法

平行线法适用于新旧建筑物长边平行的情况。如图 10-19(a)所示,等距离延长山墙 CA 和 DB 两直线定出 AB 的平行线 A_1B_1,在 A_1 和 B_1 两点分别安置经纬仪,以 A_1B_1、B_1A_1 为起始方向,测设出 90°角,并按此设计给定尺寸在 AA_1 方向上测设出 M、P 两点,在 BB_1 方向上定出 N、Q,从而得到了新建筑物的主轴线。

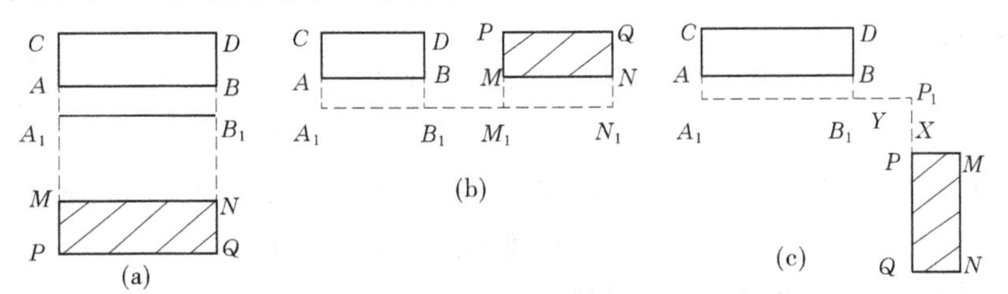

图 10-19　根据原有建筑物测设主轴线示意图

2. 延长直线法

延长直线法适用于新旧建筑物短边平行的情况。如图 10-19(b)所示,等距离延长山墙 CA 和 DB 两直线,定出 AB 的平行线 A_1B_1。再做 A_1B_1 延长线,在此线上依设计给定距离关系测设出 M_1N_1,然后在 M_1 和 N_1 点上分别安置经纬仪,分别以 M_1N_1、N_1M_1 为零方向,测设 90°角定出两条垂线,并依设计给定尺寸测设出 MP 和 NQ,从而得到了新建筑物的主轴线 MN

和 PQ。

3. 直角坐标法

直角坐标法适用于新旧建筑物的长边与短边相互平行的情况。如图 10-19(c)所示,先等距离延长山墙 CA 和 DB,做出平行于 AB 的直线 A_1B_1。再安置经纬仪于 A_1 点,作 A_1B_1 的延长线,丈量出 Y 值,定出 P_1 点,然后在点 P_1 点上安置经纬仪,以 A_1 为零方向测设出 90°角的方向,并丈量 P_1P 等于 X 值,测设出 P 点及 Q 点。然后于 P 和 Q 点分别安置经纬仪,测设出 M 和 N,从而得到主轴线 PQ 和 MN。

4. 根据原有道路测设

一般拟建筑道路与原有道路中线平行时多采用此法。如图 10-20 所示。AB 为道路中心线。在路中线上安置经纬仪,根据图上给定的各项尺寸关系,测设出平行于路中线的建筑主轴线 PQ 和 MN。其具体操作与前述基本相同。

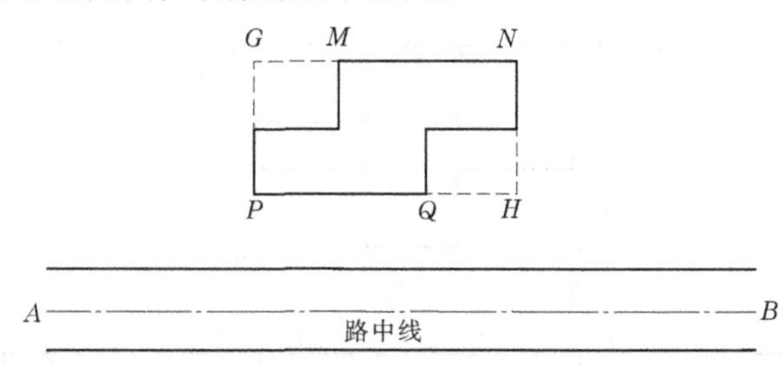

图 10-20　根据原有道路测设主轴线示意图

上述四种方法在测设完成后均应做出校核。其校核方法主要是用钢尺实量新建建筑物的各边长及各对角线长度是否对应相符。其精度要求与前述相同。建筑主轴线定出后均应以坚固的木桩或石桩标定,木桩上应钉小钉,石桩上应镶刻十字标志,以准确标明点位,这类桩称为主轴线定位桩。

二、园林建筑的定位

完成主轴线测设工作之后,即应进行园林建筑定位。其各轴线交点也应以桩标出,进而用白灰撒出基槽开挖边线,然后挖槽施工。上述各桩均易被破坏,为解决此问题,可选用下述两种方法。

(一)设置龙门板

在园林建筑中,常在基槽开挖线外一定距离处钉设龙门板,如图 10-21 所示,其步骤和要求如下:

(1)在建筑物四角和中间定位轴线的基槽开挖线外 1.5 ~3 m 处(由土质与基槽深度而定)设置龙门桩,桩要钉得竖直、牢固,桩的外侧面应与基槽平行。

(2)根据场地内的水准点,用水准仪将 ±0 标高测设在龙门桩上,用红笔画一红线。

(3)沿龙门桩上测设的 ±0 线钉设龙门板,使板的上边缘高程正好为 ±0,若现场条件不允许,也可测设比 ±0 高或低一整数的高程,测设龙门板高程的限差为 ±5 mm。

(4)将经纬仪安置于 A 点,瞄准 B 点,沿视线方向在 B 点附近的龙门板上定出一点,并钉小钉(称轴线钉)标志;倒转望远镜,沿视线在 A 点附近的龙门板上定出一点,也钉小钉标志。用同样的方法可将各轴线都引测到各相应的龙门板上。如建筑物较小,也可用垂球对

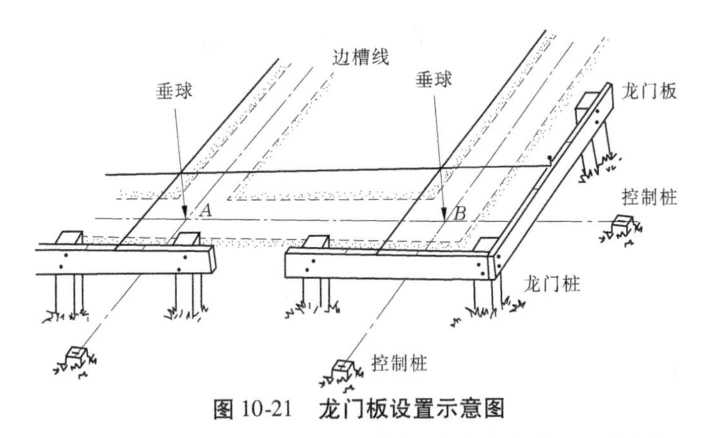

图 10-21　龙门板设置示意图

准桩点，然后沿两垂球线拉紧绳线，把轴线延长并标定在龙门板上，如图 10-21 所示。

(5)在龙门板顶面将墙边线、基础边线、基础开挖线等标定在龙门板上。标定基槽上口开挖宽度时，应按有关规定考虑放坡尺寸。

(二)引桩法测设

由于龙门板耗用木材较多，且在施工中易破坏，故现在施工单位多用引桩代替龙门板。

如图 10-22 所示，引桩在轴线的延长线上设定，以距离基槽开挖 2～4 m 为宜。如为较高大的园林建筑，间距还应再大一些。若附近有建筑物等，可用经纬仪将轴线延长，投影到原有建筑的基础顶面或墙壁上，用油漆涂上标记代替引桩，则更为完全。此外还应将 ±0 标高依前法在桩上画线标明。

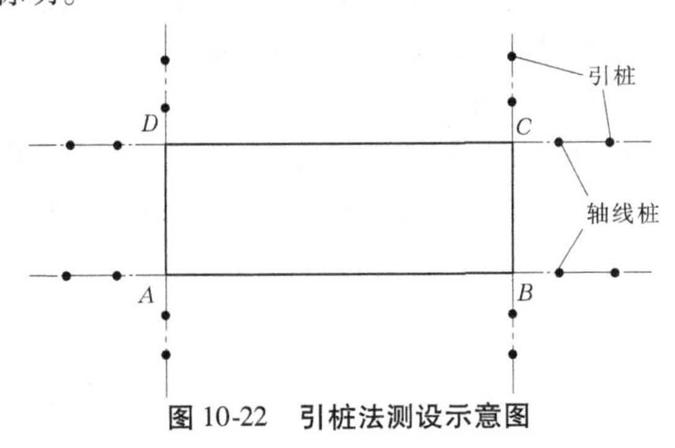

图 10-22　引桩法测设示意图

三、园林建筑的基础放样

挖地基标明设计标高时更应注意，切忌挖掘过深，破坏了原本坚实的底质。此时应在基槽侧壁上测设距槽底设计高为某一整数的水平桩，也称为平桩，如图 10-23 所示，以此桩来控制挖深。根据前述方法定出了基槽开挖边线后，用水准仪随时控制开挖深度，尤其是当挖土接近槽底时。

基槽内水平桩的测设方法应利用龙门板或引桩上标定的 ±0 位置。如图 10-23 所示，设槽底设计标高为 -1.500 m(即槽底比 ±0 低 1.500 m)，现拟测设出一比槽底高出 0.4 m 的水平桩。在 ±0 位置竖立水准尺，用水准仪测出其读数 $a=0.860$ m，据此计算出水平桩上皮的应读前读数 $b_{应}=(1.500-0.400)+0.860=1.960$(m)。在基槽内竖水准尺上下移动，当水准仪得到读数为 1.960 m 时，沿水准尺底部钉出一水平桩，则槽底在此水平桩下 0.400 m 处。为了施工的方便，一般应在基槽内每隔 5 m 左右和转角处设定水平桩。必要时还可在

槽壁上弹出水平桩上皮高度的墨线，以利于更好地控制槽底标高。

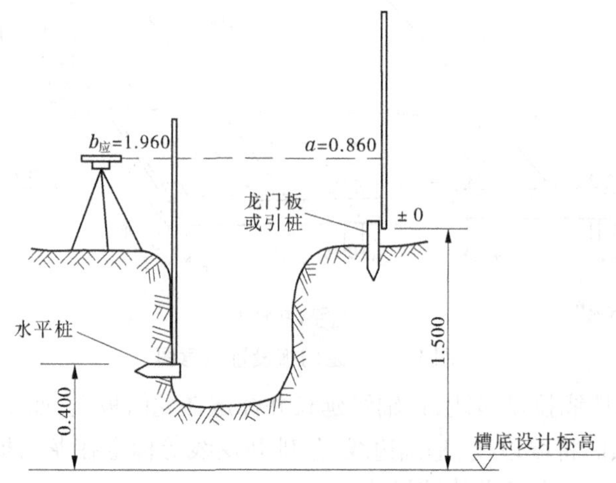

图 10-23　园林建筑基础放样示意图

四、园林建筑的施工放样

有些园林建筑中设有梁柱结构，其梁柱等构件有时事先按照设计尺寸预制。因此。必须按设计要求的位置和尺寸进行安装，以保证各构件间的位置关系正确。

(一)柱子吊装前的准备

基槽开挖完毕，打好垫层之后，应在相对的两定位桩间拉麻线，将交点用垂球投影到垫层上，再弹出轴线及基础边线的墨线，以便立模浇灌基础混凝土，或吊装预制杯形基础。同时还要在杯口内壁测设一条标高线，作为安装时控制标高时所用。还应检查杯底是否有过高或过低的地方，以便及时处理，如图 10-24(a)所示。另外，在柱子的 3 个侧面用墨线弹出柱中心线，第一侧面分上、中、下三点，并画出小三角形▲标志，便于安装时校正，如图 10-24(b)所示。

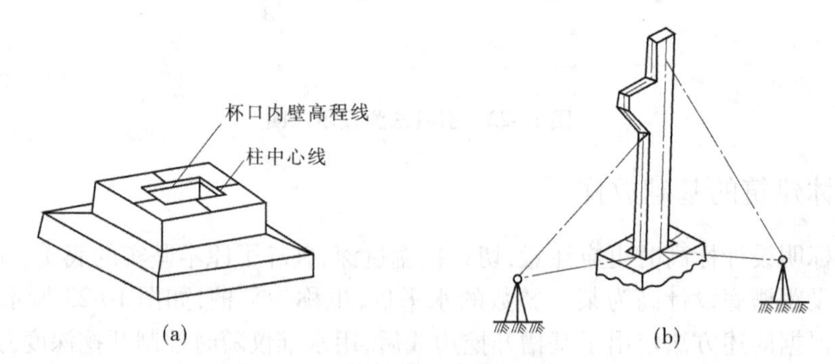

图 10-24　园林建筑柱基放样示意图

(二)柱子安装时的竖直校正

柱子吊起插入杯口后，应使柱子中心线与杯口顶面中心线吻合，然后用钢楔或木楔暂时固定。随后用两台经纬仪分别安置在互相垂直的两条轴线上，一般应距柱子在 1.5 倍柱高以外，如图 10-24(b)所示。经纬仪先瞄准柱子底部中心线，照准部固定后，再逐渐抬高望远镜，直至柱顶。若柱中心线一直在经纬仪视线上，则柱子在这个方向上就是竖直的；否则应对柱子进行校正，直至两中心线同时满足两经纬仪的要求。

为提高工效，有时可将几根柱子竖起后，将经纬仪安置在一侧，一次校正若干根柱子。在施工中，一般是随时校正，随时浇筑混凝土固定，固定后及时用经纬仪检查纠偏。轴线的偏差应在柱高的1/1 000以内。

此外，还应用水准仪检测柱子安放的标高位置是否准确，其最大误差一般应不超过±5 mm。

五、其他园林工程施工放样

（一）路基放样

1. 大型主干道施工放样

路基设计完成以后，大型主干道施工前要做路基放样。施工边桩的测设，根据设计要求施工放样。

1）路堤放样

图10-25为平坦地面路堤放样情况。从中心桩向左、右各量 $B/2$ 宽钉设 A、P 坡脚桩，从中心桩向左、右各量 $B/2$ 宽处竖立竹竿，在竿上量出填土高，得坡顶 C、D 和中心点 O，用细绳将 A、C、O、D、P 连接起来，即得路堤断面轮廓。施工中都在相邻断面的坡脚连线上撒出白灰线做为填方的边界。如果路基位于弯道，需要加宽和加高，应将加宽和加高的数值放样进去。若路基断面位于斜坡上，如10-25所示，先在图上量出 A、P 及 C、O、D 三点的填高数，按这些放样数据即可进行现场放样。

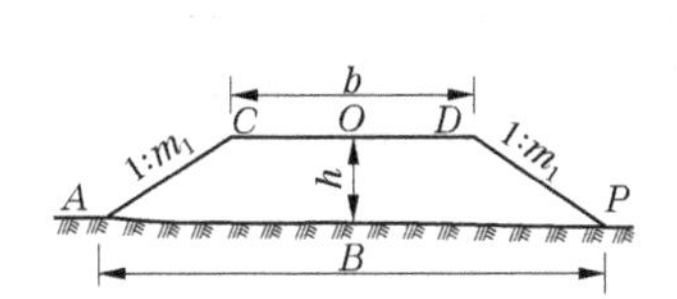

图10-25　平坦路面上路基放样示意图

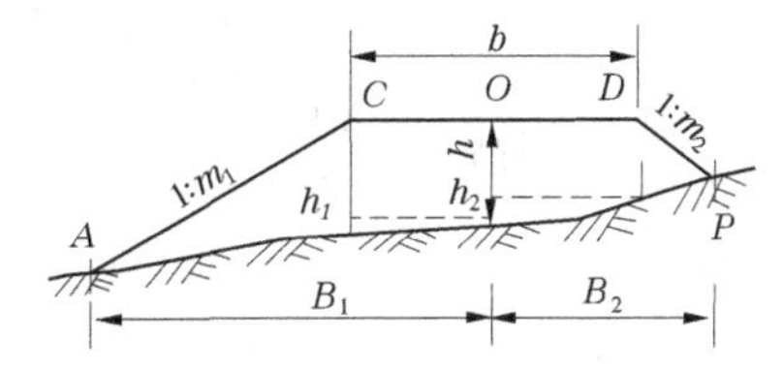

图10-26　斜坡地面上路基放样示意图

2）路堑放样

如图10-27和图10-28所示，是在平坦地面和斜坡上路堑的放样情况。主要是在图上量出，从而可以定出坡顶 A、P 在实地的位置。为了施工方便，可做成坡角板，如图10-28所示，作为施工时的依据。

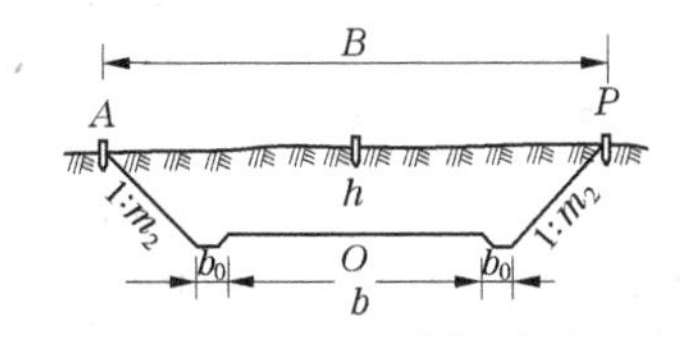

图10-27　平坦地面上路堑放样示意图

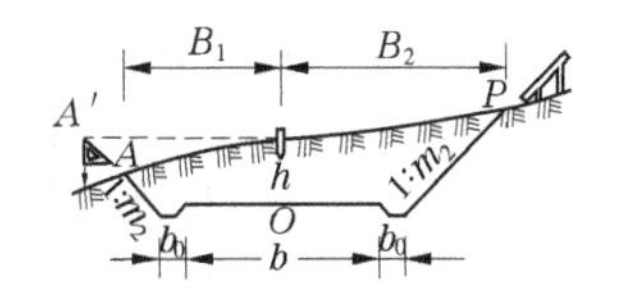

图10-28　斜坡路面上路堑放样示意图

对于半挖半填的路基，除按上述方法测设坡角 A 和坡顶 P 外，一般要测出施工量为零的点，如图10-29所示，拉线方法从图中可以看出，不再加以说明。

2. 路基边桩的测设

在路基完成之后，中线上所钉各桩都被毁掉和填埋，为此常在路边线（即道牙线）以外，各钉一排平行中线的施工边桩，作为路面施工的依据，控制道路中线和高程位置，如图10-30所示。施工边桩一般是以开工前测定的施工控制桩为准测设的，间距以10～30 m为宜。当施工边桩钉出后，可在边桩上测设出该桩的路中线的设计高程钉（也可用红铅笔画线作标记）。

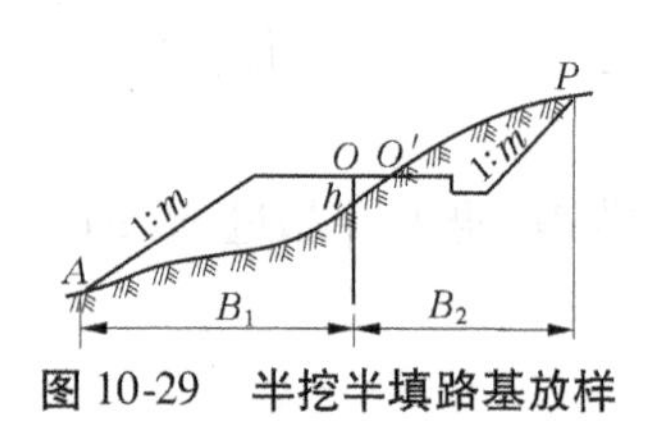

图 10-29　半挖半填路基放样

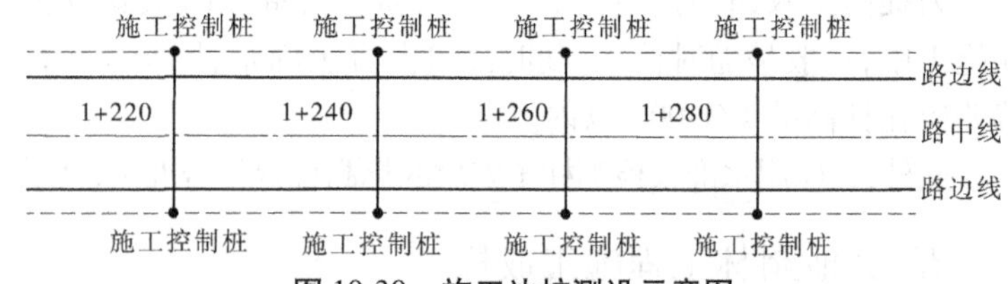

图 10-30　施工边桩测设示意图

如图 10-31 所示，安置一次仪器可测设出 120 ~ 160 m 范围内路两侧各边桩的高程钉，表 10-3 为某道路施工的一段实测记录。施工边桩上设计高程钉的测设步骤如下：

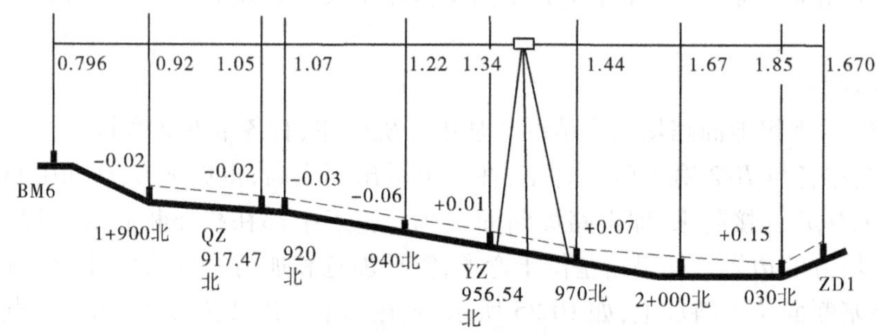

图 10-31　施工边桩水准测量示意图

表 10-3　施工边桩测设记录表

桩号		后视读数	视线高	前视读数	高程	路面设计高程	应读前视	改正数	说明
BM6		0.796	52.671		51.875				已知高程
1 +900	南			0.90				−0.02	
	北			0.88		51.75	0.92	−0.04	
QZ 917.47	南			1.03				−0.02	
	北			0.99		51.62	1.05	−0.06	
920	南			1.04				−0.03	$i = -0.75\%$
	北			1.07		51.60	1.07	0.00	
940	南			1.16				−0.06	
	北			1.18		51.45	1.22	−0.04	
YZ 956.54	南			1.35				+0.01	
	北			1.30		51.33	1.34	−0.04	
970	南			1.51				+0.07	
	北			1.52		51.23	1.44	+0.08	
2 +000	南			1.74				+0.07	变坡点
	北			1.73		51.00	1.67	+0.06	
030	南			2.00				+0.15	$i = -0.60\%$
	北			2.01		50.82	1.85	+0.16	
ZD1				1.670	50.001				

注：表中桩号后面的“北”和“南”，是指中线北侧和南侧的高程。

(1)视水准点,求出视线高。

(2)计算各桩的应读前视(立尺于各桩的设计高程上,应读的前视读数)。

$$应读前视 = 视线高程 - 路面设计高程 \tag{10-98}$$

式中,路面设计高程可由纵断面图中查得,也可由某一点的设计高程和坡度推算得到。

当第一木桩的“应读前视”算出后,也可根据设计坡度和各桩间距算出各桩间的设计高差,然后由第一个桩的“应读前视”直接推算其他各桩的“应读前视”。

(3)在各桩顶上立尺,读出前视读数,推算出钉高程钉的改正数。

(4)钉好高程钉后,应在各钉上立尺检查读数是否等于应读前视,误差在 1 cm 以内时,为精度合格,否则应改正高程钉。

这样,将中线两侧相邻各桩上的高程钉用线连起来,就得到两条与路面设计高程一致的坡度线。

(5)为了防止观测或计算错误,每测一段应附合到另一水准点上校核。

(二)堆山与挖湖放样

1. 假山的放样

假山放样一般可用平板仪放样。如图 10-32 所示,用平板仪先测设出设计等高线的各转折点,即图中 1、2、3、…、9 等各点,然后将各点连接,并用白灰或绳索加以标定。再利用附近水准点测设出 1 ~9 各点应有的标高,若高度允许,则在各桩点插设竹竿画线标出。若山体较高,则可于桩侧标明上返高度,供施工人员使用。一般堆山的施工多采用分层堆叠,因此也可在放样中随施工进度时测设,逐层打桩。图中点心 10 为山顶,其位置和标高也应同法测出。

2. 挖湖及其他水体放样

挖湖或开挖水渠等放样与堆山的放样基本相似。首先把水体周界的转折点测设到地面上,如图 10-33 所示的 1、2、3、…、30 各点。然后在水体内设定若干点位,打上木桩。根据设计给定的水体基底标高在桩上进行测设,画线标明挖深度。图 10-33 中 ①、②、③、④、⑤、⑥等点即为此类桩点。在施工中,各桩点不要破坏,可留出土台,待水体开挖接近完成时,再将此土台挖掉。水体的边坡坡度,可按设计坡度制成边坡样板置于边坡各处,以控制和检查各边坡坡度,如图 10-34 所示。

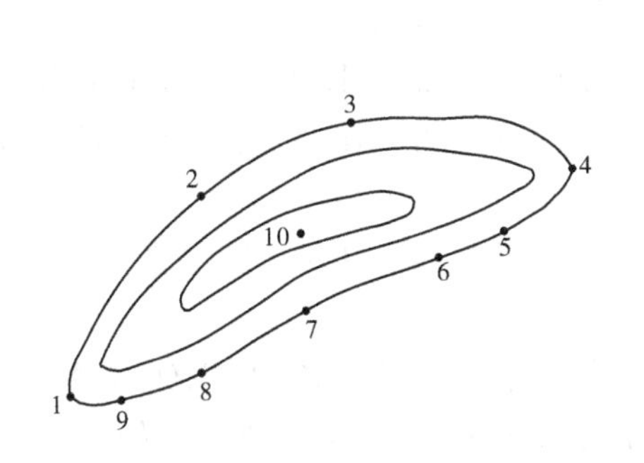

图 10-32　假山放样示意图

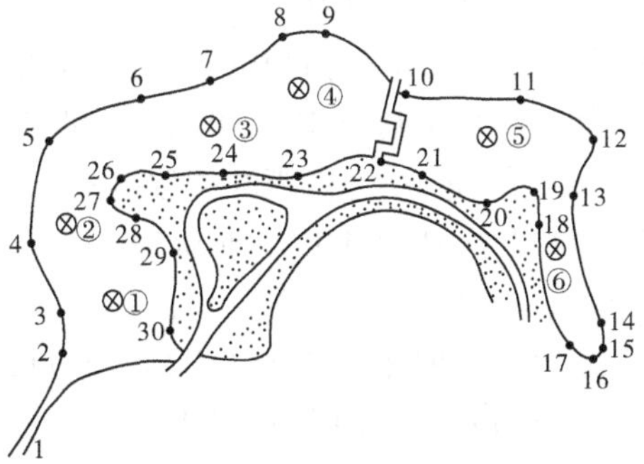

图 10-33　园林水体放样示意图

(三)园林树木种植树放样

园林树木的种植必须按设计图的要求进行施工。在设计中给出的种植形式有两种,一种为单株种植,即图纸中标明了每株树的种植位置。另一种为丛植或区域种植,在图中标明

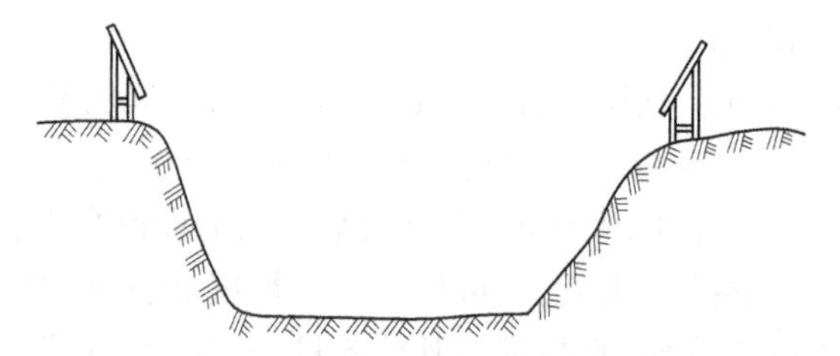

图 10-34　水体边坡放样示意图

了种植的范围、树种、株数等。下面将树木种植放样的方法分述如下。

1. 平板仪放样法

在进行单株测设时应以设计图中树木符号的几何中心位置为准。在进行成片区域种植测设时,则应准确测设出其周界的各转折点。点位或范围定出后,应打桩标定后或撒白灰线标明。此外,还应根据要求在桩侧写明树种及其规格等。

2. 交会法

交会法适用于现场已有地物与设计图位置相符的绿地种植。放样时在图上量出种植点至两个以上地物的距离,然后依此比例在现场以相应的距离实量交会定出单株或树群边界线。

3. 支距法

支距法多用于道路两侧的植物种植放样。有时在要求精度较低的施工放样中,此法也可用于挖湖、堆山等轮廓线的测放。

具体实施方法为:先在图上做出欲测放树木等至道路中线或路牙线的垂线,并量出各个垂直距离。再在现场用经纬仪或皮尺作出各相应的垂线,并在此方向上按比例扩大后量出各距离,定出各点。

4. 规则种植区域的放样

在苗圃的各类种植区域中一般都是采用规则式的种植方式。另外,有些公园、游览区等也有采用成片的规则种植林带、片林。这类林木的种植方式主要有矩形和菱形两种定植方法。

1) 矩形定植

如图 10-35 所示,$ABCD$ 为一种植区的边界。放样的方法如下:

(1)先定出基线 $A'B'$,此基线的方向应依设计图定出。然后按半个株行距定出 A 点。量出 AB,使其平行于基线 $A'B'$,并使 AB 的长为行距的整数倍。在 A 点安置经纬仪或用皮尺作 $AD \perp AB$,并使 AD 为株距的整数倍。

(2)在 B 点作 $BC \perp AD$,并使 $BC = AD$,定出 C 点。然后检验 CD 长度是否与 AB 相等。若误差过大,应查明原因,重新测定。

(3)在 AD 和 BC 上量出若干分段,每分段为株距的若干整数倍,定出 P、Q、M、N 等点。

(4)在 AB、PQ、$MNCD$ 等点连线方向上按行距定出 a、b、c、d…及 a'、b'、c'、d'…诸点。

(5)在 aa'、bb'、cc'…连线上按株距定出各种植点,撒上白灰标记。

2) 菱形定植

如图 10-36 所示,为一种植区域。按设计要求,拟测设出菱形种植点位。

放样方法与前述矩形相似。第(1)至第(3)步同前法。第(4)步是按半个株行距定出

a、b、c、d…和 a'、b'、c'、d'…各点。第(5)步是连接 aa'、bb'、cc'… 。奇数行的第一点应从起点 A 算起,按株距定出各种植点。

行道树定植放样。道路两侧的行道树一般是按道路设计断面定点,在有道牙的道路上,一般应以牙作为定点的依据。无道牙的道路,则以路中线为依据。为加强控制,减小误差,可隔 10 株左右加钉一木桩,且应使路两侧的木桩一一对应,单株的位置均以白灰标记。

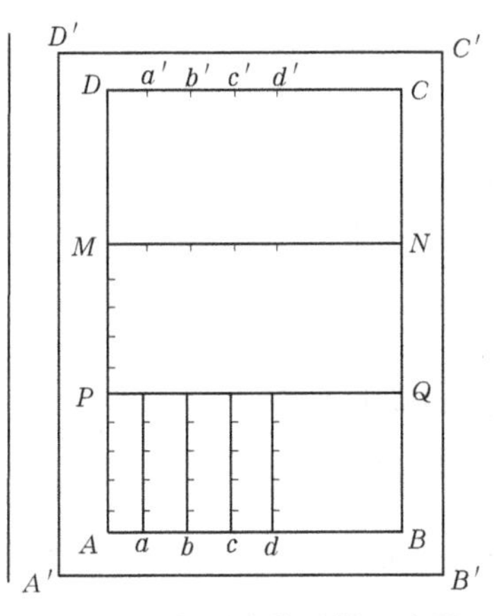

图 10-35　矩形定植放样示意图

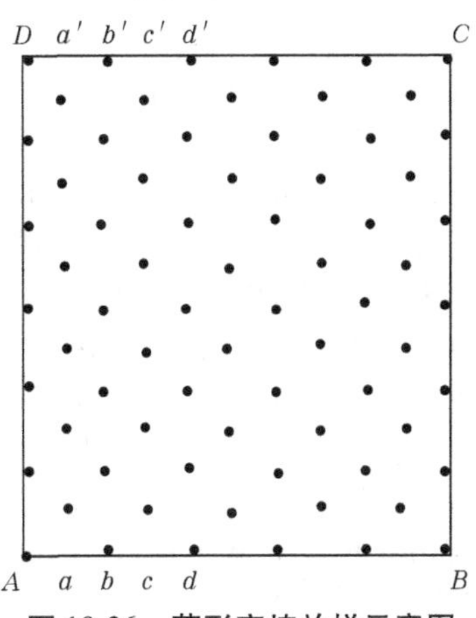

图 10-36　菱形定植放样示意图

项目小结

本项目简单介绍了土建工程的亭、廊、台、榭等建筑,以及给水、排水、电信、气、热等管线的建设项目,以及对各类植物的种植施工进行详细描述。

复习与思考题

一、名词解释

规划设计量　量施工放线测量　园林建筑放样

二、简答题

1. 方格控制网建立应依据哪些原则?

2. 如何测设园林规则区的游步道?

三、简述题

1. 点位测设的基本方法有哪几种?各适用于什么场合?有哪些测设数据?如何计算?

2. 什么是测设?它与测定有什么区别?测设的实质和基本工作是什么?

3. 园林植物种植工程可采用哪些放样方法?

参考文献

[1] 宁津生,等.测绘学概论[M].武汉:武汉大学出版社,2004.
[2] 郑金兴.园林测量[M].北京:高等教育出版社,2005.
[3] 陈涛,李桂云.园林测量[M].郑州:黄河水利出版社,2010.
[4] 许加东.控制测量[M].北京:中国电力出版社,2012.
[5] 黄文彬.GPS测量技术[M].北京:测绘出版社,2011.
[6] 谷达华.测量学[M].2版.北京:中国林业出版社,2011。
[7] 胡伍生,等.土木工程施工测量手册[M].北京:人民交通出版社,2005.
[8] 胡伍生,朱小华.测量实习指导书[M].南京:东南大学出版社,2004。
[9] 覃辉.土木工程测量[M].上海:同济大学出版社,2006.
[10] 陈学平.实用工程测量[M].北京:中国建材工业出版社,2007.
[11] 王红.园林工程测量[M].北京:机械工业出版社,2011.
[12] 王金玲.土木工程测量[M].武汉:武汉大学出版社,2008.
[13] 李秀.江测量学[M].北京:中国林业出版社,2007.
[14] 赵文亮.地形测量[M].郑州:黄河水利出版社,2005.
[15] 王正荣,邹时林.数字测图[M].郑州:黄河水利出版社,2012.
[16] 谷达华.园林工程测量[M].2版.重庆:重庆大学出版社,2015.
[17] 中华人民共和国国家质量监督检验检疫总局,中国标准化管理委员会.1:500 1:1000 1:2000地形图图式:GB/T 20257.1—2017[S].北京:中国标准出版社,2017.
[18] 国家技术监督局.国家基本比例尺地形图分幅和编号:GB/T 13989—2012[S].北京:中国标准出版社,2012.